线 性 代 数

主 编 过 静 雷敏剑

副主编 樊 陈 伍朱莉

電子工業出版社

Publishing House of Electronics Industry

北京 · BEIJING

内 容 简 介

本书为高等学校非数学专业的基础教材，其内容选择依据教育部制定的高等学校线性代数课程教学大纲要求，突出概念的实际应用背景．本书并结合一线教师的教学经验编写而成，同时参考了研究生入学考试大纲的基本要求．

本书的主要内容包括行列式、矩阵、线性方程组的概念及应用、向量及向量间的线性关系、矩阵的特征值和特征向量、二次型等．每章均配有习题及自测题，书后附有参考答案．

本书可作为综合性大学非数学专业（例如，经管类、理工类、医药类等专业）线性代数课程的教材，也可作为各类科技工作者继续教育相应课程的教材或教学参考书．

图书在版编目（CIP）数据

线性代数 / 过静，雷敏剑主编．—北京：电子工业出版社，2023.8

ISBN 978-7-121-46175-0

Ⅰ．①线⋯ Ⅱ．①过⋯ ②雷⋯ Ⅲ．①线性代数－高等学校－教材 Ⅳ．①O151.2

中国国家版本馆 CIP 数据核字(2023)第 157302 号

责任编辑：张　豪
印　　刷：中国电影出版社印刷厂
装　　订：中国电影出版社印刷厂
出版发行：电子工业出版社
　　　　　北京市海淀区万寿路 173 信箱　邮编：100036
开　　本：787×1092　1/16　印张：10.25　字数：249千字
版　　次：2023 年 8 月第 1 版
印　　次：2024 年 8 月第 2 次印刷
定　　价：35.00 元

凡所购买电子工业出版社图书有缺损问题，请向购买书店调换．若书店售缺，请与本社发行部联系，联系及邮购电话：（010）88254888，88258888．

质量投诉请发邮件至 zlts@phei.com.cn，盗版侵权举报请发邮件至 dbqq@phei.com.cn．

本书咨询联系方式：qiyuqin@phei.com.cn．

前　言

习近平总书记多次强调，课程教材要发挥培根铸魂、启智增慧的作用.《线性代数》教材深入贯彻党的二十大精神，坚持马克思主义的指导地位，体现党和国家对教育的基本要求，体现国家和民族的基本价值观，体现人类文化知识积累和创新成果.

《线性代数》是经管类、理工类等非数学专业的一门重要的数学类公共基础课，在高等学校各专业课程体系中占有重要的地位，是许多专业的基础课程，为后续课程的学习奠定基础. 在信息技术和互联网技术发展迅速的时代背景下，线性代数课程建设也在不断与时俱进. 本书的编写是在全国建设“一流课程”的背景下展开的，由江西科技师范大学一线教学团队精心合作完成.

本书在编写时不断地吸取一线教师和学生的意见和建议，力争做到化繁为简，加强基础知识的学习，提高对知识的应用能力. 力求使内容更科学、更完善、更新颖、更适应信息化教学的需要.

本书的主要内容包括行列式、矩阵、线性方程组的概念及应用、向量及向量间的线性关系、矩阵的特征值和特征向量、二次型等. 每章均配有习题及自测题. 课程组还建设了相应的在线资源，可实现线上学习平台的资源共享.

本书的编写得到江西科技师范大学的大力支持. 感谢江西科技师范大学大数据科学学院熊鹰、刘招、易云辉、蒋业阳、江琴对教材编写提供的指导和建议；感谢参与编写《线性代数》的教学团队老师的倾心付出和辛苦工作.

由于编者水平有限，书中难免存在疏漏和不足之处，敬请专家、读者批评指正.

编者

2023 年 5 月

目　　录

第 1 章　行 列 式

行列式的概念最早是由17世纪日本数学家关孝和提出的．1693年，德国数学家莱布尼茨给法国数学家洛必达的信中也使用并给出了行列式的定义．1750年，瑞士数学家克莱姆在其著作《线性代数分析引论》中，对行列式的定义和展开法则给出了比较完整、明确的阐述．

最初行列式只作为解线性方程组的一种工具使用．经过深入研究，现在行列式已经独立于线性方程组，单独形成一门理论加以研究．

本章主要介绍行列式的定义、性质、计算及克拉默法则．

1.1　二阶、三阶行列式

一、二阶行列式

用消元法解二元一次方程组

$$\begin{cases} a_{11}x_1 + a_{12}x_2 = b_1 \\ a_{21}x_1 + a_{22}x_2 = b_2 \end{cases}$$

当 $a_{11}a_{22} - a_{21}a_{12} \neq 0$ 时，方程组有唯一解：

$$x_1 = \frac{b_1a_{22} - b_2a_{12}}{a_{11}a_{22} - a_{21}a_{12}},\quad x_2 = \frac{b_2a_{11} - b_1a_{21}}{a_{11}a_{22} - a_{21}a_{12}}$$

这就是二元一次方程组的公式解，为了便于记住这个公式，引入了二阶行列式的概念．

定义1　由 2^2 个数组成的式子 $\begin{vmatrix} a_{11} & a_{12} \\ a_{21} & a_{22} \end{vmatrix}$ 称为二阶行列式，并且规定：

$$\begin{vmatrix} a_{11} & a_{12} \\ a_{21} & a_{22} \end{vmatrix} = a_{11}a_{22} - a_{21}a_{12}$$

例1　求二阶行列式 $\begin{vmatrix} 1 & 2 \\ 3 & 4 \end{vmatrix}$ 的值．

解： $\begin{vmatrix} 1 & 2 \\ 3 & 4 \end{vmatrix} = 1\times4 - 2\times3 = -2$

在给出了二阶行列式的定义之后，二元线性方程组的解就可以用方程组中各项系数组成的二阶行列式表示为：

$$x_1=\frac{b_1a_{22}-b_2a_{12}}{a_{11}a_{22}-a_{21}a_{12}}=\frac{\begin{vmatrix}b_1 & a_{12}\\ b_2 & a_{22}\end{vmatrix}}{\begin{vmatrix}a_{11} & a_{12}\\ a_{21} & a_{22}\end{vmatrix}},\quad x_2=\frac{b_2a_{11}-b_1a_{21}}{a_{11}a_{22}-a_{21}a_{12}}=\frac{\begin{vmatrix}a_{11} & b_1\\ a_{21} & b_2\end{vmatrix}}{\begin{vmatrix}a_{11} & a_{12}\\ a_{21} & a_{22}\end{vmatrix}}$$

二、三阶行列式

类似地，用消元法解三元一次方程组

$$\begin{cases}a_{11}x_1+a_{12}x_2+a_{13}x_3=b_1\\ a_{21}x_1+a_{22}x_2+a_{23}x_3=b_2\\ a_{31}x_1+a_{32}x_2+a_{33}x_3=b_3\end{cases}$$

当 $a_{11}a_{22}a_{33}+a_{12}a_{23}a_{31}+a_{13}a_{21}a_{32}-a_{13}a_{22}a_{31}-a_{12}a_{21}a_{33}-a_{11}a_{23}a_{32}\neq 0$ 时，方程组有唯一解：

$$x_1=\frac{b_1a_{22}a_{33}+a_{12}a_{23}b_3+a_{13}b_2a_{32}-a_{13}a_{22}b_3-a_{12}b_2a_{33}-b_1a_{23}a_{32}}{a_{11}a_{22}a_{33}+a_{12}a_{23}a_{31}+a_{13}a_{21}a_{32}-a_{13}a_{22}a_{31}-a_{12}a_{21}a_{33}-a_{11}a_{23}a_{32}}$$

$$x_2=\frac{a_{11}b_2a_{33}+b_1a_{23}a_{31}+a_{13}a_{21}b_3-a_{13}b_2a_{31}-b_1a_{21}a_{33}-a_{11}a_{23}b_3}{a_{11}a_{22}a_{33}+a_{12}a_{23}a_{31}+a_{13}a_{21}a_{32}-a_{13}a_{22}a_{31}-a_{12}a_{21}a_{33}-a_{11}a_{23}a_{32}}$$

$$x_3=\frac{a_{11}a_{22}b_3+a_{12}b_2a_{31}+b_1a_{21}a_{32}-b_1a_{22}a_{31}-a_{12}a_{21}b_3-a_{11}b_2a_{32}}{a_{11}a_{22}a_{33}+a_{12}a_{23}a_{31}+a_{13}a_{21}a_{32}-a_{13}a_{22}a_{31}-a_{12}a_{21}a_{33}-a_{11}a_{23}a_{32}}$$

这就是三元一次方程组的公式解，为了便于记住，引入了三阶行列式的概念.

定义2 由 3^2 个数组成的式子 $\begin{vmatrix}a_{11} & a_{12} & a_{13}\\ a_{21} & a_{22} & a_{23}\\ a_{31} & a_{32} & a_{33}\end{vmatrix}$ 称为三阶行列式，并且规定：

$$\begin{vmatrix}a_{11} & a_{12} & a_{13}\\ a_{21} & a_{22} & a_{23}\\ a_{31} & a_{32} & a_{33}\end{vmatrix}=a_{11}a_{22}a_{33}+a_{12}a_{23}a_{31}+a_{13}a_{21}a_{32}-a_{13}a_{22}a_{31}-a_{12}a_{21}a_{33}-a_{11}a_{23}a_{32}$$

例2 求三阶行列式 $\begin{vmatrix}1 & 2 & 0\\ 2 & 2 & 1\\ 3 & 0 & 3\end{vmatrix}$ 的值.

解： $\begin{vmatrix}1 & 2 & 0\\ 2 & 2 & 1\\ 3 & 0 & 3\end{vmatrix}=1\times2\times3+2\times1\times3+0\times2\times0-0\times2\times3-1\times1\times0-2\times2\times3=0$

在给出了三阶行列式的定义之后，三元一次方程组的解就可以用方程组中各系数组成的三阶行列式表示为：

$$x_1=\frac{\begin{vmatrix} b_1 & a_{12} & a_{13} \\ b_2 & a_{22} & a_{23} \\ b_3 & a_{32} & a_{33} \end{vmatrix}}{\begin{vmatrix} a_{11} & a_{12} & a_{13} \\ a_{21} & a_{22} & a_{23} \\ a_{31} & a_{32} & a_{33} \end{vmatrix}},\ x_2=\frac{\begin{vmatrix} a_{11} & b_1 & a_{13} \\ a_{21} & b_2 & a_{23} \\ a_{31} & b_3 & a_{33} \end{vmatrix}}{\begin{vmatrix} a_{11} & a_{12} & a_{13} \\ a_{21} & a_{22} & a_{23} \\ a_{31} & a_{32} & a_{33} \end{vmatrix}},\ x_3=\frac{\begin{vmatrix} a_{11} & a_{12} & b_1 \\ a_{21} & a_{22} & b_2 \\ a_{31} & a_{32} & b_3 \end{vmatrix}}{\begin{vmatrix} a_{11} & a_{12} & a_{13} \\ a_{21} & a_{22} & a_{23} \\ a_{31} & a_{32} & a_{33} \end{vmatrix}}$$

例3 求解三元线性方程组

$$\begin{cases} x_1-x_2-x_3=2 \\ 3x_1+2x_2+x_3=-1 \\ -x_1+2x_2+x_3=1 \end{cases}$$

解： $\begin{vmatrix} 1 & -1 & -1 \\ 3 & 2 & 1 \\ -1 & 2 & 1 \end{vmatrix}=-4$

$$\begin{vmatrix} 2 & -1 & -1 \\ -1 & 2 & 1 \\ 1 & 2 & 1 \end{vmatrix}=2,\begin{vmatrix} 1 & 2 & -1 \\ 3 & -1 & 1 \\ -1 & 1 & 1 \end{vmatrix}=-12,\begin{vmatrix} 1 & -1 & 2 \\ 3 & 2 & -1 \\ -1 & 2 & 1 \end{vmatrix}=22$$

解得 $x_1=\frac{2}{-4}=\frac{1}{-2}$， $x_2=\frac{-12}{-4}=3$， $x_3=\frac{22}{-4}=-\frac{11}{2}$.

从以上定义可以看出，二阶、三阶行列式实际上表示的是一个数，这个数称为行列式的值

例4 解方程 $\begin{vmatrix} 1 & 1 & 1 \\ 0 & x & 1 \\ 2 & 1 & x \end{vmatrix}=0$.

解： $\begin{vmatrix} 1 & 1 & 1 \\ 0 & x & 1 \\ 2 & 1 & x \end{vmatrix}=x^2-2x+1=(x-1)^2$

于是方程即为 $(x-1)^2=0$，解得 $x=1$.

1.2 n 阶行列式

一、排列及其逆序数

为了定义n阶行列式，我们先介绍排列的概念和排列的一些基本性质.

定义3 由n个整数 $1,2,\cdots,n$ 组成的有序数组 $i_1,i_2,\cdots,i_n$ 称为一个n级排列.

例如，3412是一个四级排列，35124是一个五级排列.

由排列组合可知，共有 $n!$ 个n级排列．例如，有 $3!=6$ 个三级排列，它们分别是

$$123, 132, 213, 231, 312, 321$$

定义4 在一个n级排列 $i_1, i_2, \cdots, i_n$ 中，如果较大的数 i_s 排在较小的数 i_t 前面，则称 i_s 、i_t 构成一对逆序．一个排列中的逆序总数称为该排列的逆序数．排列 $i_1, i_2, \cdots, i_n$ 的逆序数记作 $\tau(i_1 i_2 \cdots i_n)$ ．

如果排列 $i_1, i_2, \cdots, i_n$ 的逆序数 $\tau(i_1 i_2 \cdots i_n)$ 为偶数，则称排列 $i_1, i_2, \cdots, i_n$ 为偶排列；如果 $\tau(i_1 i_2 \cdots i_n)$ 为奇数，则称排列 $i_1, i_2, \cdots, i_n$ 为奇排列．当排列$1, 2, \cdots, n$ 的逆序数为零时，它是偶排列．

例5 在四级排列3421中，3、4、2在1的前面，构成了3对逆序，3、4在2的前面，构成了2对逆序，共有5对逆序，因此 $\tau(3421) = 5$ ，排列3421为奇排列．

定义5 在一个排列 $i_1, \cdots, i_s, \cdots, i_t, \cdots, i_n$ 中，如果交换其中某两个数 i_s, i_t 的位置，而其余各数的位置不变，就得到一个新的排列 $i_1, \cdots, i_t, \cdots, i_s, \cdots, i_n$ ．这样的变换称为一个对换，记作对换 (i_s, i_t) ．

例如，对四级排列3421施以对换 $(1,2)$ 得到排列3412．

定理1 任一n级排列经过一次对换后，其奇偶性改变．

证明：

情形1 对换的两个数相邻的情况：已知排列（1）为

$$a_1 \cdots a_l\, a\, b\, b_1 \cdots b_m$$

对排列（1）做对换(a, b)得到排列（2）为

$$a_1 \cdots a_l\, b\, a\, b_1 \cdots b_m$$

若 $a < b$ ，那么 $\tau(1)$ 比 $\tau(2)$ 少1；若 $a > b$ ，那么 $\tau(1)$ 比 $\tau(2)$ 多1．

所以排列（1）与排列（2）的奇偶性相反．

情形2 对换的两个数不相邻的情况：设排列（1）为

$$a_1 \cdots a_l\, a\, b_1 \cdots b_m\, b\, c_1 \cdots c_n$$

将a依次与 $b_1, \cdots, b_m$ 做m次相邻两个数的对换得到排列（2）为

$$a_1 \cdots a_l\, b_1 \cdots b_m\, a\, b\, c_1 \cdots c_n$$

再将b与它前面的 $b_1, \cdots, b_m, a$ 依次做$m+1$次相邻两个数的对换得到排列（3）为

$$a_1 \cdots a_l\, b\, b_1 \cdots b_m\, a\, c_1 \cdots c_n$$

排列（1）经过 $2m+1$ 次相邻对换后得到排列（3），由情形1可知排列（1）与排列（3）的奇偶性相反．（证毕）

定理2 在全部的$n(n \geqslant 2)$级排列中，奇偶排列各占一半，各为 $\dfrac{n!}{2}$ 个．

证明：假设一共有p个奇排列，q个偶排列，那么$p+q=n!$．

由定理1对p个奇排列做一次对换将得到p个偶排列，所以 $p \leqslant q$ ．

同理可得 $q\leqslant p$，所以 $p=q=\dfrac{n!}{2}$.

二、n 阶行列式

为了给出n阶行列式的定义，我们先来分析下面的三阶行列式.

$$\begin{vmatrix} a_{11} & a_{12} & a_{13} \\ a_{21} & a_{22} & a_{23} \\ a_{31} & a_{32} & a_{33} \end{vmatrix} = a_{11}a_{22}a_{33}+a_{12}a_{23}a_{31}+a_{13}a_{21}a_{32}-a_{13}a_{22}a_{31}-a_{12}a_{21}a_{33}-a_{11}a_{23}a_{32}$$

可以看出上式右端有以下特点：

（1）右端是6项的代数和.

（2）每一项是三个数相乘，这三个数是位于不同行且不同列的三个数.

（3）将每一项的行标按自然顺序排列，发现每一项的列标恰好对应一个三级排列，这样各项除符号外可以表示为 $a_{1i_1}a_{2i_2}a_{3i_3}$，$i_1i_2i_3$ 表示任一个三级排列.

（4）当列标为偶排列时，该项符号为正；当列标为奇排列时，该项符号为负．每一项的符号可以表示为 $(-1)^{\tau(i_1i_2i_3)}$.

所以三阶行列式可以写成

$$\begin{vmatrix} a_{11} & a_{12} & a_{13} \\ a_{21} & a_{22} & a_{23} \\ a_{31} & a_{32} & a_{33} \end{vmatrix} = \sum_{i_1i_2i_3}(-1)^{\tau(i_1i_2i_3)}a_{1i_1}a_{2i_2}a_{3i_3}$$

其中 $\sum\limits_{i_1i_2i_3}$ 表示对所有的三级排列求和.

定义6　由 n^2 个元素组成的式子

$$\begin{vmatrix} a_{11} & a_{12} & \cdots & a_{1n} \\ a_{21} & a_{22} & \cdots & a_{2n} \\ \vdots & \vdots & & \vdots \\ a_{n1} & a_{n2} & \cdots & a_{nn} \end{vmatrix}$$

称为n阶行列式，a_{ij} 为行列式第i行第j列的元素，i称为行指标，j称为列指标．行列式的值为所有可能的取自不同行且不同列的n个数乘积的代数和．各项符号为：当这一项元素的行标按自然顺序排列后，如果列标的逆序数为偶数则取正，奇数则取负．即

$$\begin{vmatrix} a_{11} & a_{12} & \cdots & a_{1n} \\ a_{21} & a_{22} & \cdots & a_{2n} \\ \vdots & \vdots & & \vdots \\ a_{n1} & a_{n2} & \cdots & a_{nn} \end{vmatrix} = \sum_{j_1j_2\cdots j_n}(-1)^{\tau(j_1j_2\cdots j_n)}a_{1j_1}a_{2j_2}\cdots a_{nj_n}$$

其中 $j_1,j_2,\cdots,j_n$ 为n级排列，$\sum\limits_{j_1j_2\cdots j_n}$ 表示对所有的n级排列求和.

从定义可以看出：

（1）由于在行列式中取n个不同行且不同列的数有 $n!$ 种取法，所以行列式为 $n!$ 项的代数和.

（2）当每一项行标按自然顺序排列时，列标对应一个n级排列，列标逆序数的奇偶性决定这一项的正负，因此 $a_{1j_1}a_{2j_2}\cdots a_{nj_n}$ 称为n阶行列式的一般项，它的符号为 $(-1)^{\tau(j_1j_2\cdots j_n)}$.

（3）行列式本质上是一个数，这个数称为行列式的值，求行列式值的过程称为计算行列式.

（4）当 $n=1$ 时，一阶行列式的值就是数 a_{11} ，即 $|a_{11}|=a_{11}$（ $|a_{11}|$ 不能理解成 a_{11} 的绝对值）.

例6 四阶行列式

$$\begin{vmatrix} a_{11} & a_{12} & a_{13} & a_{14} \\ a_{21} & a_{22} & a_{23} & a_{24} \\ a_{31} & a_{32} & a_{33} & a_{34} \\ a_{41} & a_{42} & a_{43} & a_{44} \end{vmatrix}$$

表示的是 $4!=24$ 项的代数和，每一项都是取自不同行且不同列的四个元素的乘积．例如，$a_{11}a_{24}a_{32}a_{43}$ 是其中的一项，由于 $\tau(1423)=3+1=4$ ，故它的符号是正号； $a_{11}a_{23}a_{32}a_{44}$ 是其中的一项，由于 $\tau(1324)=3+1+1=5$ ，故它的符号是负号；而 $a_{12}a_{24}a_{32}a_{41}$ 不是其中的一项，因为 a_{12} 和 a_{32} 位于同一列.

例7 计算n阶上三角行列式

$$D=\begin{vmatrix} a_{11} & a_{12} & \cdots & a_{1n} \\ 0 & a_{22} & \cdots & a_{2n} \\ \vdots & \vdots & & \vdots \\ 0 & 0 & \cdots & a_{nn} \end{vmatrix}$$

解：根据n阶行列式的定义，有

$$D=\sum_{j_1j_2\cdots j_n}(-1)^{\tau(j_1j_2\cdots j_n)}a_{1j_1}a_{2j_2}\cdots a_{nj_n}$$

如果每一项的n个数中有一个数为0，则该项为0．因此，只要求出行列式的非零项即可.

显然只有当 $j_1=1, j_2=2,\cdots$， $j_n=n$ 时，$a_{1j_1}a_{2j_2}\cdots a_{nj_n}$ 才不为0，而 $1,2,\cdots,n$ 为偶排列，所以该项符号为正．因此

$$D=\begin{vmatrix} a_{11} & a_{12} & \cdots & a_{1n} \\ 0 & a_{22} & \cdots & a_{2n} \\ \vdots & \vdots & & \vdots \\ 0 & 0 & \cdots & a_{nn} \end{vmatrix}=a_{11}a_{22}\cdots a_{nn}$$

同理，有n阶下三角行列式

$$D=\begin{vmatrix} a_{11} & 0 & \cdots & 0 \\ a_{21} & a_{22} & \cdots & 0 \\ \vdots & \vdots & & \vdots \\ a_{n1} & a_{n2} & \cdots & a_{nn} \end{vmatrix}=a_{11}a_{22}\cdots a_{nn}$$

还有特别的行列式

$$D=\begin{vmatrix} a_{11} & 0 & \cdots & 0 \\ 0 & a_{22} & \cdots & 0 \\ \vdots & \vdots & & \vdots \\ 0 & 0 & \cdots & a_{nn} \end{vmatrix}=a_{11}a_{22}\cdots a_{nn}$$

这个行列式称为对角形行列式．行列式中从左上角到右下角的对角线称为主对角线．

例8 计算行列式 $D=\begin{vmatrix} 0 & \cdots & 0 & a_{1n} \\ 0 & \cdots & a_{2(n-1)} & 0 \\ \vdots & \vdots & \vdots & \vdots \\ a_{n1} & \cdots & 0 & 0 \end{vmatrix}$．

解： D 的一般项 $a_{1j_1}a_{2j_2}\cdots a_{nj_n}$ 中只有当 $j_1=n$，$j_2=n-1$，…，$j_n=1$时不为零，而 $n(n-1)\cdots 1$ 的逆序数为 $1+2+\cdots n=\dfrac{n(n-1)}{2}$，所以

$$D=(-1)^{\frac{n(n-1)}{2}}a_{1n}a_{2(n-1)}\cdots a_{n1}$$

1.3 行列式的性质

当行列式的阶数较高时，利用定义来计算行列式显然很麻烦．为了简化行列式的计算，需要研究行列式的性质，这些性质对行列式理论本身有着重要的意义．

定义7 将行列式 D 的行写成列、列写成行所得的行列式称为 D 的转置行列式，记作 D^{T}，即

$$D=\begin{vmatrix} a_{11} & a_{12} & \cdots & a_{1n} \\ a_{21} & a_{22} & \cdots & a_{2n} \\ \vdots & \vdots & & \vdots \\ a_{n1} & a_{n2} & \cdots & a_{nn} \end{vmatrix}，那么 D^{\mathrm{T}}=\begin{vmatrix} a_{11} & a_{21} & \cdots & a_{n1} \\ a_{12} & a_{22} & \cdots & a_{n2} \\ \vdots & \vdots & & \vdots \\ a_{1n} & a_{2n} & \cdots & a_{nn} \end{vmatrix}$$

性质1 行列式与它的转置行列式的值相等．即 $D=D^{\mathrm{T}}$．

由此性质可知，行列式的行具有的性质，它的列也具有同样的性质．

性质2 互换行列式的两行（列），行列式的值反号．即

$$\begin{vmatrix} a_{11} & a_{12} & \cdots & a_{1n} \\ \vdots & \vdots & & \vdots \\ a_{i1} & a_{i2} & \cdots & a_{in} \\ \vdots & \vdots & & \vdots \\ a_{j1} & a_{j2} & \cdots & a_{jn} \\ \vdots & \vdots & & \vdots \\ a_{n1} & a_{n2} & \cdots & a_{nn} \end{vmatrix} = -\begin{vmatrix} a_{11} & a_{12} & \cdots & a_{1n} \\ \vdots & \vdots & & \vdots \\ a_{j1} & a_{j2} & \cdots & a_{jn} \\ \vdots & \vdots & & \vdots \\ a_{i1} & a_{i2} & \cdots & a_{in} \\ \vdots & \vdots & & \vdots \\ a_{n1} & a_{n2} & \cdots & a_{nn} \end{vmatrix}$$

推论　当行列式中有两行（列）的元素完全相同时，则行列式的值为零.

性质3　行列式的某一行（列）的公因子可以提到行列式的符号外面，即

$$D = \begin{vmatrix} a_{11} & a_{12} & \cdots & a_{1n} \\ \vdots & \vdots & & \vdots \\ ka_{i1} & ka_{i2} & \cdots & ka_{in} \\ \vdots & \vdots & & \vdots \\ a_{n1} & a_{n2} & \cdots & a_{nn} \end{vmatrix} = k\begin{vmatrix} a_{11} & a_{12} & \cdots & a_{1n} \\ \vdots & \vdots & & \vdots \\ a_{i1} & a_{i2} & \cdots & a_{in} \\ \vdots & \vdots & & \vdots \\ a_{n1} & a_{n2} & \cdots & a_{nn} \end{vmatrix}$$

推论1　当行列式中有一行（列）的元素全为零时，则此行列式的值为零.

推论2　当行列式中有两行（列）的对应元素成比例时，则此行列式的值为零.

性质4　如果行列式的某一行（列）的所有元素都是两个元素的和，则此行列式的值等于两个行列式的和：这两个行列式的这一行（列）的元素分别为对应的两个加数之一，其余各行（列）的元素与原行列式相同，即

$$\begin{vmatrix} a_{11} & a_{12} & \cdots & a_{1n} \\ \vdots & \vdots & & \vdots \\ b_{i1}+c_{i1} & b_{i2}+c_{i2} & \cdots & b_{in}+c_{in} \\ \vdots & \vdots & & \vdots \\ a_{n1} & a_{n2} & \cdots & a_{nn} \end{vmatrix} = \begin{vmatrix} a_{11} & a_{12} & \cdots & a_{1n} \\ \vdots & \vdots & & \vdots \\ b_{i1} & b_{i2} & \cdots & b_{in} \\ \vdots & \vdots & & \vdots \\ a_{n1} & a_{n2} & \cdots & a_{nn} \end{vmatrix} + \begin{vmatrix} a_{11} & a_{12} & \cdots & a_{1n} \\ \vdots & \vdots & & \vdots \\ c_{i1} & c_{i2} & \cdots & c_{in} \\ \vdots & \vdots & & \vdots \\ a_{n1} & a_{n2} & \cdots & a_{nn} \end{vmatrix}$$

性质5　把行列式的某一行（列）的所有元素乘以数 k 后加到另一行（列）的对应元素上，行列式的值不变，即

$$\begin{vmatrix} a_{11} & a_{12} & \cdots & a_{1n} \\ \vdots & \vdots & & \vdots \\ a_{i1} & a_{i2} & \cdots & a_{in} \\ \vdots & \vdots & & \vdots \\ a_{s1} & a_{s2} & \cdots & a_{sn} \\ \vdots & \vdots & & \vdots \\ a_{n1} & a_{n2} & \cdots & a_{nn} \end{vmatrix} = \begin{vmatrix} a_{11} & a_{12} & \cdots & a_{1n} \\ \vdots & \vdots & & \vdots \\ a_{i1} & a_{i2} & \cdots & a_{in} \\ \vdots & \vdots & & \vdots \\ a_{s1}+ka_{i1} & a_{s2}+ka_{i2} & \cdots & a_{sn}+ka_{in} \\ \vdots & \vdots & & \vdots \\ a_{n1} & a_{n2} & \cdots & a_{nn} \end{vmatrix}$$

以上性质都可以由行列式的定义得到证明.

为了表示方便，用 $r_i \leftrightarrow r_j$ 表示行列式的第 i 行与第j行进行交换，kr_i 表示行列式的第 i 行

乘以数k，$r_i + kr_j$表示行列式的第i行加第j行的k倍，列变换为$c_i \leftrightarrow c_j$，kc_i，$c_i + kc_j$.

例9 计算行列式

$$D = \begin{vmatrix} 0 & -1 & -1 & 2 \\ 1 & -1 & 0 & 2 \\ -1 & 2 & -1 & 0 \\ 2 & 1 & 1 & 0 \end{vmatrix}$$

解：利用行列式的性质，有

$$D \xlongequal{r_1 \leftrightarrow r_2} -\begin{vmatrix} 1 & -1 & 0 & 2 \\ 0 & -1 & -1 & 2 \\ -1 & 2 & -1 & 0 \\ 2 & 1 & 1 & 0 \end{vmatrix} \xlongequal[r_4 + (-2)r_1]{r_3 + r_1} -\begin{vmatrix} 1 & -1 & 0 & 2 \\ 0 & -1 & -1 & 2 \\ 0 & 1 & -1 & 2 \\ 0 & 3 & 1 & -4 \end{vmatrix}$$

$$\xlongequal[r_4 + 3r_2]{r_3 + r_2} -\begin{vmatrix} 1 & -1 & 0 & 2 \\ 0 & -1 & -1 & 2 \\ 0 & 0 & -2 & 4 \\ 0 & 0 & -2 & 2 \end{vmatrix} \xlongequal{r_4 + (-1)r_3} -\begin{vmatrix} 1 & -1 & 0 & 2 \\ 0 & -1 & -1 & 2 \\ 0 & 0 & -2 & 4 \\ 0 & 0 & 0 & -2 \end{vmatrix} = 4$$

例10 证明$\begin{vmatrix} a^2 & (a+1)^2 & (a+2)^2 & (a+3)^2 \\ b^2 & (b+1)^2 & (b+2)^2 & (b+3)^2 \\ c^2 & (c+1)^2 & (c+2)^2 & (c+3)^2 \\ d^2 & (d+1)^2 & (d+2)^2 & (d+3)^2 \end{vmatrix} = 0$.

证明：左边$\xlongequal[i=2,3,4]{c_i - c_1} \begin{vmatrix} a^2 & 2a+1 & 4a+4 & 6a+9 \\ b^2 & 2b+1 & 4b+4 & 6b+9 \\ c^2 & 2c+1 & 4c+4 & 6c+9 \\ d^2 & 2d+1 & 4d+4 & 6d+9 \end{vmatrix}$

$\xlongequal[c_3 - 3c_2]{c_3 - 2c_2} \begin{vmatrix} a^2 & 2a+1 & 2 & 6 \\ b^2 & 2b+1 & 2 & 6 \\ c^2 & 2c+1 & 2 & 6 \\ d^2 & 2d+1 & 2 & 6 \end{vmatrix} = 0 =$右边

例11 计算$D_n = \begin{vmatrix} x & a & \cdots & a \\ a & x & \cdots & a \\ \vdots & \vdots & & \vdots \\ a & a & \cdots & x \end{vmatrix}$.

解：将行列式的第2，3，…，n行都加到第1行上，得到

$$D_n \xlongequal[i=2,3,\cdots,n]{r_1 + r_i} \begin{vmatrix} [x+(n-1)a] & [x+(n-1)a] & \cdots & [x+(n-1)a] \\ a & x & \cdots & a \\ \vdots & \vdots & & \vdots \\ a & a & \cdots & x \end{vmatrix}$$

$$
=[x+(n-1)a]\begin{vmatrix}1 & 1 & \cdots & 1\\ a & x & \cdots & a\\ \vdots & \vdots & & \vdots\\ a & a & \cdots & x\end{vmatrix}
$$

$$
\xlongequal[i=2,3,\cdots,n]{r_i+(-a)r_1}[x+(n-1)a]\begin{vmatrix}1 & 1 & \cdots & 1\\ 0 & x-a & \cdots & 0\\ \vdots & \vdots & & \vdots\\ 0 & 0 & \cdots & x-a\end{vmatrix}
$$

$$
=[x+(n-1)a](x-a)^{n-1}
$$

例12 计算 $D_n=\begin{vmatrix}1 & 2 & 3 & \cdots & n\\ 2 & 1 & 0 & \cdots & 0\\ 3 & 0 & 1 & \cdots & 0\\ \vdots & \vdots & \vdots & & \vdots\\ n & 0 & 0 & \cdots & 1\end{vmatrix}$.

解：将第2列的–2倍，第3列的–3倍，……，第n列的$-n$倍都加到第1列上，得到

$$
D_n\xlongequal[j=2,\cdots,n]{c_1-jc_j}\begin{vmatrix}1-(2^2+\cdots+n^2) & 2 & 3 & \cdots & n\\ 0 & 1 & 0 & \cdots & 0\\ 0 & 0 & 1 & \cdots & 0\\ \vdots & \vdots & \vdots & & \vdots\\ 0 & 0 & 0 & \cdots & 1\end{vmatrix}=1-(2^2+\cdots+n^2)
$$

例13 解方程$\begin{vmatrix}1 & 2 & 3 & \cdots & n\\ 1 & x+1 & 3 & \cdots & n\\ 1 & 2 & x+1 & \cdots & n\\ \vdots & \vdots & \vdots & & \vdots\\ 1 & 2 & 3 & \cdots & x+1\end{vmatrix}=0$.

解：$\begin{vmatrix}1 & 2 & 3 & \cdots & n\\ 1 & x+1 & 3 & \cdots & n\\ 1 & 2 & x+1 & \cdots & n\\ \vdots & \vdots & \vdots & & \vdots\\ 1 & 2 & 3 & \cdots & x+1\end{vmatrix}\xlongequal[i=2,3,\cdots n]{r_i+(-1)r_1}\begin{vmatrix}1 & 2 & 3 & \cdots & n\\ 0 & x-1 & 0 & \cdots & 0\\ 0 & 0 & x-2 & \cdots & 0\\ \vdots & \vdots & \vdots & & \vdots\\ 0 & 0 & 0 & \cdots & x-(n-1)\end{vmatrix}$

$=(x-1)(x-2)\cdots[x-(n-1)]$

方程即为：$(x-1)(x-2)\cdots[x-(n-1)]=0$.

方程的解为：$x=1,2,\cdots,(n-1)$.

1.4 行列式按行（列）展开

我们在计算行列式时，有时希望将高阶行列式转化为一些较低阶的行列式，在这一节

将介绍一种降阶的方法：行列式的按行（列）展开.

定义8 在n阶行列式

$$D=\begin{vmatrix} a_{11} & a_{12} & \cdots & a_{1n} \\ a_{21} & a_{22} & \cdots & a_{2n} \\ \vdots & \vdots & & \vdots \\ a_{n1} & a_{n2} & \cdots & a_{nn} \end{vmatrix}$$

中，去掉元素a_{ij}所在的第i行和第j列，余下的元素按原来的顺序构成的$n-1$阶行列式，称为元素a_{ij}的余子式，记作M_{ij}，即

$$M_{ij}=\begin{vmatrix} a_{11} & \cdots & a_{1,j-1} & a_{1,j+1} & \cdots & a_{1n} \\ \vdots & & \vdots & \vdots & & \vdots \\ a_{i-1,1} & \cdots & a_{i-1,j-1} & a_{i-1,j+1} & \cdots & a_{i-1,n} \\ a_{i+1,1} & \cdots & a_{i+1,j-1} & a_{i+1,j+1} & \cdots & a_{i+1,n} \\ \vdots & & \vdots & \vdots & & \vdots \\ a_{n1} & \cdots & a_{n,j-1} & a_{n,j+1} & \cdots & a_{nn} \end{vmatrix}$$

如果记$A_{ij}=(-1)^{i+j}M_{ij}$，则称A_{ij}为元素a_{ij}的代数余子式. 其中i，j=1，2，⋯，n.

例14 设四阶行列式

$$D=\begin{vmatrix} 0 & 1 & 0 & 2 \\ 1 & -1 & 0 & 3 \\ 1 & 4 & -1 & 0 \\ 2 & 1 & 0 & 0 \end{vmatrix}$$

其中元素a_{12}的余子式$M_{12}=\begin{vmatrix} 1 & 0 & 3 \\ 1 & -1 & 0 \\ 2 & 0 & 0 \end{vmatrix}=0-3\times(-1)\times 2=6$，$a_{12}$的代数余子式$A_{12}=(-1)^{1+2}M_{12}=-6$.

下面，我们来分析三阶行列式的定义方式，可以发现

$$\begin{aligned}\begin{vmatrix} a_{11} & a_{12} & a_{13} \\ a_{21} & a_{22} & a_{23} \\ a_{31} & a_{32} & a_{33} \end{vmatrix} &= a_{11}a_{22}a_{33}+a_{12}a_{23}a_{31}+a_{13}a_{21}a_{32}-a_{13}a_{22}a_{31}-a_{12}a_{21}a_{33}-a_{11}a_{23}a_{32} \\ &= a_{11}(a_{22}a_{33}-a_{23}a_{32})-a_{12}(a_{21}a_{33}-a_{23}a_{31})+a_{13}(a_{21}a_{32}-a_{22}a_{31}) \\ &= a_{11}\begin{vmatrix} a_{22} & a_{23} \\ a_{32} & a_{33} \end{vmatrix}-a_{12}\begin{vmatrix} a_{21} & a_{23} \\ a_{31} & a_{33} \end{vmatrix}+a_{13}\begin{vmatrix} a_{21} & a_{22} \\ a_{31} & a_{32} \end{vmatrix} \\ &= a_{11}M_{11}-a_{12}M_{12}+a_{13}M_{13} \\ &= a_{11}A_{11}+a_{12}A_{12}+a_{13}A_{13}\end{aligned}$$

同样分析得

$$\begin{vmatrix} a_{11} & a_{12} & a_{13} \\ a_{21} & a_{22} & a_{23} \\ a_{31} & a_{32} & a_{33} \end{vmatrix} = a_{i1}A_{i1} + a_{i2}A_{i2} + a_{i3}A_{i3}\ (i=1,2,3)$$

$$= a_{1j}A_{1j} + a_{2j}A_{2j} + a_{3j}A_{3j}(j=1,2,3)$$

同理，进一步可以发现，三阶行列式的值等于其任意一行（列）元素与其对应的代数余子式的乘积之和．另外，n阶行列式有以下定理．

定理3　n阶行列式

$$D = \begin{vmatrix} a_{11} & a_{12} & \cdots & a_{1n} \\ a_{21} & a_{22} & \cdots & a_{2n} \\ \vdots & \vdots & & \vdots \\ a_{n1} & a_{n2} & \cdots & a_{nn} \end{vmatrix}$$

的值等于它的任意一行（列）的元素与其对应的代数余子式的乘积之和，即

$$D = a_{i1}A_{i1} + a_{i2}A_{i2} + \cdots + a_{in}A_{in}\,(i=1,2,\cdots,n)$$

或

$$D = a_{1j}A_{1j} + a_{2j}A_{2j} + \cdots + a_{nj}A_{nj}\,(j=1,2,\cdots,n)$$

定理3称为行列式的按行（列）展开定理，通过这个定理可以将行列式的阶数降低一阶．

推论　行列式某一行（列）的各元素与另一行（列）对应元素的代数余子式的乘积之和等于零．

证明：将行列式D的第s行元素换成D的第i行元素$(s \neq i)$，其他元素不变，得到行列式D_1，即

$$D = \begin{vmatrix} a_{11} & a_{12} & \cdots & a_{1n} \\ \vdots & \vdots & & \vdots \\ a_{i1} & a_{i2} & \cdots & a_{in} \\ \vdots & \vdots & & \vdots \\ a_{s1} & a_{s2} & \cdots & a_{sn} \\ \vdots & \vdots & & \vdots \\ a_{n1} & a_{n2} & \cdots & a_{nn} \end{vmatrix}, D_1 = \begin{vmatrix} a_{11} & a_{12} & \cdots & a_{1n} \\ \vdots & \vdots & & \vdots \\ a_{i1} & a_{i2} & \cdots & a_{in} \\ \vdots & \vdots & & \vdots \\ a_{i1} & a_{i2} & \cdots & a_{in} \\ \vdots & \vdots & & \vdots \\ a_{n1} & a_{n2} & \cdots & a_{nn} \end{vmatrix}$$

将D_1按第s行展开得$D_1 = a_{i1}A_{s1} + a_{i2}A_{s2} + \cdots + a_{in}A_{sn}$．又由于$D_1$的第$s$行元素与第$i$行元素完全相同，因此$D_1$=0．即$a_{i1}A_{s1} + a_{i2}A_{s2} + \cdots + a_{in}A_{sn}$=0$(s \neq i)$．

由定理3和它的推论得到

$$a_{i1}A_{s1} + a_{i2}A_{s2} + \cdots + a_{in}A_{sn} = \begin{cases} D, i = s \\ 0, i \neq s \end{cases}$$

$$a_{1j}A_{1t}+a_{2j}A_{2t}+\cdots+a_{nj}A_{nt}=\begin{cases}D, & j=t\\ 0, & j\neq t\end{cases}$$

例15 利用展开定理计算 $D=\begin{vmatrix}16 & 0 & -2 & 7\\ 2 & 0 & 1 & -1\\ 3 & 1 & -1 & 2\\ 1 & 0 & 4 & -3\end{vmatrix}$.

解： $D=\begin{vmatrix}16 & 0 & -2 & 7\\ 2 & 0 & 1 & -1\\ 3 & 1 & -1 & 2\\ 1 & 0 & 4 & -3\end{vmatrix}\xlongequal{\text{按第2列展开}}(-1)^{3+2}\begin{vmatrix}16 & -2 & 7\\ 2 & 1 & -1\\ 1 & 4 & -3\end{vmatrix}$

$$=(-1)\begin{vmatrix}20 & 0 & 5\\ 2 & 1 & -1\\ -7 & 0 & 1\end{vmatrix}=(-1)(-1)^{2+2}\begin{vmatrix}20 & 5\\ -7 & 1\end{vmatrix}=-55$$

注意： 由定理3可知任意一行（列）展开计算都等于行列式的值，因此尽量选择0多的行（列）展开计算.

例16 计算行列式 $D_n=\begin{vmatrix}a & 0 & 0 & \cdots & 0 & 1\\ 0 & a & 0 & \cdots & 0 & 0\\ 0 & 0 & a & \cdots & 0 & 0\\ \cdots & \cdots & \cdots & \cdots & \cdots & \cdots\\ 0 & 0 & 0 & \cdots & a & 0\\ 1 & 0 & 0 & \cdots & 0 & a\end{vmatrix}$.

解： $D_n\xlongequal{\text{按第}n\text{行展开}}a_{n1}A_{n1}+a_{nn}A_{nn}=1\times(-1)^{n+1}M_{n1}+a\times(-1)^{n+n}M_{nn}$

$$=(-1)^{n+1}\begin{vmatrix}0 & 0 & 0 & \cdots & 0 & 1\\ a & 0 & 0 & \cdots & 0 & 0\\ 0 & a & 0 & \cdots & 0 & 0\\ \cdots & \cdots & \cdots & \cdots & \cdots & \cdots\\ 0 & 0 & 0 & \cdots & a & 0\end{vmatrix}_{n-1}+(-1)^{2n}\cdot a\begin{vmatrix}a & 0 & \cdots & 0 & 0\\ 0 & a & \cdots & 0 & 0\\ \vdots & \vdots & \ddots & \vdots & \vdots\\ 0 & 0 & \cdots & a & 0\\ 0 & 0 & \cdots & 0 & a\end{vmatrix}_{n-1}$$

$$\xlongequal{\text{前一个行列式按第1行展开}}(-1)^{n+1}(-1)^{1+(n-1)}\begin{vmatrix}a & 0 & \cdots & 0\\ 0 & a & \cdots & 0\\ \vdots & \vdots & \ddots & \vdots\\ 0 & 0 & \cdots & a\end{vmatrix}_{n-2}+a^n=a^n-a^{n-2}$$

例17 证明 $\begin{vmatrix}a_{11} & a_{12} & 0 & 0\\ a_{21} & a_{22} & 0 & 0\\ c_{11} & c_{12} & b_{11} & b_{12}\\ c_{21} & c_{22} & b_{21} & b_{22}\end{vmatrix}=\begin{vmatrix}a_{11} & a_{12}\\ a_{21} & a_{22}\end{vmatrix}\cdot\begin{vmatrix}b_{11} & b_{12}\\ b_{21} & b_{22}\end{vmatrix}$.

证明： 将等式左端的行列式按第1行展开得

$$\begin{vmatrix} a_{11} & a_{12} & 0 & 0 \\ a_{21} & a_{22} & 0 & 0 \\ c_{11} & c_{12} & b_{11} & b_{12} \\ c_{21} & c_{22} & b_{21} & b_{22} \end{vmatrix} = a_{11}\begin{vmatrix} a_{22} & 0 & 0 \\ c_{12} & b_{11} & b_{12} \\ c_{22} & b_{21} & b_{22} \end{vmatrix} - a_{12}\begin{vmatrix} a_{21} & 0 & 0 \\ c_{11} & b_{11} & b_{12} \\ c_{21} & b_{21} & b_{22} \end{vmatrix}$$

$$= a_{11}a_{22}\begin{vmatrix} b_{11} & b_{12} \\ b_{21} & b_{22} \end{vmatrix} - a_{12}a_{21}\begin{vmatrix} b_{11} & b_{12} \\ b_{21} & b_{22} \end{vmatrix} = (a_{11}a_{22} - a_{12}a_{21})\begin{vmatrix} b_{11} & b_{12} \\ b_{21} & b_{22} \end{vmatrix}$$

$$= \begin{vmatrix} a_{11} & a_{12} \\ a_{21} & a_{22} \end{vmatrix} \cdot \begin{vmatrix} b_{11} & b_{12} \\ b_{21} & b_{22} \end{vmatrix}$$

类似地，可以得到

$$\begin{vmatrix} a_{11} & \cdots & a_{1k} & 0 & \cdots & 0 \\ \vdots & \ddots & \vdots & \vdots & \ddots & \vdots \\ a_{k1} & \cdots & a_{kk} & 0 & \cdots & 0 \\ c_{11} & \cdots & c_{1k} & b_{11} & \cdots & b_{1m} \\ \vdots & \ddots & \vdots & \vdots & \ddots & \vdots \\ c_{m1} & \cdots & c_{mk} & b_{m1} & \cdots & b_{mm} \end{vmatrix} = \begin{vmatrix} a_{11} & \cdots & a_{1k} \\ \vdots & \ddots & \vdots \\ a_{k1} & \cdots & a_{kk} \end{vmatrix} \cdot \begin{vmatrix} b_{11} & \cdots & b_{1m} \\ \vdots & \ddots & \vdots \\ b_{m1} & \cdots & b_{mm} \end{vmatrix}$$

例18 设行列式 $D = \begin{vmatrix} 3 & 0 & 4 & 0 \\ 2 & 2 & 2 & 2 \\ 0 & 5 & 0 & 0 \\ 4 & 1 & 3 & -1 \end{vmatrix}$，求 $A_{41} + A_{42} + A_{43} + A_{44}$.

解：构造行列式 $D_1 = \begin{vmatrix} 3 & 0 & 4 & 0 \\ 2 & 2 & 2 & 2 \\ 0 & 5 & 0 & 0 \\ 1 & 1 & 1 & 1 \end{vmatrix} \xlongequal{\text{按第4行展开计算}} A_{41} + A_{42} + A_{43} + A_{44}$.

由于 D_1 的第4行与第2行对应成比例，所以 $D_1=0$．从而得到 $A_{41} + A_{42} + A_{43} + A_{44}=0$.

例19 证明范德蒙德行列式

$$D_n = \begin{vmatrix} 1 & 1 & 1 & \cdots & 1 \\ x_1 & x_2 & x_3 & \cdots & x_n \\ x_1^2 & x_2^2 & x_3^2 & \cdots & x_n^2 \\ \vdots & \vdots & \vdots & & \vdots \\ x_1^{n-1} & x_2^{n-1} & x_3^{n-1} & \cdots & x_n^{n-1} \end{vmatrix} = \prod_{1 \leqslant j < i \leqslant n} (x_i - x_j) \qquad (n \geq 2)$$

其中 $\prod\limits_{1 \leqslant j < i \leqslant n} (x_i - x_j)$ 表示所有可能的 $(x_i - x_j)$ 的乘积$(i > j)$，即

$$\prod_{1 \leqslant j < i \leqslant n} (x_i - x_j) = (x_2 - x_1)(x_3 - x_1)\cdots(x_n - x_1)(x_3 - x_2)\cdots(x_n - x_2)\cdots(x_n - x_{n-1})$$

证明：对行列式的阶数用数学归纳法

当n=2时，有

$$D_2=\begin{vmatrix}1 & 1\\ x_1 & x_2\end{vmatrix}=x_2-x_1$$

即当n=2时，结论成立.

假设对于n-1阶范德蒙德行列式的结论成立，下面证明对于n阶范德蒙德行列式的结论也成立.

对于D_n，依次将第n-1行的$-x_n$倍加到第n行上，第n-2行的$-x_n$倍加到第n-1行上……第1行的$-x_n$倍加到第2行上，得到

$$D_n=\begin{vmatrix}1 & 1 & \cdots & 1 & 1\\ x_1-x_n & x_2-x_n & \cdots & x_{n-1}-x_n & 0\\ x_1(x_1-x_n) & x_2(x_2-x_n) & \cdots & x_{n-1}(x_{n-1}-x_n) & 0\\ \vdots & \vdots & & \vdots & \vdots\\ x_1^{n-3}(x_1-x_n) & x_2^{n-3}(x_2-x_n) & \cdots & x_{n-1}^{n-3}(x_{n-1}-x_n) & 0\\ x_1^{n-2}(x_1-x_n) & x_2^{n-2}(x_2-x_n) & \cdots & x_{n-1}^{n-2}(x_{n-1}-x_n) & 0\end{vmatrix}$$

$$\xlongequal{\text{按第}n\text{列展开}}(-1)^{n+1}\begin{vmatrix}(x_1-x_n) & (x_2-x_n) & \cdots & (x_{n-1}-x_n)\\ x_1(x_1-x_n) & x_2(x_2-x_n) & \cdots & x_{n-1}(x_{n-1}-x_n)\\ \vdots & \vdots & & \vdots\\ x_1^{n-3}(x_1-x_n) & x_2^{n-3}(x_2-x_n) & \cdots & x_{n-1}^{n-3}(x_{n-1}-x_n)\\ x_1^{n-2}(x_1-x_n) & x_2^{n-2}(x_2-x_n) & \cdots & x_{n-1}^{n-2}(x_{n-1}-x_n)\end{vmatrix}$$

$$\xlongequal{\text{提出各列公因子}}(-1)^{n+1}(x_1-x_n)(x_2-x_n)\cdots(x_{n-1}-x_n)\begin{vmatrix}1 & 1 & \cdots & 1\\ x_1 & x_2 & \cdots & x_{n-1}\\ x_1^2 & x_2^2 & \cdots & x_{n-1}^2\\ \vdots & \vdots & & \vdots\\ x_1^{n-3} & x_2^{n-3} & \cdots & x_{n-1}^{n-3}\\ x_1^{n-2} & x_2^{n-2} & \cdots & x_{n-1}^{n-2}\end{vmatrix}$$

$$=(x_n-x_1)(x_n-x_2)\cdots(x_n-x_{n-1})\,D_{n-1}$$

由归纳法假设，有 $D_{n-1}=\prod\limits_{1\leqslant j<i\leqslant n-1}(x_i-x_j)$，从而

$$D_n=(x_n-x_1)(x_n-x_2)\cdots(x_n-x_{n-1})\prod_{1\leqslant j<i\leqslant n-1}(x_i-x_j)=\prod_{1\leqslant j<i\leqslant n}(x_i-x_j)$$

故由归纳法原理可知，对一切正整数$n\geqslant 2$的结论成立.（证毕）

1.5 克拉默法则

在1.1节中讨论过二元一次方程组

$$\begin{cases} a_{11}x_1 + a_{12}x_2 = b_1 \\ a_{21}x_1 + a_{22}x_2 = b_2 \end{cases}$$

当系数行列式$\begin{vmatrix} a_{11} & a_{12} \\ a_{21} & a_{22} \end{vmatrix} \neq 0$时，存在唯一解，并且方程组的解可以表示为下列形式.

$$x_1 = \frac{\begin{vmatrix} b_1 & a_{12} \\ b_2 & a_{22} \end{vmatrix}}{\begin{vmatrix} a_{11} & a_{12} \\ a_{21} & a_{22} \end{vmatrix}}, \quad x_2 = \frac{\begin{vmatrix} a_{11} & b_1 \\ a_{21} & b_2 \end{vmatrix}}{\begin{vmatrix} a_{11} & a_{12} \\ a_{21} & a_{22} \end{vmatrix}}$$

三元一次方程组

$$\begin{cases} a_{11}x_1 + a_{12}x_2 + a_{13}x_3 = b_1 \\ a_{21}x_1 + a_{22}x_2 + a_{23}x_3 = b_2 \\ a_{31}x_1 + a_{32}x_2 + a_{33}x_3 = b_3 \end{cases}$$

当系数行列式$\begin{vmatrix} a_{11} & a_{12} & a_{13} \\ a_{21} & a_{22} & a_{23} \\ a_{31} & a_{32} & a_{33} \end{vmatrix} \neq 0$时，存在唯一解，并且方程组的解可以表示为下列形式.

$$x_1 = \frac{\begin{vmatrix} b_1 & a_{12} & a_{13} \\ b_2 & a_{22} & a_{23} \\ b_3 & a_{32} & a_{33} \end{vmatrix}}{\begin{vmatrix} a_{11} & a_{12} & a_{13} \\ a_{21} & a_{22} & a_{23} \\ a_{31} & a_{32} & a_{33} \end{vmatrix}}, \quad x_2 = \frac{\begin{vmatrix} a_{11} & b_1 & a_{13} \\ a_{21} & b_2 & a_{23} \\ a_{31} & b_3 & a_{33} \end{vmatrix}}{\begin{vmatrix} a_{11} & a_{12} & a_{13} \\ a_{21} & a_{22} & a_{23} \\ a_{31} & a_{32} & a_{33} \end{vmatrix}}, \quad x_3 = \frac{\begin{vmatrix} a_{11} & a_{12} & b_1 \\ a_{21} & a_{22} & b_2 \\ a_{31} & a_{32} & b_3 \end{vmatrix}}{\begin{vmatrix} a_{11} & a_{12} & a_{13} \\ a_{21} & a_{22} & a_{23} \\ a_{31} & a_{32} & a_{33} \end{vmatrix}}$$

这一结果可以推广到一般的n元线性方程组.

定理4 （克拉默法则）如果含有n个未知数和n个方程的线性方程组

$$\begin{cases} a_{11}x_1 + a_{12}x_2 + \cdots + a_{1n}x_n = b_1 \\ a_{21}x_1 + a_{22}x_2 + \cdots + a_{2n}x_n = b_2 \\ \quad\vdots \qquad\quad \vdots \qquad\qquad\quad \vdots \qquad\quad \vdots \\ a_{n1}x_1 + a_{n2}x_2 + \cdots + a_{nn}x_n = b_n \end{cases} \tag{1.1}$$

的系数行列式

$$D = \begin{vmatrix} a_{11} & a_{12} & \cdots & a_{1n} \\ a_{21} & a_{22} & \cdots & a_{2n} \\ \vdots & \vdots & & \vdots \\ a_{n1} & a_{n2} & \cdots & a_{nn} \end{vmatrix} \neq 0$$

则方程组（1.1）有唯一解，且解为

$$x_j=\frac{D_j}{D}\quad(j=1,2\cdots,n)$$

其中D_j是将系数行列式D的第j列元素$a_{1j},a_{2j},\cdots,a_{nj}$换成常数项$b_1$，$b_2$，$\cdots$，$b_n$后得到的行列式.

证明： 我们用行列式的按行（列）展开定理证明.

用$A_{1j},A_{2j},\cdots,A_{nj}$依次乘以方程组的第$1,2,\cdots,n$个方程两端，然后将这$n$个方程加到一起得

$$\begin{aligned}&(a_{11}x_1+a_{12}x_2+\cdots+a_{1n}x_n)A_{1j}+(a_{21}x_1+a_{22}x_2+\cdots+a_{2n}x_n)A_{2j}+\cdots\\&+(a_{n1}x_1+a_{n2}x_2+\cdots+a_{nn}x_n)A_{nj}=b_1A_{1j}+b_2A_{2j}+\cdots+b_nA_{nj}\end{aligned}$$

按未知数系数再整理得

$$\begin{aligned}&(a_{11}A_{1j}+a_{21}A_{2j}+\cdots+a_{n1}A_{nj})x_1+\cdots+(a_{1j}A_{1j}+a_{2j}A_{2j}+\cdots+a_{nj}A_{nj})x_j\\&+\cdots+(a_{1n}A_{1j}+a_{2n}A_{2j}+\cdots+a_{nn}A_{nj})x_n=b_1A_{1j}+b_2A_{2j}+\cdots+b_nA_{nj}\end{aligned}$$

由行列式的按行（列）展开定理知，x_j的系数为D，$x_s(s\neq j)$的系数为0，等号的右端等于D_j，即

$$Dx_j=D_j\ (j=1,2,\cdots,n)$$

所以，如果$D\neq 0$，那么

$$x_j=\frac{D_j}{D}(j=1,2,\cdots,n)$$

例20 用克拉默法则解线性方程组

$$\begin{cases}x_1-x_2-x_3-2x_4=-1\\x_1+x_2-2x_3+x_4=1\\x_1+x_2+x_4=2\\x_2+x_3-x_4=1\end{cases}$$

解： 方程组的系数行列式

$$D=\begin{vmatrix}1&-1&-1&-2\\1&1&-2&1\\1&1&0&1\\0&1&1&-1\end{vmatrix}=-10\neq 0$$

所以，方程组有唯一解．又

$$D_1=\begin{vmatrix}-1&-1&-1&-2\\1&1&-2&1\\2&1&0&1\\1&1&1&-1\end{vmatrix}=-9,\ D_2=\begin{vmatrix}1&-1&-1&-2\\1&1&-2&1\\1&2&0&1\\0&1&1&-1\end{vmatrix}=-8$$

$$D_3=\begin{vmatrix}1&-1&-1&-2\\1&1&1&1\\1&1&2&1\\0&1&1&-1\end{vmatrix}=-5,D_4=\begin{vmatrix}1&-1&-1&-1\\1&1&-2&1\\1&1&0&2\\0&1&1&1\end{vmatrix}=-3$$

所以，方程组的解为 $x_j=\dfrac{D_j}{D}(j=1,2,3,4)$，即

$$x_1=\frac{9}{10},x_2=\frac{4}{5},x_3=\frac{1}{2},x_4=\frac{3}{10}$$

习 题 一

1．计算下列二阶、三阶行列式．

（1）$\begin{vmatrix}\cos\alpha&-\sin\alpha\\\sin\alpha&\cos\alpha\end{vmatrix}$　（2）$\begin{vmatrix}2&0&1\\1&-4&-1\\-1&8&3\end{vmatrix}$

（3）$\begin{vmatrix}a&b&c\\b&c&a\\c&a&b\end{vmatrix}$　（4）$\begin{vmatrix}1&1&1\\a&b&c\\a^2&b^2&c^2\end{vmatrix}$

2．解下列方程．

（1）$\begin{vmatrix}x&x&2\\0&-1&1\\1&2&x\end{vmatrix}=0$　（2）$\begin{vmatrix}x+1&-1&0\\4&x-3&0\\-1&0&x-2\end{vmatrix}=0$

3．求下列各排列的逆序数．

（1）1 3 4 2

（2）3 5 4 2 1

（3）$n\quad n-1\quad n-2\ \cdots\ 3\quad 2\quad 1$

（4）$1\quad 3\ \cdots\ 2n-1\quad 2n\quad 2n-2\ \cdots\ 2$

4．确定i和j的值，使七级排列$1i57j43$为奇排列．

5．写出四阶行列式中含有因子 $a_{11}a_{23}$ 的项，并确定每一项的符号．

6．利用行列式定义计算行列式．

（1）$\begin{vmatrix}0&0&0&4\\0&0&4&3\\0&4&3&2\\4&3&2&1\end{vmatrix}$　（2）$\begin{vmatrix}a&0&0&b\\0&c&d&0\\0&e&f&0\\g&0&0&h\end{vmatrix}$

（3）$\begin{vmatrix} 0 & 0 & \cdots & 0 & 1 & 0 \\ 0 & 0 & \cdots & 2 & 0 & 0 \\ \vdots & \vdots & \cdots & \vdots & \vdots & \vdots \\ 0 & 8 & \cdots & 0 & 0 & 0 \\ 9 & 0 & \cdots & 0 & 0 & 0 \\ 0 & 0 & \cdots & 0 & 0 & 10 \end{vmatrix}$　（4）$\begin{vmatrix} 1 & 2 & 0 & 0 \\ 2 & 3 & 0 & 0 \\ 0 & 0 & 1 & 1 \\ 0 & 0 & 4 & 3 \end{vmatrix}$

7．计算 $f(x)=\begin{vmatrix} 2x & x & 1 & 2 \\ 1 & x & 1 & -1 \\ 3 & 2 & x & 1 \\ 1 & 1 & 1 & x \end{vmatrix}$ 中 x^3 与 x^4 的系数.

8．利用行列式性质计算下列行列式.

（1）$\begin{vmatrix} 2015 & 2115 \\ 2017 & 2117 \end{vmatrix}$　（2）$\begin{vmatrix} -2 & 5 & -1 & 3 \\ 1 & -9 & 13 & 7 \\ 3 & -1 & 5 & -5 \\ 2 & 8 & -7 & -10 \end{vmatrix}$

（3）$\begin{vmatrix} -ab & ac & ae \\ bd & -cd & de \\ bf & cf & -ef \end{vmatrix}$　（4）$\begin{vmatrix} 3 & 1 & 1 & 1 \\ 1 & 3 & 1 & 1 \\ 1 & 1 & 3 & 1 \\ 1 & 1 & 1 & 3 \end{vmatrix}$

9．证明下列等式.

（1）$\begin{vmatrix} a^2 & ab & b^2 \\ 2a & a+b & 2b \\ 1 & 1 & 1 \end{vmatrix}=(a-b)^3$

（2）$\begin{vmatrix} a^2 & (a+1)^2 & (a+2)^2 & (a+3)^2 \\ b^2 & (b+1)^2 & (b+2)^2 & (b+3)^2 \\ c^2 & (c+1)^2 & (c+2)^2 & (c+3)^2 \\ d^2 & (d+1)^2 & (d+2)^2 & (d+3)^2 \end{vmatrix}=0$

10．计算下列行列式.

（1）$D_n-\begin{vmatrix} x-a & a & \cdots & a \\ a & x-a & \cdots & a \\ \vdots & \vdots & & \vdots \\ a & a & \cdots & x-a \end{vmatrix}$

（2）$\begin{vmatrix} a_0 & 1 & 1 & \cdots & 1 \\ 1 & a_1 & 0 & \cdots & 0 \\ 1 & 0 & a_2 & \cdots & 0 \\ \vdots & \vdots & \vdots & & \vdots \\ 1 & 0 & 0 & \cdots & a_n \end{vmatrix}(a_i \neq 0, i=1,\cdots,n)$

（3）$\begin{vmatrix} -a_1 & a_1 & 0 & \cdots & 0 & 0 \\ 0 & -a_2 & a_2 & \cdots & 0 & 0 \\ \vdots & \vdots & \vdots & & \vdots & \vdots \\ 0 & 0 & 0 & \cdots & -a_{n-1} & a_{n-1} \\ 1 & 1 & 1 & \cdots & 1 & 1 \end{vmatrix}$

（4）$\begin{vmatrix} 1 & 2 & 3 & \cdots & n-1 & n \\ 1 & -1 & 0 & \cdots & 0 & 0 \\ 0 & 2 & -2 & \cdots & 0 & 0 \\ \vdots & \vdots & \vdots & & \vdots & \vdots \\ 0 & 0 & 0 & \cdots & -(n-2) & 0 \\ 0 & 0 & 0 & \cdots & n-1 & -(n-1) \end{vmatrix}$

11．用按行（列）展开定理计算下列行列式.

（1）$\begin{vmatrix} a+b & ab & 0 & \cdots & 0 & 0 \\ 1 & a+b & ab & \cdots & 0 & 0 \\ 0 & 1 & a+b & \cdots & 0 & 0 \\ \vdots & \vdots & \vdots & & \vdots & \vdots \\ 0 & 0 & 0 & \cdots & a+b & ab \\ 0 & 0 & 0 & \cdots & 1 & a+b \end{vmatrix}$

（2）$D_{2n} = \begin{vmatrix} a_n & & & & & b_n \\ & \ddots & & & \iddots & \\ & & a_1 & b_1 & & \\ & & c_1 & d_1 & & \\ & \iddots & & & \ddots & \\ c_n & & & & & d_n \end{vmatrix}$（利用递推公式）

（3）$D_n = \begin{vmatrix} 1+a_1 & 1 & \cdots & 1 \\ 1 & 1+a_2 & \cdots & 1 \\ \vdots & \vdots & \ddots & \vdots \\ 1 & 1 & \cdots & 1+a_n \end{vmatrix}$ $(a_i \neq 0, i=1,\cdots,n)$

（提示：将最后一列元素写成两个数的和）

12．设 $D = \begin{vmatrix} 1 & 3 & -1 & 0 \\ 1 & 0 & -1 & 2 \\ 1 & 2 & 1 & 0 \\ 1 & -3 & 4 & 3 \end{vmatrix}$，求 $A_{13} + A_{23} + A_{33} + A_{43}$.

13．用克拉默法则解下列方程组.

（1）$\begin{cases} 2x_1 - x_2 - x_3 = 1 \\ 3x_1 + 4x_2 - 2x_3 = 1 \\ 3x_1 - 2x_2 + 4x_3 = 2 \end{cases}$

（2）$\begin{cases} ax_1 + ax_2 + bx_3 = 1 \\ ax_1 + bx_2 + ax_3 = 1 \\ bx_1 + ax_2 + ax_3 = 1 \end{cases}$（其中 $a \neq b, a \neq -\dfrac{b}{2}$）

自 测 题 一

一、填空题.

1．设 $f(x) = \begin{vmatrix} x & 1 & 2 \\ 1 & 1 & x \\ 3 & 2 & 1 \end{vmatrix}$，则 $f(x)$ 的一次项系数为________.

2．在五阶行列式中项 $a_{23}a_{42}a_{55}a_{23}a_{14}a_{31}$ 的符号是________.

3．设 $D = \begin{vmatrix} 1 & -1 & 2 \\ 1 & 2 & 3 \\ 0 & 1 & -1 \end{vmatrix}$，那么 $M_{23} =$_____， $A_{23} =$________.

4．设 a、b、c 两两互不相同，则 $\begin{vmatrix} b+c & c+a & a+b \\ a & b & c \\ a^2 & b^2 & c^2 \end{vmatrix} = 0$ 的充分必要条件是_______ .

5．行列式 $\begin{vmatrix} a_{11} & a_{12} & a_{13} \\ a_{21} & a_{22} & a_{23} \\ a_{31} & a_{32} & a_{33} \end{vmatrix} = k$，那么 $\begin{vmatrix} 2a_{11} & 2a_{12} & 2a_{13} \\ 3a_{21} & 3a_{22} & 3a_{23} \\ a_{31} & a_{32} & a_{33} \end{vmatrix} =$________.

二、选择题.

1．行列式 $\begin{vmatrix} k-1 & 2 \\ 2 & k-1 \end{vmatrix} \neq 0$ 的充分必要条件为（　　）.

A．$k \neq -1$　　B．$k \neq 3$

C．$k \neq 3$ 且 $k \neq -1$　　D．$k \neq 3$ 或 $k \neq -1$

2．行列式 D 的值非零的必要条件是（　　）.

A．D 的所有元素非零

B．D 有一行元素全非零

C．D 的任意两行元素之间不成比例

D．D 的主对角线上的元素不全为零

3．下列行列式的值为零的是（　　）.

A．$\begin{vmatrix} 3 & 2 & 1 \\ -3 & 2 & 1 \\ 0 & 0 & 1 \end{vmatrix}$　　B．$\begin{vmatrix} 0 & 0 & 3 \\ 0 & -1 & 0 \\ 1 & 3 & 0 \end{vmatrix}$　　C．$\begin{vmatrix} 0 & -1 & 0 \\ 3 & 0 & 0 \\ 0 & 0 & 1 \end{vmatrix}$　　D．$\begin{vmatrix} 3 & -1 & 6 \\ 2 & 2 & 4 \\ 1 & 6 & 2 \end{vmatrix}$

4．$f(\lambda)=\begin{vmatrix} \lambda-1 & 1 & 1 & 2 \\ 1 & \lambda-2 & 0 & 0 \\ 2 & 0 & \lambda-3 & 1 \\ 0 & -2 & 1 & \lambda-4 \end{vmatrix}$中$\lambda^3$的系数为（　　）.

A．6　　B．3　　C．-3　　D．-10

5．以下乘积中（　　）是四阶行列式$D=|a_{ij}|$中取负号的项.

A．$a_{11}a_{23}a_{33}a_{44}$　　B．$a_{14}a_{23}a_{31}a_{42}$　　C．$a_{12}a_{23}a_{31}a_{44}$　　D．$a_{23}a_{41}a_{32}a_{11}$

6．在行列式$\begin{vmatrix} 4 & 1 & 0 \\ 3 & -2 & a \\ 6 & 5 & -7 \end{vmatrix}$中，元素$a$的代数余子式是（　　）.

A．$\begin{vmatrix} 4 & 0 \\ 6 & -7 \end{vmatrix}$　　B．$\begin{vmatrix} 4 & 1 \\ 6 & 5 \end{vmatrix}$　　C．$-\begin{vmatrix} 4 & 0 \\ 6 & -7 \end{vmatrix}$　　D．$-\begin{vmatrix} 4 & 1 \\ 6 & 5 \end{vmatrix}$

7．行列式$\begin{vmatrix} 1 & 1 & 1 \\ 1 & 2 & 3 \\ 1 & 4 & 9 \end{vmatrix}$的余子式$M_{21}+M_{22}+M_{23}$的值为（　　）.

A．6　　B．3　　C．−3　　D．−6

8．已知四阶行列式的第一行元素为−4、0、1、3，第三行元素的余子式依次为−2、5、1、x，则x=（　　）

A．0　　B．3　　C．−3　　D．2

三、解答题.

计算下列行列式.

（1）$\begin{vmatrix} b_1 & b_2 & b_3 & b_4 \\ -a_1 & a_2 & 0 & 0 \\ 0 & -a_2 & a_3 & 0 \\ 0 & 0 & -a_3 & a_4 \end{vmatrix}$

（2）$\begin{vmatrix} 1 & x & y & z \\ x & 1 & 0 & 0 \\ y & 0 & 1 & 0 \\ z & 0 & 0 & 1 \end{vmatrix}$

（3）$\begin{vmatrix} a & 0 & 0 & \cdots & 0 & 1 \\ 0 & a & 0 & \cdots & 0 & 0 \\ 0 & 0 & a & \cdots & 0 & 0 \\ \vdots & \vdots & \vdots & & \vdots & \vdots \\ 0 & 0 & 0 & \cdots & a & 0 \\ 1 & 0 & 0 & \cdots & 0 & a \end{vmatrix}$

（4）$\begin{vmatrix} -a_1 & a_1 & 0 & \cdots & 0 & 0 \\ 0 & -a_2 & a_2 & \cdots & 0 & 0 \\ \vdots & \vdots & \vdots & & \vdots & \vdots \\ 0 & 0 & 0 & \cdots & -a_{n-1} & a_{n-1} \\ 1 & 1 & 1 & \cdots & 1 & 1 \end{vmatrix}$

四、设x、y、z为互异的实数，证明：$\begin{vmatrix} 1 & 1 & 1 \\ x & y & z \\ x^2 & y^2 & z^2 \end{vmatrix}=0$的充分必要条件为$x+y+z=0$.

五、当λ为何值时，方程组$\begin{cases} (1+\lambda)x_1+x_2+x_3=1 \\ x_1+(1+\lambda)x_2+x_3=\lambda \\ x_1+x_2+(1+\lambda)x_3=\lambda^2 \end{cases}$有唯一解？并用克拉默法则求这组解.

第2章 矩　阵

矩阵在各学科中都有十分广泛的应用，并且大多数线性代数问题都可以用矩阵来描述，并借助矩阵的运算来解决．因此，矩阵是线性代数的主要研究对象之一，也是研究线性代数问题的一个重要工具．

矩阵作为解方程组的工具在《九章算术》中就有体现，但是矩阵的概念最早是19世纪由英格兰数学家西尔维斯特在解线性方程组时提出的，而英国数学家凯莱被认为是矩阵理论的奠基人．现在矩阵已由最初的一种工具发展为一门独立的数学分支——矩阵论．

本章我们将介绍矩阵的定义、矩阵的运算、可逆矩阵、矩阵的初等变换、分块矩阵等基本理论．这些内容是学习后面知识的重要基础．

2.1　矩阵的概念

在生活中，许多方面都涉及矩阵的概念．下面我们先看几个例子．

例1　设四种食品在三家超市中的价格不同，可以用一个表格表示为

超市＼食品	甲	乙	丙	丁
超市 1	2	5	9	12
超市 2	3	4	8	10
超市 3	2	5	10	13

其中甲、乙、丙、丁表示四种食品，超市1、超市2、超市3表示三家超市，从表中可以很快查出每一种食品在不同超市中的价格．为了研究起来方便，常常将以上表格简单表示为

$$\begin{pmatrix} 2 & 5 & 9 & 12 \\ 3 & 4 & 8 & 10 \\ 2 & 5 & 10 & 13 \end{pmatrix}$$

例2　四个城市间的航线如下图所示

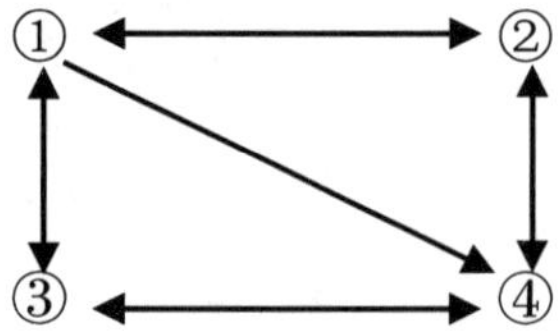

若令

$$a_{ij}=\begin{cases}1，表示从i市到j市有一条单向航线\\0，表示从i市到j市没有航线\end{cases}$$

那么图可以用表格表示为

$$\boldsymbol{A}=(a_{ij})=\begin{pmatrix}0&1&1&1\\1&0&0&1\\1&0&0&1\\0&1&1&0\end{pmatrix}$$

许多问题都可以表示成一个这样的表格，这就是我们要介绍的矩阵.

一、矩阵的定义

定义1 由$m\times n$个数a_{ij}（$i=1,2,\cdots,m$；$j=1,2,\cdots,n$）排成的一个m行n列的矩形表

$$\begin{pmatrix}a_{11}&a_{12}&\cdots&a_{1n}\\a_{21}&a_{22}&\cdots&a_{2n}\\\vdots&\vdots&&\vdots\\a_{m1}&a_{m2}&\cdots&a_{mn}\end{pmatrix}$$

称为一个m行n列矩阵，简称为$m\times n$矩阵. 其中a_{ij}称为矩阵的第i行第j列的元素$(i=1,2,\cdots,m;j=1,2,\cdots,n)$.

通常用大写的英文字母$\boldsymbol{A}$，$\boldsymbol{B}$，$\boldsymbol{C}$等表示矩阵. 有时为了指明矩阵的行数和列数，也可以将m行n列的矩阵记作$\boldsymbol{A}=\boldsymbol{A}_{m\times n}=(a_{ij})_{m\times n}$.

元素都是实数的矩阵称为实矩阵，元素都是复数的矩阵称为复矩阵. 本书所指的矩阵基本都是实矩阵.

元素全为零的$m\times n$矩阵称为零矩阵，记作$\boldsymbol{O}_{m\times n}$，或简记作$\boldsymbol{O}$.

当m=1时，称矩阵$\boldsymbol{\alpha}=(a_1,a_2,\cdots,a_n)$为行矩阵；当$n$=1时，称矩阵$\boldsymbol{\beta}=\begin{pmatrix}b_1\\b_2\\\vdots\\b_m\end{pmatrix}$为列矩阵. 当$m$=$n$时，称$\boldsymbol{A}_{m\times n}=(a_{ij})_{n\times n}$为$n$阶矩阵或$n$阶方阵，此时将$\boldsymbol{A}_{m\times n}$记作$\boldsymbol{A}_n$.

二、几种特殊的方阵

方阵中从左上角到右下角的对角线称为主对角线.

1. 上三角形矩阵与下三角形矩阵

形如

$$\begin{pmatrix} a_{11} & a_{12} & \cdots & a_{1n} \\ 0 & a_{22} & \cdots & a_{2n} \\ \vdots & \vdots & & \vdots \\ 0 & 0 & \cdots & a_{nn} \end{pmatrix}$$

的矩阵，即主对角线左下方的元素全为零的 n 阶矩阵，称为上三角形矩阵.

类似地，形如

$$\begin{pmatrix} a_{11} & 0 & \cdots & 0 \\ a_{21} & a_{22} & \cdots & 0 \\ \vdots & \vdots & & \vdots \\ a_{n1} & a_{n2} & \cdots & a_{nn} \end{pmatrix}$$

的矩阵称为下三角形矩阵.

2. 对角矩阵

形如

$$\begin{pmatrix} a_{11} & 0 & \cdots & 0 \\ 0 & a_{22} & \cdots & 0 \\ \vdots & \vdots & & \vdots \\ 0 & 0 & \cdots & a_{nn} \end{pmatrix}$$

的n阶矩阵，称为对角矩阵，即主对角线以外的元素 $a_{ij}(i \neq j)$ 全为零.

3. 数量矩阵

主对角线上的元素都相同的对角矩阵，称为数量矩阵. 形如

$$\begin{pmatrix} a & 0 & \cdots & 0 \\ 0 & a & \cdots & 0 \\ \vdots & \vdots & & \vdots \\ 0 & 0 & \cdots & a \end{pmatrix}$$

4. 单位矩阵

如果n阶数量矩阵中的元素 $a=1$，则称此矩阵为n阶单位矩阵，记作 $\boldsymbol{E}_n$，或简记作 $\boldsymbol{E}$. 即

$$\boldsymbol{E} = \begin{pmatrix} 1 & 0 & \cdots & 0 \\ 0 & 1 & \cdots & 0 \\ \vdots & \vdots & & \vdots \\ 0 & 0 & \cdots & 1 \end{pmatrix}$$

5. 对称矩阵

如果n阶矩阵$\boldsymbol{A}=(a_{ij})$满足$a_{ij}=a_{ji}$ $(i=1,2,\cdots,n;\ j=1,2,\cdots,n)$，则称$\boldsymbol{A}$为对称矩阵．例如

$$\boldsymbol{A}=\begin{pmatrix} 2 & 2 & -2 \\ 2 & 5 & -4 \\ -2 & -4 & 5 \end{pmatrix}$$

如果n阶矩阵$\boldsymbol{A}=(a_{ij})$满足$a_{ij}=-a_{ji}$ $(i=1,2,\cdots,n;\ j=1,2,\cdots,n)$，则称$\boldsymbol{A}$为反对称矩阵．例如

$$\boldsymbol{A}=\begin{pmatrix} 0 & 1 & -2 \\ -1 & 0 & 6 \\ 2 & -6 & 0 \end{pmatrix}$$

2.2 矩阵的运算

一、矩阵的相等

定义2 如果两个矩阵的行数与列数相等，则称这两个矩阵是同型矩阵．

定义3 如果两个同型矩阵$\boldsymbol{A}=(a_{ij})_{m\times n}$与$\boldsymbol{B}=(b_{ij})_{m\times n}$对应的元素相等，即$a_{ij}=b_{ij}$ $(i=1,2,\cdots,m;\ j=1,2,\cdots,n)$，则称这两个矩阵相等．记作$\boldsymbol{A}=\boldsymbol{B}$．

二、矩阵的加法

定义4 设$\boldsymbol{A}=(a_{ij})_{m\times n}$，$\boldsymbol{B}=(b_{ij})_{m\times n}$，$\boldsymbol{A}$与$\boldsymbol{B}$对应位置的元素相加所得的矩阵称为矩阵$\boldsymbol{A}$与矩阵$\boldsymbol{B}$的和，记作$\boldsymbol{A}+\boldsymbol{B}$．

$$\boldsymbol{A}+\boldsymbol{B}=(a_{ij}+b_{ij})_{m\times n}=\begin{pmatrix} a_{11}+b_{11} & a_{12}+b_{12} & \cdots & a_{1n}+b_{1n} \\ a_{21}+b_{21} & a_{22}+b_{22} & \cdots & a_{2n}+b_{2n} \\ \vdots & \vdots & & \vdots \\ a_{m1}+b_{m1} & a_{m2}+b_{m2} & \cdots & a_{mn}+b_{mn} \end{pmatrix}$$

注意：只有同型矩阵才能相加

由加法定义可以直接验证矩阵的加法满足以下四条运算性质．

（1）交换律：$\boldsymbol{A}+\boldsymbol{B}=\boldsymbol{B}+\boldsymbol{A}$

（2）结合律：$(\boldsymbol{A}+\boldsymbol{B})+\boldsymbol{C}=\boldsymbol{A}+(\boldsymbol{B}+\boldsymbol{C})$

（3）$\boldsymbol{A}+\boldsymbol{O}=\boldsymbol{O}+\boldsymbol{A}$

（4）设$\boldsymbol{A}=(a_{ij})_{m\times n}$，称矩阵

$$\begin{pmatrix} -a_{11} & -a_{12} & \cdots & -a_{1n} \\ -a_{21} & -a_{22} & \cdots & -a_{2n} \\ \vdots & \vdots & & \vdots \\ -a_{m1} & -a_{m2} & \cdots & -a_{mn} \end{pmatrix}$$

为 $\boldsymbol{A}$ 的负矩阵，记作 $-\boldsymbol{A}$．显然有

$$\boldsymbol{A}+(-\boldsymbol{A})=(-\boldsymbol{A})+\boldsymbol{A}=\boldsymbol{O}$$

由此可定义矩阵的减法

$$\boldsymbol{A}-\boldsymbol{B}=\boldsymbol{A}+(-\boldsymbol{B})$$

上述各式中的 $\boldsymbol{A}$、$\boldsymbol{B}$、$\boldsymbol{C}$ 均为 $m\times n$ 矩阵，$\boldsymbol{O}$为 $m\times n$ 零矩阵．

三、数与矩阵的乘积

定义5　数k与矩阵 $\boldsymbol{A}=(a_{ij})_{m\times n}$ 中的每一个元素相乘所得的矩阵称为数与矩阵的乘积，简称为数乘，记作 $k\boldsymbol{A}$．

$$k\boldsymbol{A}=(ka_{ij})_{m\times n}\begin{pmatrix} ka_{11} & ka_{12} & \cdots & ka_{1n} \\ ka_{21} & ka_{22} & \cdots & ka_{2n} \\ \vdots & \vdots & & \vdots \\ ka_{m1} & ka_{m2} & \cdots & ka_{mn} \end{pmatrix}$$

由数与矩阵的乘积定义可以直接验证数与矩阵的乘积具有以下运算性质．

设 $\boldsymbol{A}$、$\boldsymbol{B}$ 为数域$\boldsymbol{F}$上的 $m\times n$ 矩阵；$k,l\in\boldsymbol{F}$．则

（1）$k(\boldsymbol{A}+\boldsymbol{B})=k\boldsymbol{A}+k\boldsymbol{B}$

（2）$(k+l)\boldsymbol{A}=k\boldsymbol{A}+l\boldsymbol{A}$

（3）$k(l\boldsymbol{A})=(kl)\boldsymbol{A}$

（4）$1\cdot\boldsymbol{A}=\boldsymbol{A}$

注意：（1）$\boldsymbol{A}$的负阵$-\boldsymbol{A}$也可以看作是用-1乘以$\boldsymbol{A}$，即$-\boldsymbol{A}=-1\cdot\boldsymbol{A}$．

（2）当矩阵$\boldsymbol{A}$的所有元素都有公因子 k 时，可将 k 提到矩阵外面．

例如，$\begin{pmatrix} 2 & 4 \\ 0 & -6 \end{pmatrix}=2\begin{pmatrix} 1 & 2 \\ 0 & -3 \end{pmatrix}$．

例3　设 $\boldsymbol{A}=\begin{pmatrix} 2 & 0 & -1 \\ 3 & 1 & -2 \end{pmatrix}$，$\boldsymbol{B}=\begin{pmatrix} -1 & 1 & 2 \\ -2 & 1 & 5 \end{pmatrix}$，求 $\boldsymbol{A}+\boldsymbol{B},2\boldsymbol{A}-3\boldsymbol{B}$．

解：$\boldsymbol{A}+\boldsymbol{B}=\begin{pmatrix} 2+(-1) & 0+1 & -1+2 \\ 3+(-2) & 1+1 & -2+5 \end{pmatrix}=\begin{pmatrix} 1 & 1 & 1 \\ 1 & 2 & 3 \end{pmatrix}$

$2\boldsymbol{A}-3\boldsymbol{B}=\begin{pmatrix} 4 & 0 & -2 \\ 6 & 2 & -4 \end{pmatrix}-\begin{pmatrix} -3 & 3 & 6 \\ -6 & 3 & 15 \end{pmatrix}=\begin{pmatrix} 7 & -3 & -8 \\ 12 & -1 & -19 \end{pmatrix}$

例4 设 $\boldsymbol{A}=\begin{pmatrix}1 & -2 & 0\\4 & 3 & 5\end{pmatrix}$，$\boldsymbol{B}=\begin{pmatrix}8 & 2 & 6\\5 & 3 & 4\end{pmatrix}$满足$2\boldsymbol{A}+\boldsymbol{X}=\boldsymbol{B}-2\boldsymbol{X}$，求$\boldsymbol{X}$.

解： $\boldsymbol{X}=\frac{1}{3}(\boldsymbol{B}-2\boldsymbol{A})=\begin{pmatrix}2 & 2 & 2\\-1 & -1 & -2\end{pmatrix}$

三、矩阵的乘法

在给出矩阵的乘法定义之前，先看下面例题.

引例 某工厂生产了三种产品，各种产品每件所需的生产成本和每一季度每一种产品的产量由下面表格给出，求出各个季度所需各类成本的情况表.

表一

成本产品	产品一	产品二	产品三
原材料	a_{11}	a_{12}	a_{13}
劳动力	a_{21}	a_{22}	a_{23}

表二

季节产品	春	夏	秋	冬
产品一	b_{11}	b_{12}	b_{13}	b_{14}
产品一	b_{21}	b_{22}	b_{23}	b_{24}
产品三	b_{31}	b_{32}	b_{33}	b_{34}

解：依题意，每一季节所需各类成本如表三所示

表三

季节成本	春	夏	秋	冬
原材料	$a_{11}b_{11}+a_{12}b_{21}+a_{13}b_{31}$	$a_{11}b_{12}+a_{12}b_{22}+a_{13}b_{32}$	$a_{11}b_{13}+a_{12}b_{23}+a_{13}b_{33}$	$a_{11}b_{14}+a_{12}b_{24}+a_{13}b_{34}$
劳动力	$a_{21}b_{11}+a_{22}b_{21}+a_{23}b_{31}$	$a_{21}b_{12}+a_{22}b_{22}+a_{23}b_{32}$	$a_{21}b_{13}+a_{22}b_{23}+a_{23}b_{33}$	$a_{21}b_{14}+a_{22}b_{24}+a_{23}b_{34}$

如果用矩阵$\boldsymbol{A}$、$\boldsymbol{B}$、$\boldsymbol{C}$分别表示表一、表二、表三中的数据，可得

$$\boldsymbol{A}=\begin{pmatrix}a_{11} & a_{12} & a_{13}\\a_{21} & a_{22} & a_{23}\end{pmatrix},\quad \boldsymbol{B}=\begin{pmatrix}b_{11} & b_{12} & b_{13} & b_{14}\\b_{21} & b_{22} & b_{23} & b_{24}\\b_{31} & b_{32} & b_{33} & b_{34}\end{pmatrix}$$

$$\boldsymbol{C}=\begin{pmatrix}a_{11}b_{11}+a_{12}b_{21}+a_{13}b_{31} & a_{11}b_{12}+a_{12}b_{22}+a_{13}b_{32} & a_{11}b_{13}+a_{12}b_{23}+a_{13}b_{33} & a_{11}b_{14}+a_{12}b_{24}+a_{13}b_{34}\\a_{21}b_{11}+a_{22}b_{21}+a_{23}b_{31} & a_{21}b_{12}+a_{22}b_{22}+a_{23}b_{32} & a_{21}b_{13}+a_{22}b_{23}+a_{23}b_{33} & a_{21}b_{14}+a_{22}b_{24}+a_{23}b_{34}\end{pmatrix}$$

三个矩阵之间存在以下关系：

矩阵$\boldsymbol{C}$完全由矩阵$\boldsymbol{A}$和$\boldsymbol{B}$确定，$\boldsymbol{C}$的第i行第j列元素由$\boldsymbol{A}$的第i行的每一个元素与$\boldsymbol{B}$的第j列对应元素相乘后再相加得到.

下面给出矩阵乘法的定义.

定义6 设矩阵 $\boldsymbol{A}=(a_{ij})_{m\times s}$， $\boldsymbol{B}=(b_{ij})_{s\times n}$，记

$$c_{ij}=a_{i1}b_{1j}+a_{i2}b_{2j}+\cdots a_{is}b_{sj}=\sum_{k=1}^{s}a_{ik}b_{kj}$$

以 c_{ij} 为元素构成的矩阵 $\boldsymbol{C}=(c_{ij})_{m\times n}$ 称为 $\boldsymbol{A}$ 与 $\boldsymbol{B}$ 的乘积，记作 $\boldsymbol{C}=\boldsymbol{AB}$. 即

$$\begin{pmatrix} a_{11} & a_{12} & \cdots & a_{1s} \\ \vdots & \vdots & \cdots & \vdots \\ \boxed{a_{i1} \quad a_{i2} \quad \cdots \quad a_{is}} \\ \vdots & \vdots & \cdots & \vdots \\ a_{n1} & a_{n2} & \cdots & a_{ns} \end{pmatrix}_{n\times s} \begin{pmatrix} b_{11} & \cdots & b_{1j} & \cdots & b_{1m} \\ b_{21} & \cdots & b_{2j} & \cdots & b_{2m} \\ \vdots & \cdots & \vdots & \cdots & \vdots \\ b_{s1} & \cdots & b_{sj} & \cdots & b_{sm} \end{pmatrix}_{s\times m} = \begin{pmatrix} c_{11} & \cdots & c_{1j} & \cdots & c_{1m} \\ \vdots & \cdots & \vdots & \cdots & \vdots \\ c_{i1} & \cdots & \boxed{c_{ij}} & \cdots & c_{im} \\ \vdots & \cdots & \vdots & \cdots & \vdots \\ c_{n1} & \cdots & c_{nj} & \cdots & c_{nm} \end{pmatrix}_{n\times m}$$

由矩阵乘法的定义可以看出，第一个矩阵$\boldsymbol{A}$的列数必须等于第二个矩阵$\boldsymbol{B}$的行数，$\boldsymbol{A}$与$\boldsymbol{B}$才能相乘，并且矩阵$\boldsymbol{A}$与$\boldsymbol{B}$的乘积$\boldsymbol{C}$的第 i 行第j列元素等于第一个矩阵$\boldsymbol{A}$的第i行与第二个矩阵$\boldsymbol{B}$的第j列的对应元素乘积之和.

例5 $\boldsymbol{A}=\begin{pmatrix} 3 & -1 \\ 0 & 3 \\ 1 & 0 \end{pmatrix}$， $\boldsymbol{B}=\begin{pmatrix} 1 & 0 & 1 & -1 \\ 0 & 2 & 1 & 0 \end{pmatrix}$，求 $\boldsymbol{AB}$.

解： $\boldsymbol{AB}=\begin{pmatrix} 3\times1+(-1)\times0 & 3\times0+(-1)\times2 & 3\times1+(-1)\times1 & 3\times(-1)+(-1)\times0 \\ 0\times1+3\times0 & 0\times0+3\times2 & 0\times1+3\times1 & 0\times(-1)+3\times0 \\ 1\times1+0\times0 & 1\times0+0\times2 & 1\times1+0\times1 & 1\times(-1)+0\times0 \end{pmatrix}$

$=\begin{pmatrix} 3 & -2 & 2 & -3 \\ 0 & 6 & 3 & 0 \\ 1 & 0 & 1 & -1 \end{pmatrix}$

思考： 按照这种计算方式，能不能计算$\boldsymbol{BA}$?

例6 $\boldsymbol{A}=\begin{pmatrix} 1 & 2 \\ 1 & 2 \end{pmatrix}$， $\boldsymbol{B}=\begin{pmatrix} 1 & -1 \\ -1 & 1 \end{pmatrix}$，求 $\boldsymbol{AB}$ 和 $\boldsymbol{BA}$.

解： $\boldsymbol{AB}=\begin{pmatrix} 1 & 2 \\ 1 & 2 \end{pmatrix}\begin{pmatrix} 1 & -1 \\ -1 & 1 \end{pmatrix}=\begin{pmatrix} -1 & 1 \\ -1 & 1 \end{pmatrix}$

$\boldsymbol{BA}=\begin{pmatrix} 1 & -1 \\ -1 & 1 \end{pmatrix}\begin{pmatrix} 1 & 2 \\ 1 & 2 \end{pmatrix}=\begin{pmatrix} 0 & 0 \\ 0 & 0 \end{pmatrix}$

例7 $\boldsymbol{A}=(1 \quad 2 \quad 3),\boldsymbol{B}=\begin{pmatrix} 1 \\ 2 \\ 1 \end{pmatrix}$，求 $\boldsymbol{AB}$和$\boldsymbol{BA}$.

解： $\boldsymbol{AB}=(1 \quad 2 \quad 3)\begin{pmatrix} 1 \\ 2 \\ 1 \end{pmatrix}=8$

$$BA=\begin{pmatrix}1\\2\\1\end{pmatrix}\begin{pmatrix}1&2&3\end{pmatrix}=\begin{pmatrix}1&2&3\\2&4&6\\1&2&3\end{pmatrix}$$

从例5至例7可以看出，有时 $\boldsymbol{AB}$ 有意义但 $\boldsymbol{BA}$ 未必有意义，比如例5；即使 $\boldsymbol{BA}$ 有意义也不一定和 $\boldsymbol{AB}$ 相等，比如例6、例7.

因此，一般情况下矩阵的乘法不满足交换律 $(\boldsymbol{AB}\neq\boldsymbol{BA})$.

既然乘法不满足交换律，那么两个矩阵相乘要强调顺序．称$\boldsymbol{AX}$为用$\boldsymbol{X}$右乘$\boldsymbol{A}$，称$\boldsymbol{XA}$为用$\boldsymbol{X}$左乘$\boldsymbol{A}$.

从例6还可以发现：两个非零矩阵相乘可能等于零矩阵.

因此，一般情况下如果$\boldsymbol{AB}=\boldsymbol{O}$，不能推出$\boldsymbol{A}=\boldsymbol{O}$或者$\boldsymbol{B}=\boldsymbol{O}$.

例8 设 $\boldsymbol{A}=\begin{pmatrix}2&1\\0&3\end{pmatrix},\boldsymbol{B}=\begin{pmatrix}2&0\\0&4\end{pmatrix},\boldsymbol{C}=\begin{pmatrix}1&1\\0&0\end{pmatrix}$，那么

$$\boldsymbol{AC}=\begin{pmatrix}2&1\\0&0\end{pmatrix}\begin{pmatrix}1&1\\0&0\end{pmatrix}=\begin{pmatrix}2&2\\0&0\end{pmatrix}$$

$$\boldsymbol{BC}=\begin{pmatrix}2&0\\0&4\end{pmatrix}\begin{pmatrix}1&1\\0&0\end{pmatrix}=\begin{pmatrix}2&2\\0&0\end{pmatrix}$$

从例8可以发现：虽然 $\boldsymbol{AC}=\boldsymbol{BC}$，但是 $\boldsymbol{A}\neq\boldsymbol{B}$．因此，一般情况下，矩阵的乘法不满足消去律.

由矩阵的乘法定义可以证明矩阵的乘法满足以下运算性质.

（1）结合律：$\boldsymbol{A}(\boldsymbol{BC})=(\boldsymbol{AB})\boldsymbol{C}$

（2）分配律：$\boldsymbol{A}(\boldsymbol{B}+\boldsymbol{C})=(\boldsymbol{AB})+(\boldsymbol{AC})$；$(\boldsymbol{B}+\boldsymbol{C})\boldsymbol{A}=(\boldsymbol{BA})+(\boldsymbol{CA})$

（3）$k(\boldsymbol{AB})=(k\boldsymbol{A})\boldsymbol{B}=\boldsymbol{A}(k\boldsymbol{B})$

假设以上矩阵乘法都有意义，其中k为常数.

（4）$\boldsymbol{E}_m\times\boldsymbol{A}_{m\times n}=\boldsymbol{A}_{m\times n},\boldsymbol{A}_{m\times n}\times\boldsymbol{E}_n=\boldsymbol{A}_{m\times n}$．单位矩阵 $\boldsymbol{E}$ 在矩阵乘法中的地位与1在数的乘法中的性质类似.

四、方阵的幂

由矩阵乘法满足结合律，可定义方阵的幂.

定义7 设 $\boldsymbol{A}$ 为n阶矩阵，对于正整数 k，定义

$$\boldsymbol{A}^k=\underbrace{\boldsymbol{AA}\cdots\boldsymbol{A}}_{k个}$$

同时规定

$$\boldsymbol{A}^0=\boldsymbol{E}$$

根据方阵幂的定义，方阵的幂有以下性质（其中k、l为任意非负整数）.

（1）$\boldsymbol{A}^k\boldsymbol{A}^l=\boldsymbol{A}^{k+l}$

（2）$(A^k)^l = A^{kl}$

注意：

（1）由于矩阵乘法一般不满足交换律，因此 $(AB)^k$ 一般不等于 $A^k B^k (k>1)$．此外，如果 $A^k = O(k>1)$，也不一定有 $A=O$．例如

$$A=\begin{pmatrix}0&1\\0&0\end{pmatrix}\neq O，但 A^2=\begin{pmatrix}0&0\\0&0\end{pmatrix}$$

（2）$(A+B)^2=(A+B)(A+B)=A^2+AB+BA+B^2$

定义8 设多项式 $f(x)=a_m x^m + a_{m-1}x^{m-1}+\cdots a_1 x + a_0$，$A$ 为n阶矩阵，定义

$$f(A)=a_m A^m + a_{m-1}A^{m-1}+\cdots a_1 A + a_0 E$$

称 $f(A)$ 为关于矩阵 A 的多项式.

例9 设 $A=\begin{pmatrix}\lambda&1&0\\0&\lambda&1\\0&0&\lambda\end{pmatrix}$，求 A^2,A^3.

解： $A^2=\begin{pmatrix}\lambda&1&0\\0&\lambda&1\\0&0&\lambda\end{pmatrix}\begin{pmatrix}\lambda&1&0\\0&\lambda&1\\0&0&\lambda\end{pmatrix}=\begin{pmatrix}\lambda^2&2\lambda&1\\0&\lambda^2&2\lambda\\0&0&\lambda^2\end{pmatrix}$

$$A^3=A^2A=\begin{pmatrix}\lambda^3&3\lambda^2&3\lambda\\0&\lambda^3&3\lambda^2\\0&0&\lambda^3\end{pmatrix}$$

例10 设 $f(x)=-x^2+2x+4$，（1）当 $A=\begin{pmatrix}1&2\\3&1\end{pmatrix}$ 时，求 $f(A)$；（2）当 $A=\begin{pmatrix}1&3&0\\1&0&1\\0&1&0\end{pmatrix}$ 时，求 $f(A)$.

解：（1）$f(A)=-\begin{pmatrix}1&2\\3&1\end{pmatrix}^2+2\begin{pmatrix}1&2\\3&1\end{pmatrix}+4\begin{pmatrix}1&0\\0&1\end{pmatrix}=\begin{pmatrix}-1&0\\0&-1\end{pmatrix}$

（2）$f(A)=-\begin{pmatrix}1&3&0\\1&0&1\\0&1&0\end{pmatrix}^2+2\begin{pmatrix}1&3&0\\1&0&1\\0&1&0\end{pmatrix}+4\begin{pmatrix}1&3&0\\1&0&1\\0&1&0\end{pmatrix}=\begin{pmatrix}2&3&-3\\1&0&0\\-1&2&3\end{pmatrix}$

五、矩阵的转置

定义9 将矩阵 $A=(a_{ij})_{m\times n}$ 的行和列互换得到的 $n\times m$ 矩阵，称为矩阵 A 的转置，记作 A^{T}．即

$$A=\begin{pmatrix} a_{11} & a_{12} & \cdots & a_{1n} \\ a_{21} & a_{22} & \cdots & a_{2n} \\ \vdots & \vdots & & \vdots \\ a_{m1} & a_{m2} & \cdots & a_{mn} \end{pmatrix}$$

则

$$A^{\mathrm{T}}=\begin{pmatrix} a_{11} & a_{21} & \cdots & a_{m1} \\ a_{12} & a_{22} & \cdots & a_{m2} \\ \vdots & \vdots & & \vdots \\ a_{1n} & a_{2n} & \cdots & a_{mn} \end{pmatrix}$$

例如，$A=\begin{pmatrix} 1 & 2 & 3 \\ 4 & 5 & 6 \end{pmatrix}$，则$A^{\mathrm{T}}=\begin{pmatrix} 1 & 4 \\ 2 & 5 \\ 3 & 6 \end{pmatrix}$.

例11 设 $X=(x_1,x_2,\cdots,x_n)$，$Y=(y_1,y_2,\cdots,y_n)$，求 $X^{\mathrm{T}}Y, XY^{\mathrm{T}}$.

解： $X^{\mathrm{T}}Y=\begin{pmatrix} x_1 \\ x_2 \\ \vdots \\ x_n \end{pmatrix}\begin{pmatrix} y_1 & y_2 & \cdots & y_n \end{pmatrix}=\begin{pmatrix} x_1y_1 & x_1y_2 & \cdots & x_1y_n \\ x_2y_1 & x_2y_2 & \cdots & x_2y_n \\ \vdots & \vdots & \vdots & \vdots \\ x_ny_1 & x_ny_2 & \cdots & x_ny_n \end{pmatrix}$

$$XY^{\mathrm{T}}=\begin{pmatrix} x_1 & x_2 & \cdots & x_n \end{pmatrix}\begin{pmatrix} y_1 \\ y_2 \\ \vdots \\ y_n \end{pmatrix}=x_1y_1+x_2y_2+\cdots+x_ny_n$$

当 A 为对称矩阵时，由于 $a_{ij}=a_{ji}\ (i,j=1,\cdots,n)$，因此 $A^{\mathrm{T}}=A$；

而当 A 为反对称矩阵时，有 $a_{ij}=-a_{ji}\ (i,j=1,2,\cdots,n)$，也即 $A^{\mathrm{T}}=-A$.

对于矩阵的转置，有以下运算法则：

（1）$(A^{\mathrm{T}})^{\mathrm{T}}=A$

（2）$(A+B)^{\mathrm{T}}=A^{\mathrm{T}}+B^{\mathrm{T}}$

（3）$(kA)^{\mathrm{T}}=kA^{\mathrm{T}}$

（4）$(AB)^{\mathrm{T}}=B^{\mathrm{T}}A^{\mathrm{T}}$

其中与矩阵 A、B 有关的运算都有意义，$k\in F$.

运算法则（1）~（3）很容易由定义直接验证．下面给出（4）的证明．

证明： 设 $A=(a_{ij})_{m\times s}$，$B=(b_{ij})_{s\times n}$，则 AB 为 $m\times n$ 矩阵，故 $(AB)^{\mathrm{T}}$ 为 $n\times m$ 矩阵.

另一方面，由于 B^{T} 为 $n\times s$ 矩阵，A^{T} 为 $s\times m$ 矩阵，从而 $B^{\mathrm{T}}A^{\mathrm{T}}$ 为 $n\times m$ 矩阵.

所以 $(AB)^{\mathrm{T}}$ 与 $B^{\mathrm{T}}A^{\mathrm{T}}$ 是同型矩阵.

再证明它们的对应元素都相等.

设 $(AB)^{\mathrm{T}}$ 的第j行第i列的元素为 d_{ji}，由 $(AB)^{\mathrm{T}}$ 与 AB 的关系知，d_{ji} 即为AB的第i行第j

列的元素，从而

$$d_{ji}=a_{i1}b_{1j}+a_{i2}b_{2j}+\cdots a_{is}b_{sj}$$

设 $\boldsymbol{B}^{\mathrm{T}}\boldsymbol{A}^{\mathrm{T}}$ 的第j行第i列的元素为 c_{ji}，故 c_{ji} 为 $\boldsymbol{B}^{\mathrm{T}}$ 的第j行的元素与 $\boldsymbol{A}^{\mathrm{T}}$ 的第i列对应元素的乘积之和，也就是 $\boldsymbol{B}$ 的第j列的元素与 $\boldsymbol{A}$ 的第i行对应元素的乘积之和，即

$$c_{ji}=b_{1j}a_{i1}+b_{2j}a_{i2}+\cdots+b_{sj}a_{is}$$

可得 $c_{ji}=d_{ji}\,(i=1,2,\cdots,m;\ j=1,2,\cdots,n)$.

说明 $(\boldsymbol{AB})^{\mathrm{T}}$ 与 $\boldsymbol{B}^{\mathrm{T}}\boldsymbol{A}^{\mathrm{T}}$ 的对应元素都相等，即得 $(\boldsymbol{AB})^{\mathrm{T}}=\boldsymbol{B}^{\mathrm{T}}\boldsymbol{A}^{\mathrm{T}}$.

运算法则（4）可以推广到多个矩阵相乘的情况，即

$$(\boldsymbol{A}_1\boldsymbol{A}_2\cdots\boldsymbol{A}_t)^{\mathrm{T}}=\boldsymbol{A}_t^{\mathrm{T}}\boldsymbol{A}^{\mathrm{T}}{}_{t-1}\cdots\boldsymbol{A}_1^{\mathrm{T}}$$

六、方阵的行列式

定义10　由n阶矩阵（方阵）$\boldsymbol{A}$中的元素（按原来的位置）构成的行列式，称为方阵$\boldsymbol{A}$的行列式，记作$|\boldsymbol{A}|$或$\det\boldsymbol{A}$．即

$$\boldsymbol{A}=\begin{pmatrix} a_{11} & a_{12} & \cdots & a_{1n} \\ a_{21} & a_{22} & \cdots & a_{2n} \\ \vdots & \vdots & & \vdots \\ a_{n1} & a_{n2} & \cdots & a_{nn} \end{pmatrix}$$

则

$$\det\boldsymbol{A}=|\boldsymbol{A}|=\begin{vmatrix} a_{11} & a_{12} & \cdots & a_{1n} \\ a_{21} & a_{22} & \cdots & a_{2n} \\ \vdots & \vdots & & \vdots \\ a_{n1} & a_{n2} & \cdots & a_{nn} \end{vmatrix}$$

注意：方阵和方阵的行列式是两个不同的概念．方阵是一个矩阵（数表），而行列式是一个算式，是一个数．

关于n阶方阵的行列式有以下重要的性质．

（1）$|\boldsymbol{A}^{\mathrm{T}}|=|\boldsymbol{A}|$

（2）$|k\boldsymbol{A}|=k^n|\boldsymbol{A}|$

（3）$|\boldsymbol{AB}|=|\boldsymbol{A}||\boldsymbol{B}|$

（4）$|\boldsymbol{A}^n|=|\boldsymbol{A}||\boldsymbol{A}|\cdots|\boldsymbol{A}|=|\boldsymbol{A}|^n$

其中$\boldsymbol{A}$、$\boldsymbol{B}$为n阶方阵，k为任意常数．

从第（3）个性质还可以推广到多个方阵相乘的情况：$|\boldsymbol{A}_1\boldsymbol{A}_2\cdots\boldsymbol{A}_s|=|\boldsymbol{A}_1|\cdot|\boldsymbol{A}_2|\cdots|\boldsymbol{A}_s|$，其中 $\boldsymbol{A}_i$ 均为n阶方阵．

（证明略）

例12 设$A=\begin{pmatrix}1 & -1 & 1\\0 & 1 & -2\\0 & 0 & 1\end{pmatrix}$，求$|A|$.

解：$|A|=\begin{vmatrix}1 & -1 & 1\\0 & 1 & -2\\0 & 0 & 1\end{vmatrix}=1$

例13 设A为三阶方阵，且$|A|=-2$，求$|3A|$和$|A^2A^{\mathrm{T}}|$.

解：$|3A|=3^3|A|=-54$

$|A^2A^{\mathrm{T}}|=|A^2|\cdot|A^{\mathrm{T}}|=|A|^2|A|=-8$

2.3 可逆矩阵

一、逆矩阵的定义

我们知道，对于任意非零数a，存在a^{-1}（即$\frac{1}{a}$），满足$aa^{-1}=a^{-1}a=1$. 由此自然会提出：什么样的矩阵有类似于非零数a那样的性质呢?这就是我们要讨论的逆矩阵的问题，它在矩阵理论和矩阵的应用中都具有重要的作用.

定义11 对于n阶矩阵A，如果存在n阶矩阵B，使得

$$AB=BA=E \tag{2.1}$$

则称B为A的逆矩阵，此时称A为可逆矩阵，否则称A为不可逆矩阵.

例如，设$A=\begin{pmatrix}1 & 2\\0 & 1\end{pmatrix}$，存在矩阵$B=\begin{pmatrix}1 & -2\\0 & 1\end{pmatrix}$，使得$AB=BA=\begin{pmatrix}1 & 0\\0 & 1\end{pmatrix}$.

所以A可逆，B为A的逆矩阵.

矩阵$A=\begin{pmatrix}1 & 2\\0 & 0\end{pmatrix}$，$A$与任何矩阵相乘都不可能等于$\begin{pmatrix}1 & 0\\0 & 1\end{pmatrix}$，所以$A$不可逆.

由式（2.1）可以得出：

（1）逆矩阵是相互对称的，即B是A的逆矩阵的同时，A也是B的逆矩阵.

（2）只有方阵才可能有逆矩阵.（因为AB和BA都要有意义）

（3）如果矩阵A可逆，则A的逆矩阵一定是唯一的，因此将A的逆矩阵记作A^{-1}.

这是由于，如果设B与B_1都是A的逆矩阵，则B与B_1均满足式（2.1），即

$$AB=BA=E\text{，}\quad AB_1=B_1A=E$$

从而有

$$B=BE=B(AB_1)=(BA)B_1=EB_1=B_1$$

由此推出$B_1=B$，所以A的逆矩阵唯一.

（4）若 $\boldsymbol{A}$ 可逆，那么 $\boldsymbol{A}$ 的逆矩阵 $\boldsymbol{A}^{-1}$ 也可逆且 $(\boldsymbol{A}^{-1})^{-1}=\boldsymbol{A}$，$\boldsymbol{A}^{-1}\boldsymbol{A}=\boldsymbol{A}\boldsymbol{A}^{-1}=\boldsymbol{E}$.

二、逆矩阵的判定

如何判断一个矩阵是否可逆呢？如何求一个矩阵的逆矩阵呢？为此，首先介绍两个定义.

定义12 如果n阶矩阵 $\boldsymbol{A}$ 的行列式 $|\boldsymbol{A}|\neq 0$，则称 $\boldsymbol{A}$ 是非奇异矩阵，否则称 $\boldsymbol{A}$ 为奇异矩阵.

定义13 设 $\boldsymbol{A}=(a_{ij})_{n\times n}$，$A_{ij}$ 为 $|\boldsymbol{A}|$ 的元素 a_{ij} 的代数余子式$(i,j=1,2,\cdots,n)$，则矩阵

$$\begin{pmatrix} A_{11} & A_{21} & \cdots & A_{n1} \\ A_{12} & A_{22} & \cdots & A_{n2} \\ \vdots & \vdots & & \vdots \\ A_{1n} & A_{2n} & \cdots & A_{nn} \end{pmatrix}$$

称为矩阵 $\boldsymbol{A}$ 的伴随矩阵，记作 $\boldsymbol{A}^*$.

例14 求矩阵 $\boldsymbol{A}=\begin{pmatrix} 3 & -1 & 0 \\ -2 & 1 & 1 \\ 1 & -1 & 4 \end{pmatrix}$ 的伴随矩阵 $\boldsymbol{A}^*$.

解： $A_{11}=\begin{vmatrix} 1 & 1 \\ -1 & 4 \end{vmatrix}=5$, $A_{12}=-\begin{vmatrix} -2 & 1 \\ 1 & 4 \end{vmatrix}=9$，$A_{13}=\begin{vmatrix} -2 & 1 \\ 1 & -1 \end{vmatrix}=1$

$A_{21}=-\begin{vmatrix} -1 & 0 \\ -1 & 4 \end{vmatrix}=4$，$A_{22}=\begin{vmatrix} 3 & 0 \\ 1 & 4 \end{vmatrix}=12$，$A_{23}=-\begin{vmatrix} 3 & -1 \\ 1 & -1 \end{vmatrix}=2$

$A_{31}=\begin{vmatrix} -1 & 0 \\ 1 & 1 \end{vmatrix}=-1$，$A_{32}=-\begin{vmatrix} 3 & 0 \\ -2 & 1 \end{vmatrix}=-3$，$A_{33}=\begin{vmatrix} 3 & -1 \\ -2 & 1 \end{vmatrix}=1$

所以 $\boldsymbol{A}^*=\begin{pmatrix} 5 & 4 & -1 \\ 9 & 12 & -3 \\ 1 & 2 & 1 \end{pmatrix}$.

由行列式依行（列）展开定理可以得到

$$\boldsymbol{A}\boldsymbol{A}^*=\begin{pmatrix} a_{11} & a_{12} & \cdots & a_{1n} \\ a_{21} & a_{22} & \cdots & a_{2n} \\ \vdots & \vdots & & \vdots \\ a_{n1} & a_{n2} & \cdots & a_{nn} \end{pmatrix}\begin{pmatrix} A_{11} & A_{21} & \cdots & A_{n1} \\ A_{12} & A_{22} & \cdots & A_{n2} \\ \vdots & \vdots & & \vdots \\ A_{1n} & A_{21} & \cdots & A_{nn} \end{pmatrix}=\begin{pmatrix} |\boldsymbol{A}| & 0 & \cdots & 0 \\ 0 & |\boldsymbol{A}| & \cdots & 0 \\ \vdots & \vdots & & \vdots \\ 0 & 0 & \cdots & |\boldsymbol{A}| \end{pmatrix}=|\boldsymbol{A}|\boldsymbol{E}$$

类似可得

$$\boldsymbol{A}^*\boldsymbol{A}=|\boldsymbol{A}|\boldsymbol{E}$$

由此我们得到伴随矩阵的性质：$\boldsymbol{A}^*\boldsymbol{A}=\boldsymbol{A}\boldsymbol{A}^*=|\boldsymbol{A}|\boldsymbol{E}$.（2.2）

定理1 矩阵 $\boldsymbol{A}=(a_{ij})_{n\times n}$ 可逆的充分必要条件是 $|\boldsymbol{A}|\neq 0$，即 $\boldsymbol{A}$ 为非奇异矩阵.

另外当 $\boldsymbol{A}$ 可逆时，有

$$A^{-1}=\frac{1}{|A|}A^*$$

证明： 必要性（$\Rightarrow$）设 A 为可逆矩阵，则存在 A^{-1}，使 $AA^{-1}=E$，从而

$$|AA^{-1}|=|A|\cdot|A^{-1}|=|E|=1$$

因此有 $|A|\neq 0$，即 A 为非奇异矩阵.

充分性（$\Leftarrow$）如果 A 为非奇异矩阵，则 $|A|\neq 0$，故由式（2.2）两边乘以 $\frac{1}{|A|}$，有

$$A\left(\frac{1}{|A|}A^*\right)=\left(\frac{1}{|A|}A^*\right)A=E$$

由定义1知 A 可逆，并且 $A^{-1}=\frac{1}{|A|}A^*$.

定理1不仅解决了如何判断一个方阵是否可逆的问题，同时还给出了一种求逆矩阵的方法，我们称之为伴随矩阵法.

例15 设 $A=\begin{pmatrix}3&-1&0\\-2&1&1\\1&-1&4\end{pmatrix}$，判断$A$是否可逆，如果可逆，求 A^{-1}.

解： $|A|=\begin{vmatrix}3&-1&0\\-2&1&1\\1&-1&4\end{vmatrix}=6\neq 0$，所以$A$可逆.

又 $A^*=\begin{pmatrix}5&4&-1\\9&12&-3\\1&2&1\end{pmatrix}$，所以 $A^{-1}=\frac{1}{6}A^*=\frac{1}{6}\begin{pmatrix}5&4&-1\\9&12&-3\\1&2&1\end{pmatrix}$.

推论1 设 A,B 均为n阶矩阵，并且满足 $AB=E$，则 A,B 都可逆，且 $A^{-1}=B$，$B^{-1}=A$.

证明： 由 $AB=E$，可得 $|AB|=|A||B|=|E|=1$，因此 $|A|\neq 0$ 且 $|B|\neq 0$. 故由定理1知 A 可逆，B 也可逆. 在 $AB=E$ 两边左乘 A^{-1}，得 $B=A^{-1}$. 在 $AB=E$ 两边右乘 B^{-1}，得 $A=B^{-1}$.

例 16 如果 $A=\begin{pmatrix}a_{11}&0&\cdots&0\\0&a_{22}&\cdots&0\\\vdots&\vdots&&\vdots\\0&0&\cdots&a_{nn}\end{pmatrix}$，其中 $a_{ii}\neq 0, i=1,\cdots,n$，证明 A 可逆且

$$A^{-1}=\begin{pmatrix}a_{11}^{-1}&0&\cdots&0\\0&a_{22}^{-1}&\cdots&0\\\vdots&\vdots&&\vdots\\0&0&\cdots&a_{nn}^{-1}\end{pmatrix}.$$

证明： $|A|=\begin{vmatrix} a_{11} & 0 & \cdots & 0 \\ 0 & a_{22} & \cdots & 0 \\ \vdots & \vdots & & \vdots \\ 0 & 0 & \cdots & a_{nn} \end{vmatrix}=a_{11}a_{22}\cdots a_{nn}\neq 0$，所以$A$可逆.

又$\begin{pmatrix} a_{11} & 0 & \cdots & 0 \\ 0 & a_{22} & \cdots & 0 \\ \vdots & \vdots & & \vdots \\ 0 & 0 & \cdots & a_{nn} \end{pmatrix}\begin{pmatrix} a_{11}^{-1} & 0 & \cdots & 0 \\ 0 & a_{22}^{-1} & \cdots & 0 \\ \vdots & \vdots & & \vdots \\ 0 & 0 & \cdots & a_{nn}^{-1} \end{pmatrix}=E$，

所以 $A^{-1}=\begin{pmatrix} a_{11}^{-1} & 0 & \cdots & 0 \\ 0 & a_{22}^{-1} & \cdots & 0 \\ \vdots & \vdots & & \vdots \\ 0 & 0 & \cdots & a_{nn}^{-1} \end{pmatrix}$.

例17 设n阶矩阵A满足等式$A^2-2A-4E=O$，证明$A+E$可逆，并求$(A+E)^{-1}$.

证明： 由$A^2-2A-4E=O$得$A^2-2A-3E=E$，从而$(A+E)(A-3E)=E$.

由推论1知，$A+E$可逆，且$(A+E)^{-1}=A-3E$.

三、可逆矩阵的性质

性质1 如果A,B均为n阶可逆矩阵，则AB也可逆，并且$(AB)^{-1}=B^{-1}A^{-1}$.

证明： 由于$(AB)(B^{-1}A^{-1})=A(BB^{-1})A^{-1}=AA^{-1}=E$，故由定理1的推论1知，$(AB)^{-1}=B^{-1}A^{-1}$.

性质1可以推广到多个可逆矩阵相乘的情况．即如果n阶矩阵$A_1,A_2,\cdots,A_t$都可逆，则$A_1A_2\cdots A_t$也可逆，并且$(A_1A_2\cdots A_t)^{-1}=A_t^{-1}\cdots A_2^{-1}A_1^{-1}$.

性质2 如果矩阵A可逆，则其转置矩阵A^{T}也可逆，并且$(A^{\mathrm{T}})^{-1}=(A^{-1})^{\mathrm{T}}$.

证明： 由于$A^{\mathrm{T}}(A^{-1})^{\mathrm{T}}=(A^{-1}A)^{\mathrm{T}}=E^{\mathrm{T}}=E$，所以$A^{\mathrm{T}}$可逆，并且$(A^{\mathrm{T}})^{-1}=(A^{-1})^{\mathrm{T}}$.

性质3 如果矩阵A可逆，则kA也可逆（k为非零常数），并且$(kA)^{-1}=\dfrac{1}{k}A^{-1}$.

性质4 如果矩阵A可逆，则$|A^{-1}|=\dfrac{1}{|A|}$.

2.4 矩阵的分块

一、矩阵分块的概念

在理论研究及一些实际问题中，经常遇到阶数很高或结构特殊的矩阵．为了使矩阵结构显得更简单清晰，更便于分析和计算，常常把所讨论的矩阵分成若干个小矩阵.

定义14 用若干条横线与纵线将矩阵A划分为若干个小矩阵，每个小矩阵称为一个子块，以子块为元素的矩阵称为分块矩阵.

例如，$A=\left(\begin{array}{cc:cc} 1 & 0 & -1 & 1 \\ -1 & 0 & 1 & 0 \\ \hdashline 0 & 0 & 2 & -1 \\ 0 & 0 & 0 & -3 \end{array}\right)=\begin{pmatrix} A_{11} & A_{12} \\ A_{21} & A_{22} \end{pmatrix}$.

其中 $A_{11}=\begin{pmatrix} 1 & 0 \\ -1 & 0 \end{pmatrix}, A_{12}=\begin{pmatrix} -1 & 1 \\ 1 & 0 \end{pmatrix}, A_{21}=\begin{pmatrix} 0 & 0 \\ 0 & 0 \end{pmatrix}, A_{22}=\begin{pmatrix} 2 & -1 \\ 0 & -3 \end{pmatrix}$.

给出一个矩阵，可以根据需要采取不同的分法，将它写成不同的分块矩阵，比如上面矩阵又可分为

$$A=\left(\begin{array}{c:c:c:c} 1 & 0 & -1 & 1 \\ -1 & 0 & 1 & 0 \\ 0 & 0 & 2 & -1 \\ 0 & 0 & 0 & -3 \end{array}\right)=\begin{pmatrix} A_1 & A_2 & A_3 & A_4 \end{pmatrix}$$

其中 $A_1=\begin{pmatrix} 1 \\ -1 \\ 0 \\ 0 \end{pmatrix}, A_2=\begin{pmatrix} 0 \\ 0 \\ 0 \\ 0 \end{pmatrix}, A_3=\begin{pmatrix} -1 \\ 1 \\ 2 \\ 0 \end{pmatrix}, A_4=\begin{pmatrix} 1 \\ 0 \\ -1 \\ -3 \end{pmatrix}$.

二、分块矩阵的运算

1. 分块矩阵的加法

设A、B为同型矩阵，将A、B按同样的方式分块得

$$A=\begin{pmatrix} A_{11} & A_{12} & \cdots & A_{1t} \\ A_{21} & A_{22} & \cdots & A_{2t} \\ \vdots & \vdots & & \vdots \\ A_{s1} & A_{s2} & \cdots & A_{st} \end{pmatrix} \quad B=\begin{pmatrix} B_{11} & B_{12} & \cdots & B_{1t} \\ B_{21} & B_{22} & \cdots & B_{2t} \\ \vdots & \vdots & & \vdots \\ B_{s1} & B_{s2} & \cdots & B_{st} \end{pmatrix}$$

则对应的子块 A_{ij} 与 B_{ij} 为同型的小矩阵($i=1,2,\cdots,s$；$j=1,2,\cdots,t$). 从而

$$A+B=\begin{pmatrix} A_{11}+B_{11} & A_{12}+B_{12} & \cdots & A_{1t}+B_{1t} \\ A_{12}+B_{21} & A_{22}+B_{22} & \cdots & A_{2t}+B_{2t} \\ \vdots & \vdots & & \vdots \\ A_{s1}+B_{s1} & A_{s2}+B_{s2} & \cdots & A_{st}+B_{st} \end{pmatrix}$$

注意：用分块矩阵进行加法时，对应的子块必须是同型的小矩阵，因此相加的两个矩阵的行与列的分法必须一致.

2. 数与分块矩阵乘法

当数k与分块矩阵相乘时，k与每一个子块相乘，即

$$kA=\begin{pmatrix} kA_{11} & kA_{12} & \cdots & kA_{1t} \\ kA_{21} & kA_{22} & \cdots & kA_{2t} \\ \vdots & \vdots & & \vdots \\ kA_{s1} & kA_{s2} & \cdots & kA_{st} \end{pmatrix}$$

3. 分块矩阵的乘法

设矩阵 $\boldsymbol{A}_{m\times s}$ 与 $\boldsymbol{B}_{s\times n}$ 分别为 $m\times s$ 和 $s\times n$ 的矩阵，且矩阵$\boldsymbol{A}$的列的分法和矩阵$\boldsymbol{B}$的行的分法一致，则

$$\boldsymbol{AB}=\begin{pmatrix} \boldsymbol{A}_{11} & \boldsymbol{A}_{12} & \cdots & \boldsymbol{A}_{1t} \\ \boldsymbol{A}_{21} & \boldsymbol{A}_{22} & \cdots & \boldsymbol{A}_{2t} \\ \vdots & \vdots & & \vdots \\ \boldsymbol{A}_{l1} & \boldsymbol{A}_{l2} & \cdots & \boldsymbol{A}_{lt} \end{pmatrix}\begin{pmatrix} \boldsymbol{B}_{11} & \boldsymbol{B}_{12} & \cdots & \boldsymbol{B}_{1r} \\ \boldsymbol{B}_{21} & \boldsymbol{B}_{22} & \cdots & \boldsymbol{B}_{2r} \\ \vdots & \vdots & & \vdots \\ \boldsymbol{B}_{t1} & \boldsymbol{B}_{t2} & \cdots & \boldsymbol{B}_{tr} \end{pmatrix}=\begin{pmatrix} \boldsymbol{C}_{11} & \boldsymbol{C}_{12} & \cdots & \boldsymbol{C}_{1r} \\ \boldsymbol{C}_{21} & \boldsymbol{C}_{22} & \cdots & \boldsymbol{C}_{2r} \\ \vdots & \vdots & & \vdots \\ \boldsymbol{C}_{l1} & \boldsymbol{C}_{l2} & \cdots & \boldsymbol{C}_{lr} \end{pmatrix}$$

其中 $\boldsymbol{C}_{ij}=\boldsymbol{A}_{i1}\boldsymbol{B}_{1j}+\boldsymbol{A}_{i2}\boldsymbol{B}_{2j}+\cdots\boldsymbol{A}_{it}\boldsymbol{B}_{tj}\ (i=1,2,\cdots,l;\ j=1,2,\cdots,r)$.

注意：要保证分块矩阵做乘法时每个对应的小子块乘法有意义，只要矩阵$\boldsymbol{A}$的列的分法和矩阵$\boldsymbol{B}$的行的分法一致即可.

例18 设 $\boldsymbol{A}=\begin{pmatrix} 1 & 0 & 1 & 2 \\ 0 & 1 & 3 & 4 \\ 0 & 0 & 2 & 0 \\ 0 & 0 & 0 & 2 \end{pmatrix}$，$\boldsymbol{B}=\begin{pmatrix} 1 & 2 & 0 & 0 \\ 0 & 1 & 0 & 0 \\ 2 & 1 & 1 & 0 \\ 0 & 3 & 0 & 1 \end{pmatrix}$，求 $\boldsymbol{AB}$.

解：将它们分块如下

$$\boldsymbol{A}=\begin{pmatrix} 1 & 0 & 1 & 2 \\ 0 & 1 & 3 & 4 \\ 0 & 0 & 2 & 0 \\ 0 & 0 & 0 & 2 \end{pmatrix}=\begin{pmatrix} \boldsymbol{E}_2 & \boldsymbol{A}_1 \\ \boldsymbol{O}_2 & 2\boldsymbol{E}_2 \end{pmatrix}，其中\ \boldsymbol{A}_1=\begin{pmatrix} 1 & 2 \\ 3 & 4 \end{pmatrix}$$

$$\boldsymbol{B}=\begin{pmatrix} 1 & 2 & 0 & 0 \\ 0 & 1 & 0 & 0 \\ 2 & 1 & 1 & 0 \\ 0 & 3 & 0 & 1 \end{pmatrix}=\begin{pmatrix} \boldsymbol{B}_1 & \boldsymbol{O}_2 \\ \boldsymbol{B}_2 & \boldsymbol{E}_2 \end{pmatrix}，其中\ \boldsymbol{B}_1=\begin{pmatrix} 1 & 2 \\ 0 & 1 \end{pmatrix},\ \boldsymbol{B}_2=\begin{pmatrix} 2 & 1 \\ 0 & 3 \end{pmatrix}$$

$$\boldsymbol{AB}=\begin{pmatrix} \boldsymbol{E}_2 & \boldsymbol{A}_1 \\ \boldsymbol{O}_2 & 2\boldsymbol{E}_2 \end{pmatrix}\begin{pmatrix} \boldsymbol{B}_1 & \boldsymbol{O}_2 \\ \boldsymbol{B}_2 & \boldsymbol{E}_2 \end{pmatrix}=\begin{pmatrix} \boldsymbol{E}_2\boldsymbol{B}_1+\boldsymbol{A}_1\boldsymbol{B}_2 & \boldsymbol{E}_2\boldsymbol{O}_2+\boldsymbol{A}_1\boldsymbol{E}_2 \\ \boldsymbol{O}_2\boldsymbol{B}_1+2\boldsymbol{E}_2\boldsymbol{B}_2 & \boldsymbol{O}_2\boldsymbol{O}_2+2\boldsymbol{E}_2\boldsymbol{E}_2 \end{pmatrix}=\begin{pmatrix} \boldsymbol{B}_1+\boldsymbol{A}_1\boldsymbol{B}_2 & \boldsymbol{A}_1 \\ 2\boldsymbol{B}_2 & 2\boldsymbol{E}_2 \end{pmatrix}$$

由于 $\boldsymbol{B}_1+\boldsymbol{A}_1\boldsymbol{B}_2=\begin{pmatrix} 1 & 2 \\ 0 & 1 \end{pmatrix}+\begin{pmatrix} 1 & 2 \\ 3 & 4 \end{pmatrix}\begin{pmatrix} 2 & 1 \\ 0 & 3 \end{pmatrix}=\begin{pmatrix} 3 & 9 \\ 6 & 17 \end{pmatrix}$.

所以，$\boldsymbol{AB}=\begin{pmatrix} 3 & 9 & 1 & 2 \\ 6 & 17 & 3 & 4 \\ 4 & 2 & 2 & 0 \\ 0 & 6 & 0 & 2 \end{pmatrix}$.

4. 分块矩阵的转置

分块矩阵在转置时，不但要将行和列互换，而且行和列互换后的各子块都要转置，即设矩阵 $A_{m\times n}$ 为

$$A=\begin{pmatrix} A_{11} & A_{12} & \cdots & A_{1t} \\ A_{21} & A_{22} & \cdots & A_{2t} \\ \vdots & \vdots & & \vdots \\ A_{s1} & A_{s2} & \cdots & A_{st} \end{pmatrix}$$

则

$$A^{\mathrm{T}}=\begin{pmatrix} A_{11}^{\mathrm{T}} & A_{21}^{\mathrm{T}} & \cdots & A_{s1}^{\mathrm{T}} \\ A_{12}^{\mathrm{T}} & A_{22}^{\mathrm{T}} & \cdots & A_{s2}^{\mathrm{T}} \\ \vdots & \vdots & & \vdots \\ A_{1t}^{\mathrm{T}} & A_{2t}^{\mathrm{T}} & \cdots & A_{st}^{\mathrm{T}} \end{pmatrix}$$

三、两类特殊的分块矩阵

1. 分块对角矩阵（或准对角矩阵）

设A为n阶方阵，如果分块后的形式为

$$A=\begin{pmatrix} A_1 & O & \cdots & O \\ O & A_2 & \cdots & O \\ \vdots & \vdots & & \vdots \\ O & O & \cdots & A_s \end{pmatrix}$$

其中A_1，A_2，…，A_s为 n_i 阶方阵（ $n_1+n_2+\cdots+n_s=n$ ），其余子块均为零矩阵，则称A为分块对角矩阵.

例19 设 $A=\begin{pmatrix} 1 & 3 & 0 & 0 & 0 & 0 \\ 0 & 2 & 0 & 0 & 0 & 0 \\ 0 & 0 & -1 & 9 & 0 & 0 \\ 0 & 0 & 2 & 1 & 0 & 0 \\ 0 & 0 & 0 & 0 & 6 & 5 \\ 0 & 0 & 0 & 0 & 1 & 0 \end{pmatrix}=\begin{pmatrix} A_1 & 0 & 0 \\ 0 & A_2 & 0 \\ 0 & 0 & A_3 \end{pmatrix}$,其中

$$A_1=\begin{pmatrix} 1 & 3 \\ 0 & 2 \end{pmatrix},A_2=\begin{pmatrix} -1 & 9 \\ 2 & 1 \end{pmatrix},A_3=\begin{pmatrix} 6 & 5 \\ 1 & 0 \end{pmatrix}$$

2. 分块三角形矩阵

设A为n阶方阵，如果分块后A的形式为

$$A=\begin{pmatrix} A_{11} & A_{12} & \cdots & A_{1s} \\ O & A_{22} & \cdots & A_{2s} \\ \vdots & \vdots & & \vdots \\ O & O & \cdots & A_{ss} \end{pmatrix}$$

其中 A_{ii} $(i=1,\cdots,s)$ 都是小方阵，称A为分块上三角形矩阵. 类似地，分块下三角形矩阵是形如

$$A=\begin{pmatrix} A_{11} & O & \cdots & O \\ A_{21} & A_{22} & \cdots & O \\ \vdots & \vdots & & \vdots \\ A_{s1} & A_{s2} & \cdots & A_{ss} \end{pmatrix}$$

的分块矩阵，其中 A_{ii} $(i=1,\cdots,s)$ 为小方阵.

3. 分块三角形矩阵的行列式

由行列式的定义可以证明，分块上三角（下三角）形矩阵的行列式为主对角线上的子块行列式的乘积，即

$$\begin{vmatrix} A & C \\ O & B \end{vmatrix}=|A|\cdot|B| \qquad \begin{vmatrix} A & O \\ C & B \end{vmatrix}=|A|\cdot|B|$$

将此结果推广到一般的分块上三角形矩阵，有

$$\begin{vmatrix} A_{11} & A_{12} & \cdots & A_{1s} \\ O & A_{22} & \cdots & A_{2s} \\ \vdots & \vdots & & \vdots \\ O & O & \cdots & A_{ss} \end{vmatrix}=|A_{11}||A_{22}|\cdots|A_{ss}|$$

类似地，有

$$\begin{vmatrix} A_{11} & O & \cdots & O \\ A_{21} & A_{22} & \cdots & O \\ \vdots & \vdots & & \vdots \\ A_{s1} & A_{s2} & \cdots & A_{ss} \end{vmatrix}=|A_{11}||A_{22}|\cdots|A_{ss}|$$

例20 设分块矩阵

$$A=\begin{pmatrix} A_{11} & A_{12} \\ O & A_{22} \end{pmatrix}$$

其中 A_{11}、A_{22} 分别为 s 阶和 r 阶可逆矩阵，A_{12} 为 $s\times r$ 矩阵，O为 $r\times s$ 零矩阵，试证明A可逆，并求 A^{-1}.

解： 由于 A_{11}、A_{22} 均可逆，故$|A_{11}|\neq 0$，$|A_{22}|\neq 0$. 从而有

$$|A|=|A_{11}|\cdot|A_{22}|\neq 0$$

因此 $\boldsymbol{A}$ 可逆.

由 $\boldsymbol{A}$ 的分块方式可知，$\boldsymbol{A}^{-1}$ 应设为

$$\boldsymbol{A}^{-1}=\begin{pmatrix}\boldsymbol{X}_{11} & \boldsymbol{X}_{12}\\ \boldsymbol{X}_{21} & \boldsymbol{X}_{22}\end{pmatrix}$$

其中 $\boldsymbol{X}_{11}$、$\boldsymbol{X}_{22}$ 分别为 s 阶和 r 阶矩阵，$\boldsymbol{X}_{12}$ 为 $s\times r$ 矩阵，$\boldsymbol{X}_{21}$ 为 $r\times s$ 矩阵. 由

$$\boldsymbol{A}\boldsymbol{A}^{-1}=\begin{pmatrix}\boldsymbol{A}_{11} & \boldsymbol{A}_{12}\\ \boldsymbol{O} & \boldsymbol{A}_{22}\end{pmatrix}\begin{pmatrix}\boldsymbol{X}_{11} & \boldsymbol{X}_{12}\\ \boldsymbol{X}_{21} & \boldsymbol{X}_{22}\end{pmatrix}=\begin{pmatrix}\boldsymbol{E}_s & \boldsymbol{O}\\ \boldsymbol{O} & \boldsymbol{E}_r\end{pmatrix}$$

得到

$$\begin{pmatrix}\boldsymbol{A}_{11}\boldsymbol{X}_{11}+\boldsymbol{A}_{12}\boldsymbol{X}_{21} & \boldsymbol{A}_{11}\boldsymbol{X}_{12}+\boldsymbol{A}_{12}\boldsymbol{X}_{22}\\ \boldsymbol{A}_{22}\boldsymbol{X}_{21} & \boldsymbol{A}_{22}\boldsymbol{X}_{22}\end{pmatrix}=\begin{pmatrix}\boldsymbol{E}_s & \boldsymbol{O}\\ \boldsymbol{O} & \boldsymbol{E}_r\end{pmatrix}$$

从而得

$$\boldsymbol{A}_{11}\boldsymbol{X}_{11}+\boldsymbol{A}_{12}\boldsymbol{X}_{21}=\boldsymbol{E}_S$$

$$\boldsymbol{A}_{11}\boldsymbol{X}_{12}+\boldsymbol{A}_{12}\boldsymbol{X}_{22}=\boldsymbol{O}$$

$$\boldsymbol{A}_{22}\boldsymbol{X}_{21}=\boldsymbol{O}$$

$$\boldsymbol{A}_{22}\boldsymbol{X}_{22}=\boldsymbol{E}_r$$

进一步解得

$$\boldsymbol{X}_{11}=\boldsymbol{A}_{11}^{-1}，\ \boldsymbol{X}_{12}=-\boldsymbol{A}_{11}^{-1}\boldsymbol{A}_{12}\ \boldsymbol{A}_{22}^{-1}，\ \boldsymbol{X}_{21}=\boldsymbol{O}，\ \boldsymbol{X}_{22}=\boldsymbol{A}_{22}^{-1}$$

即

$$\boldsymbol{A}^{-1}=\begin{pmatrix}\boldsymbol{A}_{11}^{-1} & -\boldsymbol{A}_{11}^{-1}\boldsymbol{A}_{12}\ \boldsymbol{A}_{22}^{-1}\\ \boldsymbol{O} & \boldsymbol{A}_{22}^{-1}\end{pmatrix}$$

特别地，如果 $\boldsymbol{A}_{12}=\boldsymbol{O}$，则 $\boldsymbol{A}=\begin{pmatrix}\boldsymbol{A}_{11} & \boldsymbol{O}\\ \boldsymbol{O} & \boldsymbol{A}_{22}\end{pmatrix}$，有

$$\boldsymbol{A}^{-1}=\begin{pmatrix}\boldsymbol{A}_{11}^{-1} & \boldsymbol{O}\\ \boldsymbol{O} & \boldsymbol{A}_{22}^{-1}\end{pmatrix}$$

将这一结果推广到更一般的情况. 设分块对角矩阵

$$\boldsymbol{A}=\begin{pmatrix}\boldsymbol{A}_1 & & & \\ & \boldsymbol{A}_2 & & \\ & & \ddots & \\ & & & \boldsymbol{A}_t\end{pmatrix}$$

其中 $\boldsymbol{A}_i$ 均为 n_i 阶可逆矩阵(i=1,2,$\cdots$,t)，则 $\boldsymbol{A}$ 也可逆，并且

$$A^{-1}=\begin{pmatrix} A_1^{-1} & & & \\ & A_2^{-1} & & \\ & & \ddots & \\ & & & A_t^{-1} \end{pmatrix}$$

2.5 矩阵的初等变换

一、矩阵的初等变换与初等矩阵

定义15 下列三种变换称为矩阵的初等变换：

（1）互换 A 的某两行（列），记作 $r_i \leftrightarrow r_j (c_i \leftrightarrow c_j)$.

（2）用一个非零的数乘以 A 的某一行（列）的所有元素，记作 $kr_i\,(kc_i)$.

（3）将 A 某一行（列）的 k 倍加到另一行（列）上，记作 $r_i + kr_j\ (c_i + kc_j)$.

例如，$A=\begin{pmatrix} 1 & 2 & 0 & 1 \\ 2 & 2 & 3 & 0 \\ 1 & 4 & 2 & 1 \end{pmatrix} \xrightarrow{r_1 \leftrightarrow r_2} \begin{pmatrix} 2 & 2 & 3 & 0 \\ 1 & 2 & 0 & 1 \\ 1 & 4 & 2 & 1 \end{pmatrix} \triangleq A_1$.

定义16 由单位矩阵 E 经过一次初等变换得到的矩阵称为初等矩阵.

根据定义可知，每一种初等变换对应了一种相应的初等矩阵，因此对应于三种初等变换，可以得到三种初等矩阵.

（1）交换 E 的第i行（列）与第j行（列）得到的初等矩阵记作 $P(i,j)$ ，即

$$P(i,j)=\begin{pmatrix} 1 & & & & & & & & \\ & \ddots & & & & & & & \\ & & 0 & & \cdots & & 1 & & \\ & & & 1 & & & & & \\ & & & & \ddots & & & & \\ & & & & & 1 & & & \\ & & 1 & & \cdots & & 0 & & \\ & & & & & & & \ddots & \\ & & & & & & & & 1 \end{pmatrix} \begin{matrix} \\ \\ i\text{行} \\ \\ \\ \\ j\text{行} \\ \\ \\ \end{matrix}$$

（2）用一个非零的数k乘以 E 的第i行（列）得到的初等矩阵记作 $P(i(k))$ ，即

$$P(i(k))=\begin{pmatrix}1&&&&&&\\&\ddots&&&&&\\&&1&&&&\\&&&k&&&\\&&&&1&&\\&&&&&\ddots&\\&&&&&&1\end{pmatrix}\begin{matrix}\\\\\\i\text{行}\\\\\\\\\end{matrix}$$

（3）将$\boldsymbol{E}$第i行加第j行的k倍（第j列加第i列的k倍）得到的初等矩阵记作$\boldsymbol{P}(i,j(k))$，即

$$\boldsymbol{P}(i,j(k))=\begin{pmatrix}1&&&&&&\\&\ddots&&&&&\\&&1&\cdots&k&&\\&&&\ddots&&&\\&&0&\cdots&1&&\\&&&&&\ddots&\\&&&&&&1\end{pmatrix}\begin{matrix}\\\\i\text{行}\\\\j\text{行}\\\\\\\end{matrix}$$

初等矩阵的性质如下.

（1）初等矩阵都是可逆的，并且其逆矩阵也为初等矩阵，分别为：

$$\boldsymbol{P}^{-1}(i,j)=P(i,j),\boldsymbol{P}^{-1}(i(k))=\boldsymbol{P}(i(\frac{1}{k})),\boldsymbol{P}^{-1}(i,j(k))=\boldsymbol{P}(i,j(-k))$$

（2）初等矩阵的转置还是初等矩阵，并且

$$\boldsymbol{P}^{\mathrm{T}}(i,j)=\boldsymbol{P}(i,j),\boldsymbol{P}^{\mathrm{T}}(i(k))=\boldsymbol{P}(i(k)),\boldsymbol{P}^{\mathrm{T}}(i,j(k))=\boldsymbol{P}(j,i(k))$$

下面我们来研究初等矩阵和矩阵初等变换的关系.

设$\boldsymbol{A}=\begin{pmatrix}1&2&0&1\\2&2&3&0\\1&4&2&1\end{pmatrix}$，互换$\boldsymbol{A}$的第一、二行得$\begin{pmatrix}2&2&3&0\\1&2&0&1\\1&4&2&1\end{pmatrix}\triangleq\boldsymbol{A}_1$.

相应的互换单位矩阵$\boldsymbol{E}$的第一、二行得初等矩阵为$\boldsymbol{P}(1,2)=\begin{pmatrix}0&1&0\\1&0&0\\0&0&1\end{pmatrix}$，则

$$\boldsymbol{P}(1,2)\boldsymbol{A}=\begin{pmatrix}0&1&0\\1&0&0\\0&0&1\end{pmatrix}\begin{pmatrix}1&2&0&1\\2&2&3&0\\1&4&2&1\end{pmatrix}=\begin{pmatrix}2&2&3&0\\1&2&0&1\\1&4&2&1\end{pmatrix}\triangleq\boldsymbol{A}_1$$

由此可见，对$\boldsymbol{A}$做一次初等行变换和在$\boldsymbol{A}$的左边乘上一个相应的初等矩阵结果相同.

又如互换$\boldsymbol{A}=\begin{pmatrix}1&2&0&1\\2&2&3&0\\1&4&2&1\end{pmatrix}$的第一、二列得$\begin{pmatrix}2&1&0&1\\2&2&3&0\\4&1&2&1\end{pmatrix}\triangleq\boldsymbol{A}_2$.

相应的互换单位矩阵$\boldsymbol{E}$的第一、二列得初等矩阵为$\boldsymbol{P}(1,2)=\begin{pmatrix}0&1&0&0\\1&0&0&0\\0&0&1&0\\0&0&0&1\end{pmatrix}$，则

$$\boldsymbol{AP}(1,2)=\begin{pmatrix}1&2&0&1\\2&2&3&0\\1&4&2&1\end{pmatrix}\begin{pmatrix}0&1&0&0\\1&0&0&0\\0&0&1&0\\0&0&0&1\end{pmatrix}=\begin{pmatrix}2&1&0&1\\2&2&3&0\\4&1&2&1\end{pmatrix}\triangleq\boldsymbol{A}_2$$

由此可见，对$\boldsymbol{A}$做一次初等列变换和在$\boldsymbol{A}$的右边乘上一个相应的初等矩阵结果相同.

其他几种初等变换可以类似验证.

定理2 设$\boldsymbol{A}=(a_{ij})$是$m\times n$矩阵，则

（1）对$\boldsymbol{A}$进行一次初等行变换，相当于用一个相应的m阶初等矩阵左乘$\boldsymbol{A}$.

（2）对$\boldsymbol{A}$进行一次初等列变换，相当于用一个相应的n阶初等矩阵右乘$\boldsymbol{A}$.

二、求逆矩阵的初等变换法

1. 矩阵的等价标准形

定义17 如果矩阵$\boldsymbol{B}$可以由矩阵$\boldsymbol{A}$经过有限次的初等变换得到，则称$\boldsymbol{A}$与$\boldsymbol{B}$是等价的.

矩阵等价显然有以下性质.

（1）**反身性** 即$\boldsymbol{A}$与$\boldsymbol{A}$等价.

（2）**对称性** 若$\boldsymbol{A}$与$\boldsymbol{B}$等价，则$\boldsymbol{B}$与$\boldsymbol{A}$等价.

（3）**传递性** 若$\boldsymbol{A}$与$\boldsymbol{B}$等价，$\boldsymbol{B}$与$\boldsymbol{C}$等价，则$\boldsymbol{A}$与$\boldsymbol{C}$等价.

定理3 任意矩阵$\boldsymbol{A}$都与一个形如

$$\begin{pmatrix}\boldsymbol{E}_r&\boldsymbol{O}\\\boldsymbol{O}&\boldsymbol{O}\end{pmatrix}，其中 0\leqslant r\leqslant \min(m,n)$$

的矩阵等价. 这个矩阵称为矩阵$\boldsymbol{A}$的等价标准形.

证明： 设$\boldsymbol{A}=(a_{ij})_{m\times n}$，如果$\boldsymbol{A}=\boldsymbol{O}$，则$A$是等价标准形，结论成立.

如果$\boldsymbol{A}\neq\boldsymbol{O}$，不妨设$a_{11}\neq 0$（假设$a_{11}=0$，则由于$\boldsymbol{A}\neq\boldsymbol{O}$，$\boldsymbol{A}$中必存在一个$a_{ij}\neq 0$将$\boldsymbol{A}$的第$i$行与第一行互换，再将所得矩阵的第$j$列与第一列互换，即可将$a_{ij}$移至矩阵的左上角位置）；用$-\dfrac{a_{i1}}{a_{11}}$乘以第一行加到第$i$行上（$i=2,\cdots,m$），再用$-\dfrac{a_{1j}}{a_{11}}$乘以第一列加到第$j$列上（$j=2,\cdots,m$）；然后用$\dfrac{1}{a_{11}}$乘以第一行，将矩阵化为

$$\begin{pmatrix} 1 & 0 & \cdots & 0 \\ 0 & a'_{22} & \cdots & a'_{2n} \\ \vdots & \vdots & \vdots & \vdots \\ 0 & a'_{m2} & \cdots & a'_{mn} \end{pmatrix} = \begin{pmatrix} 1 & \boldsymbol{O} \\ \boldsymbol{O} & \boldsymbol{A}_1 \end{pmatrix}$$

其中 $\boldsymbol{A}_1$ 为 $(m-1)\times(n-1)$ 矩阵．对 $\boldsymbol{A}_1$ 重复上述过程，最终有

$$\boldsymbol{A} \to \begin{pmatrix} \boldsymbol{E}_r & \boldsymbol{O} \\ \boldsymbol{O} & \boldsymbol{O} \end{pmatrix}$$

例21 $\boldsymbol{A} = \begin{pmatrix} 2 & -3 & 8 & 2 \\ 2 & 12 & -2 & 12 \\ 1 & 3 & 1 & 4 \end{pmatrix}$，求 $\boldsymbol{A}$ 的等价标准形．

解： $\boldsymbol{A} \xrightarrow{r_1 \leftrightarrow r_3} \begin{pmatrix} 1 & 3 & 1 & 4 \\ 2 & 12 & -2 & 12 \\ 2 & -3 & 8 & 2 \end{pmatrix} \xrightarrow[r_3+(-2)r_1]{r_2+(-2)r_1} \begin{pmatrix} 1 & 3 & 1 & 4 \\ 0 & 6 & -4 & 4 \\ 0 & -9 & 6 & -6 \end{pmatrix} \xrightarrow[\substack{c_3+(-1)c_1 \\ c_4+(-4)c_1}]{c_2+(-3)c_1}$

$$\begin{pmatrix} 1 & 0 & 0 & 0 \\ 0 & 6 & -4 & 4 \\ 0 & -9 & 6 & -6 \end{pmatrix} \xrightarrow{\frac{1}{6}r_2} \begin{pmatrix} 1 & 0 & 0 & 0 \\ 0 & 1 & \dfrac{-2}{3} & \dfrac{2}{3} \\ 0 & -9 & 6 & -6 \end{pmatrix} \xrightarrow{r_3+9r_2} \begin{pmatrix} 1 & 0 & 0 & 0 \\ 0 & 1 & \dfrac{-2}{3} & \dfrac{2}{3} \\ 0 & 0 & 0 & 0 \end{pmatrix}$$

$$\xrightarrow[c_4+(-\frac{2}{3})c_2]{c_3+(\frac{2}{3})c_2} \begin{pmatrix} 1 & 0 & 0 & 0 \\ 0 & 1 & 0 & 0 \\ 0 & 0 & 0 & 0 \end{pmatrix} = \begin{pmatrix} \boldsymbol{E}_2 & \boldsymbol{O} \\ \boldsymbol{O} & \boldsymbol{O} \end{pmatrix}$$

由定理2和定理3可得下面推论．

推论1 对于任意 $m\times n$ 矩阵 $\boldsymbol{A}$，存在 m 阶初等矩阵 $\boldsymbol{P}_1,\boldsymbol{P}_2,\cdots,\boldsymbol{P}_S$ 和 n 阶初等矩阵 $\boldsymbol{Q}_1,\boldsymbol{Q}_2,\cdots,\boldsymbol{Q}_t$，使得

$$\boldsymbol{P}_s\boldsymbol{P}_{s-1}\cdots\boldsymbol{P}_1\ A\ \boldsymbol{Q}_1\boldsymbol{Q}_2\cdots\boldsymbol{Q}_t = \begin{pmatrix} \boldsymbol{E}_r & \boldsymbol{O} \\ \boldsymbol{O} & \boldsymbol{O} \end{pmatrix}$$

令 $\boldsymbol{P}=\boldsymbol{P}_s\boldsymbol{P}_{s-1}\cdots\boldsymbol{P}_1$，$\boldsymbol{Q}=\boldsymbol{Q}_1\boldsymbol{Q}_2\cdots\boldsymbol{Q}_t$，由于初等矩阵是可逆矩阵，而可逆矩阵的乘积仍为可逆矩阵，因此，$\boldsymbol{P}$ 与 $\boldsymbol{Q}$ 为可逆矩阵，从而有下面的推论．

推论2 对于任意 $m\times n$ 矩阵 $\boldsymbol{A}$，存在m阶可逆矩阵 $\boldsymbol{P}$ 和n阶可逆矩阵 $\boldsymbol{Q}$，使得

$$\boldsymbol{PAQ} = \begin{pmatrix} \boldsymbol{E}_r & \boldsymbol{O} \\ \boldsymbol{O} & \boldsymbol{O} \end{pmatrix}，其中 0\leqslant r\leqslant \min(m,n)$$

推论3 n阶矩阵 $\boldsymbol{A}$ 可逆的充分必要条件是 $\boldsymbol{A}$ 的等价标准形为 $\boldsymbol{E}_n$.

证明： 由推论2知，存在n阶可逆矩阵 $\boldsymbol{P}$ 和 $\boldsymbol{Q}$ 使

$$\boldsymbol{PAQ} = \begin{pmatrix} \boldsymbol{E}_r & \boldsymbol{O} \\ \boldsymbol{O} & \boldsymbol{O} \end{pmatrix}，其中 0\leqslant r\leqslant n$$

必要性（⇒）：若A可逆，那么PAQ可逆，从而$\begin{pmatrix} E_r & O \\ O & O \end{pmatrix}$可逆，因此$\begin{pmatrix} E_r & O \\ O & O \end{pmatrix}$.

充分性（⇐）：反之，若$\begin{pmatrix} E_r & O \\ O & O \end{pmatrix}$，即$PAQ = E_n$，从而$A = P^{-1}EQ^{-1} = P^{-1}Q^{-1}$，所以$A$可逆.

由推论1和推论3又可得到以下推论.

推论4 n阶矩阵A可逆的充分必要条件是A可以表示为若干个初等矩阵的乘积.

证明：必要性（⇒）：若A可逆，则存在n阶初等矩阵$P_1,P_2,\cdots,P_s$和$Q_1,Q_2,\cdots,Q_t$，使得

$$P_sP_{s-1}\cdots P_1\ A\ Q_1Q_2\cdots Q_t = E$$

而初等矩阵都是可逆的，左乘$P_1^{-1}P_2^{-1}\cdots P_s^{-1}$，右乘$Q_t^{-1}\cdots Q_2^{-1}\ Q_1^{-1}$得

$$A=P_1^{-1}P_2^{-1}\cdots P_s^{-1}\ E\,Q_t^{-1}\cdots Q_2^{-1}\ Q_1^{-1}，=P_1^{-1}\ P_2^{-1}\cdots P_s^{-1}\ Q_t^{-1}\cdots Q_2^{-1}\ Q_1^{-1}$$

又由于初等矩阵的逆矩阵还是初等矩阵，所以A可以表示为若干个初等矩阵的乘积.

充分性（⇐）：若A可以表示为若干个初等矩阵的乘积，即$A = P_1P_2\cdots P_s$，其中P_i为初等矩阵，$i = 1,2,\cdots,s$.

由于初等矩阵都是可逆的，可逆矩阵的乘积还是可逆矩阵，所以A可逆.

2. 求逆矩阵的初等变换法

设A为n阶可逆矩阵，则A^{-1}也是n阶可逆矩阵. 因此由推论4可得A^{-1}可以表示为有限个初等矩阵的乘积，即

$$A^{-1} = P_1P_2\cdots P_k \quad （其中\ P_1,P_2,\cdots,P_k\ 为n阶初等矩阵） \tag{2.3}$$

则

$$A^{-1} = P_1P_2\cdots P_k\,E \tag{2.4}$$

在式（2.3）两边同时右乘A得$A^{-1}A = P_1P_2\cdots P_k\,A$.

即

$$E= P_1P_2\cdots P_k\,A \tag{2.5}$$

比较式（2.5）与式（2.4）可以看出：当对矩阵A进行有限次的初等行变换，将A化为单位矩阵E时，对单位矩阵E进行与A相同的初等行变换，就可以将E化为A^{-1}.

于是，我们可以采用下列形式求A^{-1}：

（1）将A与E并列排放在一起，组成一个$n\times 2n$矩阵(A,E).

（2）对矩阵(A,E)做一系列的初等行变换，将其左半部分的A化为单位矩阵E，其右半部分E随着一起化成了A^{-1}. 即

$$（A，E）\xrightarrow{\text{初等行变换}}（E，A^{-1}）$$

初等行变换法求逆矩阵的计算形式，还可以用于求解形如

$$AX=B$$

的矩阵方程．其中 A 为已知的n阶可逆矩阵，B 为 $n\times m$ 矩阵，X 为未知的 $n\times m$ 矩阵．

由于 A 可逆，将方程 $AX=B$ 的两边同时左乘 A^{-1} 解得 $X=A^{-1}B$，然后先求出 A^{-1}，再通过矩阵乘法求出 $X=A^{-1}B$．另一方面，由于A可逆，故存在初等矩阵 $P_1,P_2,\cdots,P_s$，使

$$P_1P_2\cdots P_s A=E$$

上式两边同时右乘 $A^{-1}B$ 得

$$P_1P_2\cdots P_s B=A^{-1}B$$

说明当对 A 进行一系列的初等行变换，将 A 化为单位矩阵E时，对 B 进行同样的初等行变换，得到的矩阵就是 $A^{-1}B$．

于是有以下的计算形式：

$$(A,\ B)\xrightarrow{\text{初等行变换}}(E,\ A^{-1}B)$$

例22 $A=\begin{pmatrix}1&2&3\\2&1&2\\1&3&4\end{pmatrix}$，求 A^{-1}．

解： $(A\mid E)=\left(\begin{array}{ccc|ccc}1&2&3&1&0&0\\2&1&2&0&1&0\\1&3&4&0&0&1\end{array}\right)\xrightarrow[r_3+(-1)r_1]{r_2+(-2)r_1}\left(\begin{array}{ccc|ccc}1&2&3&1&0&0\\0&-3&-4&-2&1&0\\0&1&1&-1&0&1\end{array}\right)$

$$\xrightarrow{r_2\leftrightarrow r_3}\left(\begin{array}{ccc|ccc}1&2&3&1&0&0\\0&1&1&-1&0&1\\0&-3&-4&-2&1&0\end{array}\right)\xrightarrow[r_1+(-2)r_2]{r_3+3r_2}\left(\begin{array}{ccc|ccc}1&0&1&3&0&-2\\0&1&1&-1&0&1\\0&0&-1&-5&1&3\end{array}\right)$$

$$\xrightarrow[r_1+r_3]{r_2+r_3}\left(\begin{array}{ccc|ccc}1&0&0&-2&1&1\\0&1&0&-6&1&4\\0&0&-1&-5&1&3\end{array}\right)\xrightarrow{(-1)r_3}\left(\begin{array}{ccc|ccc}1&0&0&-2&1&1\\0&1&0&-6&1&4\\0&0&1&5&-1&-3\end{array}\right)$$

故 $A^{-1}=\begin{pmatrix}-2&1&1\\-6&1&4\\5&-1&-3\end{pmatrix}$．

例23 解矩阵方程 $AX=A+2X$，其中 $A=\begin{pmatrix}4&2&3\\1&1&0\\-1&2&3\end{pmatrix}$．

解： 由矩阵方程 $AX=A+2X$，可得 $(A-2E)X=A$．

$\det(A-2E)=\begin{vmatrix}2&2&3\\1&-1&0\\-1&2&1\end{vmatrix}=-1\neq 0$，所以 $A-2E$ 可逆．

$(A-2E)X=A$ 两边左乘 $(A-2E)^{-1}$，得 $X=(A-2E)^{-1}A$．

$$(\boldsymbol{A}-2\boldsymbol{E}\mid\boldsymbol{A})=\begin{pmatrix}2&2&3&4&2&3\\1&-1&0&1&1&0\\-1&2&1&-1&2&3\end{pmatrix}\xrightarrow{\text{初等行变换}}\begin{pmatrix}1&0&0&3&-8&-6\\0&1&0&2&-9&-6\\0&0&1&-2&12&-9\end{pmatrix}$$

$$\boldsymbol{X}=\begin{pmatrix}3&-8&-6\\2&-9&-6\\-2&12&-9\end{pmatrix}$$

2.6 矩阵的秩

一、矩阵秩的定义

定义18 在一个m行n列的矩阵中，任取k行k列$(k\leqslant m, k\leqslant n)$，位于这些行与列交点处的元素（不改变元素的相对位置）所构成的k阶行列式称为矩阵的k阶子式.

例如，$\boldsymbol{A}=\begin{pmatrix}2&-3&8&2\\2&12&-2&12\\1&3&1&4\end{pmatrix}$.

在$\boldsymbol{A}$中取第一、二行，再取第二、三列，得到二阶子式$\begin{vmatrix}12&-2\\3&1\end{vmatrix}=18$.

定义19 如果数域$\boldsymbol{F}$上的$m\times n$矩阵

$$\boldsymbol{A}=\begin{pmatrix}a_{11}&a_{12}&\cdots&a_{1n}\\a_{21}&a_{22}&\cdots&a_{2n}\\\vdots&\vdots&&\vdots\\a_{m1}&a_{m2}&\cdots&a_{mn}\end{pmatrix}$$

存在一个r阶子式不为零，并且所有的$r+1$阶子式全为零，则称r为矩阵$\boldsymbol{A}$的秩，记作$r(\boldsymbol{A})=r$. 并规定零矩阵的秩为0.

例如，矩阵$\boldsymbol{A}=\begin{pmatrix}1&0&-1&2\\1&-1&2&3\\2&-2&4&6\end{pmatrix}$.

$\boldsymbol{A}$存在二阶子式$\begin{vmatrix}1&0\\1&-1\end{vmatrix}=-1\neq0$，而$\boldsymbol{A}$的所有三阶子式全为零，因此$r(\boldsymbol{A})=2$.

又如矩阵$\boldsymbol{A}=\begin{pmatrix}1&2&3\\0&1&0\\0&0&2\end{pmatrix}$.

$\boldsymbol{A}$存在三阶子式$\begin{vmatrix}1&2&3\\0&1&0\\0&0&2\end{vmatrix}=2\neq0$，它没有更高阶子式，所以$r(\boldsymbol{A})=3$.

关于矩阵的秩需要注意以下几点：

（1）矩阵 $\boldsymbol{A}$ 的秩 r 其实就是 $\boldsymbol{A}$ 的非零子式的最高阶数.

（2）当且仅当矩阵 $\boldsymbol{A}$ 是零矩阵时，$r(\boldsymbol{A})=0$；换句话说，如果 $\boldsymbol{A}$ 是非零矩阵，那么 $r(\boldsymbol{A})\geqslant 1$.

（3）若矩阵 $\boldsymbol{A}$ 是 $m\times n$ 矩阵，那么必有 $r(\boldsymbol{A})\leqslant \min(m, n)$，特别地，当 $\boldsymbol{A}$ 为n阶方阵时，$r(\boldsymbol{A})\leqslant n$.

（4）设$\boldsymbol{A}$为n阶方阵，$r(\boldsymbol{A})=n$，当且仅当 $\det \boldsymbol{A}\neq 0$.

（5）设$\boldsymbol{A}$为n阶方阵，那么 $r(\boldsymbol{A})=n$的充分必要条件为 $\boldsymbol{A}$ 是可逆矩阵.

二、矩阵的初等变换和矩阵的秩

对于一般的 $m\times n$ 矩阵$\boldsymbol{A}$，我们可以发现利用定义确定它的秩不是一件容易的事. 下面介绍用初等变换的方法求矩阵的秩.

对于形如

$$\begin{pmatrix} 1 & 0 & -1 & 2 & 1 \\ 0 & 2 & 1 & 4 & 0 \\ 0 & 0 & 0 & -3 & -2 \\ 0 & 0 & 0 & 0 & 0 \end{pmatrix}$$

的矩阵，秩的确定就容易得多. 事实上，显然其前三行及第一、二、四列构成的三阶子式

$$\begin{vmatrix} 1 & 0 & 2 \\ 0 & 2 & 4 \\ 0 & 0 & -3 \end{vmatrix}=-6\neq 0$$

由于第四行元素全为0，因此所有的四阶子式全为零. 故该矩阵的秩为3.

一般称具有上述形式的矩阵为阶梯形矩阵，其特点是：

（1）在自上而下的各行中，从左边起，随着行数的增加，0的个数也增加.

（2）元素全为零的行（如果有的话），位于矩阵的最下面.

显然阶梯形矩阵的秩就等于矩阵中元素不全为零的行的行数.

那么，一般的矩阵和这种阶梯形矩阵之间有什么关系呢？可以证明下面的定理.

定理4 任意一个 $m\times n$ 矩阵，均可以经过一系列的初等行变换化为阶梯形矩阵.

证明：设 $\boldsymbol{A}=(a_{ij})_{m\times n}$ ，若 $\boldsymbol{A}=\boldsymbol{O}$，则$\boldsymbol{A}$是阶梯形矩阵.

若 $\boldsymbol{A}$ 是非零的矩阵，从 $\boldsymbol{A}$ 的第一列开始.

若第一列元素不全为零，那么就从第一个元素开始向下依次查找，直到找到非零元素为止，比如找到 $a_{j1}\neq 0$ ，如果j=1，则不动；如果 $j\neq 1$ ，则交换第j行与第一行使 a_{j1} 位于矩阵左上角，然后，用 $\dfrac{-a_{i1}}{a_{j1}}$ 乘以第一行后再加到第i行上去（ $i=2,\cdots,m$ ）将矩阵化为

$$\begin{pmatrix} a_{j1} & a_{j2} & \cdots & a_{jn} \\ 0 & a'_{22} & \cdots & a'_{2n} \\ \vdots & \vdots & \vdots & \vdots \\ 0 & a'_{m2} & \cdots & a'_{mn} \end{pmatrix} = \begin{pmatrix} a_{j1} & \boldsymbol{B} \\ \boldsymbol{O} & \boldsymbol{A}_1 \end{pmatrix}$$

如果第一列的元素全为零，那么矩阵就是上面的形式了.

对 $\boldsymbol{A}_1$ 重复以上的做法，将矩阵化为

$$\begin{pmatrix} a_{j1} & a_{j2} & \cdots & a_{jn} \\ 0 & a'_{i2} & \cdots & a'_{in} \\ \vdots & \vdots & \vdots & \vdots \\ 0 & 0 & \cdots & a'_{mn} \end{pmatrix}$$

如此反复下去，经过r次$(r \le m)$变换，最后将矩阵化为

$$\begin{pmatrix} a'_{11} & * & \cdots & * & * & \cdots & * \\ 0 & a'_{22} & \cdots & * & * & \cdots & * \\ \vdots & \vdots & \vdots & \vdots & \vdots & \vdots & \vdots \\ 0 & 0 & \cdots & a'_{rr} & * & \cdots & * \\ 0 & 0 & \cdots & 0 & 0 & \cdots & 0 \\ \vdots & \vdots & \vdots & \vdots & \vdots & \vdots & \vdots \\ 0 & 0 & \cdots & 0 & 0 & \cdots & 0 \end{pmatrix}$$

例24 设矩阵 $\boldsymbol{A} = \begin{pmatrix} 0 & 1 & -3 & 0 & 1 \\ 1 & -1 & 8 & -5 & 2 \\ 3 & 3 & 6 & -7 & 4 \\ 2 & 4 & -2 & 1 & -1 \end{pmatrix}$，利用初等行变换，把$\boldsymbol{A}$化为阶梯形矩阵.

解： $A = \begin{pmatrix} 0 & 1 & -3 & 0 & 1 \\ 1 & -1 & 8 & -5 & 2 \\ 3 & 3 & 6 & -7 & 4 \\ 2 & 4 & -2 & 1 & -1 \end{pmatrix} \xrightarrow{r_1 \leftrightarrow r_2} \begin{pmatrix} 1 & -1 & 8 & -5 & 2 \\ 0 & 1 & -3 & 0 & 1 \\ 3 & 3 & 6 & -7 & 4 \\ 2 & 4 & -2 & 1 & -1 \end{pmatrix} \xrightarrow[r_4+(-2)r]{r_3+(-3)r_1}$

$\begin{pmatrix} 1 & -1 & 8 & -5 & 2 \\ 0 & 1 & -3 & 0 & 1 \\ 0 & 6 & -18 & 8 & -2 \\ 0 & 6 & -18 & 11 & -5 \end{pmatrix} \xrightarrow[r_4+(-6)r_2]{r_3+(-6)r_2} \begin{pmatrix} 1 & -1 & 8 & -5 & 2 \\ 0 & 1 & -3 & 0 & 1 \\ 0 & 0 & 0 & 8 & -8 \\ 0 & 0 & 0 & 11 & -11 \end{pmatrix} \xrightarrow{r_4+(-\frac{11}{8})r_3}$

$\begin{pmatrix} \boxed{1} & -1 & 8 & -5 & 2 \\ 0 & \boxed{1} & -3 & 0 & 1 \\ 0 & 0 & 0 & \boxed{8} & -8 \\ 0 & 0 & 0 & 0 & 0 \end{pmatrix}$

定理5 初等变换不改变矩阵的秩.

证明： 设 $r(\boldsymbol{A}) = r$ ，若对 $\boldsymbol{A}$ 实施第一种初等变换得到矩阵 $\boldsymbol{B}$ ，由于交换行列式的两行

（列），行列式仅改变符号，因此 $\boldsymbol{B}$ 的每一个子式与 $\boldsymbol{A}$ 的子式相等或符号相反，因此 $\boldsymbol{A}$ 与 $\boldsymbol{B}$ 的秩相等.

若对 $\boldsymbol{A}$ 实施第二种初等变换得到矩阵 $\boldsymbol{B}$，则 $\boldsymbol{B}$ 的子式与 $\boldsymbol{A}$ 的子式相等或相差 k 倍，因此 $\boldsymbol{A}$ 与 $\boldsymbol{B}$ 的秩相等.

若对 $\boldsymbol{A}$ 实施第三种初等变换，比如将 $\boldsymbol{A}$ 的第 j 行乘以 k 加到第 i 行上得到矩阵 $\boldsymbol{B}$.

设 $\boldsymbol{B}_1$ 是 $\boldsymbol{B}$ 的一个 $r+1$ 阶子式，若 $\boldsymbol{B}_1$ 不含第 i 行或既含第 i 行又含第 j 行，那么 $\boldsymbol{B}_1$ 也是 $\boldsymbol{A}$ 的一个子式，由于 $r(\boldsymbol{A})=r$，所以 $\boldsymbol{B}_1=\boldsymbol{O}$. 若 $\boldsymbol{B}_1$ 含第 i 行而不含第 j 行，那么 $\boldsymbol{B}_1=\boldsymbol{A}_1+k\boldsymbol{A}_2$，其中 $\boldsymbol{A}_1$ 和 $\boldsymbol{A}_2$ 均为 $\boldsymbol{A}$ 的 $r+1$ 阶子式，所以 $\boldsymbol{B}_1=\boldsymbol{O}$，$\boldsymbol{B}$ 的 $r+1$ 阶子式都等于 $\boldsymbol{O}$，$r(\boldsymbol{B})\leqslant r$，即 $r(\boldsymbol{B})\leqslant r(\boldsymbol{A})$. 又由于对 $\boldsymbol{B}$ 实施第三种初等变换又可以将 $\boldsymbol{B}$ 化为 $\boldsymbol{A}$，所以必有 $r(\boldsymbol{A})\leqslant r(\boldsymbol{B})$，综上可得 $r(\boldsymbol{A})=r(\boldsymbol{B})$.

由以上两个定理知，要求一个矩阵的秩，只要对矩阵实施初等行变换，将它化为阶梯形矩阵，就可以很容易求出矩阵的秩；比如，根据定理5，可求得例题24中矩阵的秩为3.

例25 设 $\boldsymbol{A}=\begin{pmatrix}2 & -3 & 8 & 2\\ 2 & 12 & -2 & 12\\ 1 & 3 & 1 & 4\end{pmatrix}$，求 $r(\boldsymbol{A})$.

解： $\boldsymbol{A}\to\begin{pmatrix}1 & 3 & 1 & 4\\ 2 & 12 & -2 & 12\\ 2 & -3 & 8 & 2\end{pmatrix}\to\begin{pmatrix}1 & 3 & 1 & 4\\ 0 & 6 & -4 & 4\\ 0 & -9 & 6 & -6\end{pmatrix}\to\begin{pmatrix}1 & 3 & 1 & 4\\ 0 & 6 & -4 & 4\\ 0 & 0 & 0 & 0\end{pmatrix}$

元素不全为零的行为2行，故 $r(\boldsymbol{A})=2$.

例26 设 $\boldsymbol{A}$ 为 n 阶可逆矩阵，$\boldsymbol{B}$ 为 $m\times n$ 矩阵，证明 $r(\boldsymbol{AB})=r(\boldsymbol{B})$.

证明： 因为 $\boldsymbol{A}$ 为 n 阶可逆矩阵，所以 $\boldsymbol{A}=\boldsymbol{P}_1\boldsymbol{P}_2\cdots\boldsymbol{P}_S$（$\boldsymbol{P}_i$ 为初等矩阵，$i=1,2,\cdots,s$）.
因此 $\boldsymbol{AB}=\boldsymbol{P}_1\boldsymbol{P}_2\cdots\boldsymbol{P}_S\boldsymbol{B}$，说明对 $\boldsymbol{B}$ 做 s 次初等行变换得到 $\boldsymbol{AB}$. 由定理5可得 $r(\boldsymbol{AB})=r(\boldsymbol{B})$.

习 题 二

1．设 $\boldsymbol{A}=\begin{pmatrix}2 & 0 & -1\\ 3 & 1 & -2\end{pmatrix}$，$\boldsymbol{B}=\begin{pmatrix}-1 & 1 & 2\\ -2 & 1 & 5\end{pmatrix}$，求 $\boldsymbol{A}+\boldsymbol{B},\boldsymbol{A}-\boldsymbol{B},2\boldsymbol{A}-3\boldsymbol{B}$.

2．设矩阵 $\boldsymbol{X}$ 满足 $\boldsymbol{X}-2\boldsymbol{A}=\boldsymbol{B}-\boldsymbol{X}$，其中

$$\boldsymbol{A}=\begin{pmatrix}2 & -1\\ -1 & 2\end{pmatrix}\ \boldsymbol{B}=\begin{pmatrix}0 & -2\\ -2 & 0\end{pmatrix}$$

求 $\boldsymbol{X}$.

3．计算下列矩阵的乘积.

（1）$\begin{pmatrix}3 & -2 & 1\\ 1 & -1 & 2\end{pmatrix}\begin{pmatrix}-1 & 5\\ -2 & 4\\ 3 & -1\end{pmatrix}$　　（2）$\begin{pmatrix}1 & 1\\ 0 & 0\end{pmatrix}\begin{pmatrix}0 & 2\\ 0 & 3\end{pmatrix}$；$\begin{pmatrix}0 & 2\\ 0 & 3\end{pmatrix}\begin{pmatrix}1 & 1\\ 0 & 0\end{pmatrix}$

（3）$\begin{pmatrix}1\\2\\3\end{pmatrix}\begin{pmatrix}1 & 2 & 3\end{pmatrix}$；$\begin{pmatrix}1 & 2 & 3\end{pmatrix}\begin{pmatrix}1\\2\\3\end{pmatrix}$

4．已知变量 x_1,x_2,x_3； y_1,y_2,y_3 及 z_1,z_2,z_3 之间关系如下：

$$\begin{cases}x_1 = 2y_1 + y_3\\x_2 = -2y_1 + 3y_2 + 2y_3\\x_3 = 4y_1 + y_2 + 5y_3\end{cases}\qquad\begin{cases}y_1 = -3z_1 + z_2\\y_2 = 2z_1 + z_3\\y_3 = -z_2 + 3z_3\end{cases}$$

求 x_1,x_2,x_3 与 z_1,z_2,z_3 的关系式．

5．设 $\boldsymbol{A}=\begin{pmatrix}1 & 2\\1 & 3\end{pmatrix}, \boldsymbol{B}=\begin{pmatrix}1 & 0\\1 & 2\end{pmatrix}$，问

（1）$\boldsymbol{AB}=\boldsymbol{BA}$ 吗?

（2）$(\boldsymbol{A}+\boldsymbol{B})^2=\boldsymbol{A}^2+2\boldsymbol{AB}+\boldsymbol{B}^2$ 吗?

（3）$(\boldsymbol{A}-\boldsymbol{B})(\boldsymbol{A}+\boldsymbol{B})=\boldsymbol{A}^2-\boldsymbol{B}^2$ 吗?

6．举例说明下列结论是错误的．

（1）$\boldsymbol{A}^2=\boldsymbol{O}$，则 $\boldsymbol{A}=\boldsymbol{O}$．

（2）$\boldsymbol{A}^2=\boldsymbol{A}$，则 $\boldsymbol{A}=\boldsymbol{O}$ 或 $\boldsymbol{A}=\boldsymbol{E}$．

（3）$\boldsymbol{AX}=\boldsymbol{AY}$，则 $\boldsymbol{X}=\boldsymbol{Y}$．

7．计算（其中n为正整数）．

（1）$\begin{pmatrix}1 & 1\\-1 & -1\end{pmatrix}^3$　　（2）$\begin{pmatrix}1 & 3\\0 & 1\end{pmatrix}^n$

（3）$\begin{pmatrix}1 & 1 & 1 & 1\\0 & 1 & 1 & 1\\0 & 0 & 1 & 1\\0 & 0 & 0 & 1\end{pmatrix}^3$　　（4）$\begin{pmatrix}a & 0 & 0\\0 & b & 0\\0 & 0 & c\end{pmatrix}^n$

8．已知 $\boldsymbol{\alpha}=\begin{pmatrix}1 & 2 & 3\end{pmatrix}$，$\boldsymbol{\beta}=\begin{pmatrix}1 & \frac{1}{2} & \frac{1}{3}\end{pmatrix}$，令 $\boldsymbol{A}=\boldsymbol{\alpha}^{\mathrm{T}}\boldsymbol{\beta}$，求 $\boldsymbol{A}^n$（n为正整数）．

9．设 $\boldsymbol{A}=(a_{ij})$ 为 n 阶矩阵．试分别求 $\boldsymbol{A}^2$，$\boldsymbol{AA}^{\mathrm{T}}$ 与 $\boldsymbol{A}^{\mathrm{T}}\boldsymbol{A}$ 的第 k 行第 l 列位置的元素．

10．设 $f(x)=a_2x^2+a_1x+a_0$，对于 n 阶矩阵 $\boldsymbol{A}$，定义 $f(\boldsymbol{A})=a_2\boldsymbol{A}^2+a_1\boldsymbol{A}+a_0\boldsymbol{E}$，其中 $\boldsymbol{E}$ 为 n 阶单位矩阵．设 $f(x)=x^2-5x+3$．

（1）如果 $\boldsymbol{A}=\begin{pmatrix}2 & -1\\-3 & 3\end{pmatrix}$，求 $f(\boldsymbol{A})$．　　（2）如果 $\boldsymbol{A}=\begin{pmatrix}2 & 1 & 1\\3 & 1 & 2\\1 & -1 & 0\end{pmatrix}$，求 $f(\boldsymbol{A})$．

11．证明：n阶矩阵$\boldsymbol{A}$与任意n阶矩阵相乘可交换的充分必要条件是$\boldsymbol{A}$为数量矩阵．

12．证明：如果$\boldsymbol{A}$是一个实对称矩阵，且满足 $\boldsymbol{A}^2=\boldsymbol{O}$，则$\boldsymbol{A}=\boldsymbol{O}$.

13．证明：如果$\boldsymbol{A}$是奇数阶的反对称矩阵，则$|\boldsymbol{A}|=\boldsymbol{O}$.

14．已知n阶矩阵$\boldsymbol{A}$，满足 $\boldsymbol{A}^2-3\boldsymbol{A}-2\boldsymbol{E}=\boldsymbol{O}$，求证：$\boldsymbol{A}$可逆，并求 $\boldsymbol{A}^{-1}$．

15．证明：如果A为可逆对称矩阵，则A^{-1}也是对称矩阵．

16．证明：如果A、B为n阶矩阵，且A为对称矩阵，则$B^{-1}AB$也是对称矩阵．

17．判断下列矩阵是否可逆，若可逆，利用伴随矩阵求其逆矩阵．

（1）$\begin{pmatrix}5&4\\3&2\end{pmatrix}$　（2）$\begin{pmatrix}1&-3\\-2&6\end{pmatrix}$　（3）$\begin{pmatrix}0&2&-1\\1&-1&1\\3&-1&2\end{pmatrix}$　（4）$\begin{pmatrix}1&0&0\\1&2&0\\1&2&3\end{pmatrix}$

18．设A为三阶矩阵，A^*为A的伴随矩阵，且已知$|A|=\dfrac{1}{2}$，求行列式$\left|(3A)^{-1}-2A^*\right|$的值．

19．设A是n阶矩阵$(n\geqslant 2)$，求证：$\left|A^*\right|=|A|^{n-1}$．

20．将下列矩阵适当地分块，并用分块后的矩阵计算矩阵的乘积．

（1）$A=\begin{pmatrix}-1&0&2&0\\0&-1&0&2\\0&0&4&3\end{pmatrix}$，$B=\begin{pmatrix}2&0&-1\\1&1&0\\0&1&0\\0&0&1\end{pmatrix}$，求$AB$．

（2）$A=\begin{pmatrix}4&-5&7&0&0\\-1&2&6&0&0\\-3&1&8&0&0\\0&0&0&2&0\\0&0&0&0&2\end{pmatrix}$，$B=\begin{pmatrix}3&0&0&0&0\\0&3&0&0&0\\0&0&3&0&0\\0&0&0&-1&3\\0&0&0&9&3\end{pmatrix}$，求$AB$．

21．用分块矩阵的方法求下列矩阵的逆矩阵．

（1）$A=\begin{pmatrix}2&1&0&1\\1&1&0&0\\0&0&2&5\\0&0&1&3\end{pmatrix}$　（2）$A=\begin{pmatrix}1&0&0&0&0\\0&2&1&0&0\\0&1&1&0&0\\0&0&0&-1&3\\0&0&0&9&3\end{pmatrix}$

22．设A是三阶矩阵，且$\det A=-2$，若将A按列分块$A=(A_1,A_2,A_3)$，其中A_j为A的第j列$(j=1,2,3)$，求下列行列式的值．

（1）$|A_1,2A_3,A_2|$　（2）$|A_3-2A_1,3A_2,A_1|$

23．利用初等行变换法求下列矩阵的逆矩阵．

（1）$\begin{pmatrix}1&0&0\\1&2&0\\1&2&3\end{pmatrix}$　（2）$\begin{pmatrix}2&2&3\\1&-1&0\\-1&2&1\end{pmatrix}$

24．求解下列矩阵方程．

（1）$\begin{pmatrix}3&5\\1&2\end{pmatrix}X=\begin{pmatrix}4&-1&2\\3&0&-1\end{pmatrix}$　（2）$X\begin{pmatrix}1&0&5\\1&1&2\\1&2&5\end{pmatrix}=\begin{pmatrix}1&1&2\\0&0&-6\end{pmatrix}$

（3）$AX+B=X$，其中 $A=\begin{pmatrix}0&1&0\\-1&1&1\\-1&0&-1\end{pmatrix}$，$B=\begin{pmatrix}1&-1\\2&0\\5&-3\end{pmatrix}$.

25．求下列矩阵的秩.

（1）$\begin{pmatrix}1&2&3\\2&3&1\\3&2&1\end{pmatrix}$　　（2）$\begin{pmatrix}1&1&1&1&1\\2&0&-3&2&1\\1&3&6&1&2\\4&2&6&4&3\end{pmatrix}$

26．设矩阵A是一个4×3矩阵，且$r(A)=2$，$B=\begin{pmatrix}1&0&2\\0&3&1\\-1&0&1\end{pmatrix}$，求$r(AB)$.

自测题二

一、填空题.

1．设$A=\begin{pmatrix}1&2&3\\0&4&-1\\1&0&1\end{pmatrix}$，$B=\begin{pmatrix}0&4&3\\1&2&0\\-5&9&1\end{pmatrix}$，则$A+3B=$________.

2．$\begin{pmatrix}a_1&a_2&a_3\\b_1&b_2&b_3\end{pmatrix}\begin{pmatrix}0&2&3\\4&0&-1\\5&-2&0\end{pmatrix}=$________.

3．$\begin{pmatrix}0&2&0\\0&0&3\\4&0&0\end{pmatrix}^{-1}=$________.

4．设A为五阶方阵，且$\det A=3$，则$\det A^{-1}=$________，$\det(AA')=$________，A的伴随矩阵A^*的行列式$\det(A^*)=$________.

5．设A为n阶矩阵，且$|A|=1$，则$r(A)=$________.

二、选择题.

1．设行矩阵$A=(a_1\,a_2\,a_3)$,$B=(b_1\,b_2\,b_3)$，且$A^{\mathrm{T}}B=\begin{pmatrix}2&1&1\\-2&-1&-1\\2&1&1\end{pmatrix}$,则$AB^{\mathrm{T}}=$（　　）.

A．−2　　B．2　　C．−1　　D．1

2．设A、B均为n阶方阵，则必有（　　）.

A．$\det A\cdot\det B=\det B\cdot\det A$　　B．$\det(A+B)=\det A+\det B$

C．$(A+B)'=A+B$　　D．$(AB)'=A'B'$

3．设A、B、C均为n阶方阵，且A可逆，则必成立的是（　　）.

A．若 $\boldsymbol{AC}=\boldsymbol{BC}$，则 $\boldsymbol{A}=\boldsymbol{B}$　　B．若 $\boldsymbol{BC}=\boldsymbol{O}$，则 $\boldsymbol{B}=\boldsymbol{O}$

C．若 $\boldsymbol{BA}=\boldsymbol{CA}$，则 $\boldsymbol{B}=\boldsymbol{C}$　　D．若 $\boldsymbol{A}^{-1}\boldsymbol{B}=\boldsymbol{CA}^{-1}$，则 $\boldsymbol{B}=\boldsymbol{C}$

4．如果矩阵 $\boldsymbol{A}$ 的秩等于 r，则（　　）.

A．至多有一个 r 阶子式不为零

B．所有 r 阶子式都不为零

C．所有 $r+1$ 阶子式全为零，而至少有一个 r 阶子式不为零

D．所有低于 r 阶的子式都不为零

5．设 n 阶方阵 $\boldsymbol{A}$ 满足 $\boldsymbol{A}^2-\boldsymbol{A}-2\boldsymbol{E}=\boldsymbol{O}$，则必有（　　）.

A．$\boldsymbol{A}=2\boldsymbol{E}$　　B．$\boldsymbol{A}=-\boldsymbol{E}$　　C．$\boldsymbol{A}-\boldsymbol{E}$ 可逆　　D．$\boldsymbol{A}$ 不可逆

6．设 $\boldsymbol{A}$ 为 n 阶可逆方阵，则 $\left(\boldsymbol{A}^*\right)^{-1}=$（　　）.

A．$\dfrac{1}{\det \boldsymbol{A}}\boldsymbol{A}$　　B．$\dfrac{1}{\det \boldsymbol{A}}\boldsymbol{A}^*$　　C．$\det \boldsymbol{A}^{-1}\cdot \boldsymbol{A}^{-1}$　　D．$\dfrac{1}{\det \boldsymbol{A}^*}\boldsymbol{A}$

7．设 $\boldsymbol{A}$ 是 n 阶方阵，那么 $\boldsymbol{AA}^{\mathrm{T}}$ 是（　　）.

A．对称矩阵　　B．反对称矩阵　　C．可逆矩阵　　D．对角矩阵

8．$\boldsymbol{A},\boldsymbol{B}$ 为 n 阶方阵，$\boldsymbol{A}\neq\boldsymbol{O}$，且 $r(\boldsymbol{AB})=0$，则（　　）.

A．$\boldsymbol{B}=\boldsymbol{O}$　　B．$r(\boldsymbol{B})=0$　　C．$\boldsymbol{BA}=\boldsymbol{O}$　　D．$r(\boldsymbol{A})+r(\boldsymbol{B})\leq n$

三、计算题.

1．设矩阵 $\boldsymbol{A}=\begin{pmatrix}2&-2&3\\5&1&4\end{pmatrix}$，$\boldsymbol{B}=\begin{pmatrix}2&1&5\\-3&2&4\\1&3&1\end{pmatrix}$，$\boldsymbol{C}=\begin{pmatrix}1&1&5\\-3&2&4\\1&3&0\end{pmatrix}$.

求 $\boldsymbol{AB}-\boldsymbol{AC}$.

2．设矩阵 $\boldsymbol{A}=\begin{pmatrix}a_1&b_1&c_1\\a_2&b_2&c_2\\a_3&b_3&c_3\end{pmatrix}$，$\boldsymbol{B}=\begin{pmatrix}a_1'&b_1&c_1\\a_2'&b_2&c_2\\a_3'&b_3&c_3\end{pmatrix}$. 且 $|\boldsymbol{A}|=2,|\boldsymbol{B}|=3$，求 $|\boldsymbol{A}+2\boldsymbol{B}|$.

3．求满足下列方程的矩阵 $\boldsymbol{X}$.

$$\boldsymbol{X}\begin{pmatrix}2&2&3\\1&1&1\\3&1&1\end{pmatrix}=\begin{pmatrix}2&0&-2\\0&2&2\end{pmatrix}$$

4．求矩阵 $\boldsymbol{A}=\begin{pmatrix}2&-4&-1&0&4\\-1&-2&0&-1&4\\0&3&1&2&1\\3&1&0&3&-3\end{pmatrix}$ 的秩.

5．设矩阵 $\boldsymbol{A}=\begin{pmatrix}1&1&-1\\-1&1&1\\1&-1&1\end{pmatrix}$，矩阵 $\boldsymbol{X}$ 满足 $\boldsymbol{A}^*\boldsymbol{X}=\boldsymbol{A}^{-1}+2\boldsymbol{X}$，求 $\boldsymbol{X}$.

四、证明题.

1．设 $\boldsymbol{A}$、$\boldsymbol{B}$、$\boldsymbol{C}$ 均是n阶方阵，$\boldsymbol{C}$ 可逆，且 $\boldsymbol{C}^{-1}\boldsymbol{AC}=\boldsymbol{B}$．证明：$\boldsymbol{C}^{-1}\boldsymbol{A}^m\boldsymbol{C}=\boldsymbol{B}^m$（$m$为正整数）.

2．设$\boldsymbol{A}$为n阶矩阵，证明：

（1）当 $r(\boldsymbol{A})=n$ 时，$r(\boldsymbol{A}^*)=n$；

（2）当 $r(\boldsymbol{A})<n-1$ 时，$r(\boldsymbol{A}^*)=0$.

3．设 $\boldsymbol{A}$ 是元素全为1的n阶方阵．证明：$(\boldsymbol{E}-\boldsymbol{A})^{-1}=\boldsymbol{E}-\dfrac{1}{n-1}\boldsymbol{A}$.

第 3 章　线性方程组的消元法

线性方程组是线性代数的一个重要研究对象，科学技术和经济管理等领域中的许多问题，往往可以归结为求解一个线性方程组.

本章先介绍线性方程组的消元法——用矩阵的初等行变换解线性方程组；然后利用矩阵秩的概念，讨论线性方程组有解的条件.

3.1　线性方程组的消元法

我们知道，克拉默法则只能用于求解未知量个数等于方程个数，并且系数行列式不等于零的线性方程组. 然而，许多线性方程组并不能同时满足这两个条件. 为此，必须讨论一般情况下线性方程组的求解方法和解的各种情况. 而消元法为我们提供了解决这些问题的一种较为简便的方法和求解形式.

一、线性方程组的表达形式

1. 一般形式

含有m个方程、n个未知量的线性方程组称为n元线性方程组，其一般形式为

$$\begin{cases} a_{11}x_1 + a_{12}x_2 + \cdots + a_{1n}x_n = b_1 \\ a_{21}x_1 + a_{22}x_2 + \cdots + a_{2n}x_n = b_2 \\ \cdots \\ a_{m1}x_1 + a_{m2}x_2 + \cdots + a_{mn}x_n = b_m \end{cases} \tag{3.1}$$

2. 矩阵形式

由方程组（3.1）的未知数系数 a_{ij} 构成的矩阵

$$\boldsymbol{A} = \begin{pmatrix} a_{11} & a_{12} & \cdots & a_{1n} \\ a_{21} & a_{22} & \cdots & a_{2n} \\ \vdots & \vdots & & \vdots \\ a_{m1} & a_{m2} & \cdots & a_{mn} \end{pmatrix}$$

称为方程组（3.1）的系数矩阵. 令

$$B=\begin{pmatrix}b_1\\b_2\\\vdots\\b_m\end{pmatrix},\quad X=\begin{pmatrix}x_1\\x_2\\\vdots\\x_n\end{pmatrix}$$

由矩阵的乘法及矩阵的相等，方程组（3.1）可以用矩阵表示为

$$AX=B \tag{3.2}$$

如果在系数矩阵上再加上一列$(b_1,b_2,\cdots,b_m)^{\mathrm{T}}$，所得的矩阵称为方程组（3.1）的增广矩阵，记作$\overline{A}$，即

$$\overline{A}=\begin{pmatrix}a_{11}&a_{12}&\cdots&a_{1n}&b_1\\a_{21}&a_{22}&\cdots&a_{2n}&b_2\\\vdots&\vdots&&\vdots&\vdots\\a_{m1}&a_{m2}&\cdots&a_{mn}&b_m\end{pmatrix}$$

二、消元法

消元法是求解线性方程组的较简单、较有效的方法．它主要是利用方程组中方程间的线性运算，使部分方程的未知数个数减少，然后达到求解的目的．

例1 解线性方程组
$$\begin{cases}2x_1-2x_2+6x_4=-2\\2x_1-x_2+2x_3+4x_4=-2\\3x_1-x_2+4x_3+4x_4=-3\\5x_1-3x_2+x_3+20x_4=-2\end{cases} \tag{3.3}$$

解：将第一个方程乘以1/2，得

$$\begin{cases}x_1-x_2+3x_4=-1\\2x_1-x_2+2x_3+4x_4=-2\\3x_1-x_2+4x_3+4x_4=-3\\5x_1-3x_2+x_3+20x_4=-2\end{cases}$$

将第一个方程乘以$-2,-3,-5$，分别加到第2、3、4个方程上，使第2、3、4个方程中的x_1被消去得

$$\begin{cases}x_1-x_2+3x_4=-1\\x_2+2x_3-2x_4=0\\2x_2+4x_3-5x_4=0\\2x_2+x_3+5x_4=3\end{cases}$$

再把这个方程组的第2个方程乘以-2分别加到第3、4个方程上，使得第3、4个方程中的x_2被消去，得

$$\begin{cases} x_1 - x_2 + 3x_4 = -1 \\ x_2 + 2x_3 - 2x_4 = 0 \\ -x_4 = 0 \\ -3x_3 + 9x_4 = 3 \end{cases}$$

将以上方程组的第3个方程乘以-1，第4个方程乘以$-\dfrac{1}{3}$，再将第3、4个方程交换位置得

$$\begin{cases} x_1 - x_2 + 3x_4 = -1 \\ x_2 + 2x_3 - 2x_4 = 0 \\ x_3 - 3x_4 = -1 \\ x_4 = 0 \end{cases} \tag{3.4}$$

显然，原方程组（3.3）和方程组（3.4）是同解的．由方程组（3.4）的最后一个方程解得$x_4 = 0$，将其回代第3个方程得$x_3 = -1$，再回代第2、1个方程解得$x_2 = 2, x_1 = 1$，所以方程组的解为

$$\begin{cases} x_1 = 1 \\ x_2 = 2 \\ x_3 = -1 \\ x_4 = 0 \end{cases}$$

方程组（3.4）中的各方程所含未知数的个数依次在减少，称这种形式的方程组为阶梯形方程组．

在上述求解过程中，我们对方程组反复进行了以下3种变换：

（1）交换两个方程的位置．

（2）用一个非零的常数乘以某个方程的两边．

（3）将一个方程的适当倍数加到另一个方程上．

这三种变换称为线性方程组的初等变换．根据等式的性质易知方程组的初等变换把原方程组化为与它同解的方程组．

很显然，一个线性方程组完全是由它的未知数系数和常数项决定的，因此可以由其增广矩阵来代替它．线性方程组与其增广矩阵是一一对应的，即一个线性方程组对应一个矩阵，反之，一个矩阵也一定对应一个线性方程组．

从例1可知对方程组进行初等行变换化为阶梯形方程组的过程，实际上就是对方程组的增广矩阵施以初等行变换化为阶梯形矩阵的过程．由2.6节的定理4可知，任何一个矩阵都可以通过初等行变换化为一个阶梯形矩阵，所以在解方程组时为了书写简洁，只要写出对增广矩阵的变换过程即可．

下面用这种方法求解例1．

$$\overline{A}=\begin{pmatrix}2&-2&0&6&-2\\2&-1&2&4&-2\\3&-1&4&4&-3\\5&-3&1&20&-2\end{pmatrix}\xrightarrow[\substack{r_2+(-2)r_1\\r_3+(-3)r_1\\r_4+(-5)r_1}]{\frac{1}{2}r_1}\begin{pmatrix}1&-1&0&3&-1\\0&1&2&-2&0\\0&2&4&-5&0\\0&2&1&5&3\end{pmatrix}\xrightarrow[r_4+(-2)r_2]{r_3+(-2)r_2}\begin{pmatrix}1&-1&0&3&-1\\0&1&2&-2&0\\0&0&0&-1&0\\0&0&-3&9&3\end{pmatrix}$$

$$\xrightarrow[\substack{-\frac{1}{3}r_4\\r_3\leftrightarrow r_4}]{-1\cdot r_3}\begin{pmatrix}1&-1&0&3&-1\\0&1&2&-2&0\\0&0&1&-3&-1\\0&0&0&1&0\end{pmatrix}$$

简化后的矩阵所对应的方程组为

$$\begin{cases}x_1-x_2+3x_4=-1\\x_2+2x_3-2x_4=0\\x_3-3x_4=-1\\x_4=0\end{cases}$$

显然，这个方程组与原方程组是同解的，所以只要求解后面这个方程组即可.

当然，利用矩阵的初等行变换还可以继续简化矩阵，如下所示.

$$\begin{pmatrix}1&-1&0&3&-1\\0&1&2&-2&0\\0&0&1&-3&-1\\0&0&0&1&0\end{pmatrix}\xrightarrow[\substack{r_2+(2)r_4\\r_1+(-3)r_4}]{r_3+(+3)r_4}\begin{pmatrix}1&-1&0&0&-1\\0&1&2&0&0\\0&0&1&0&-1\\0&0&0&1&0\end{pmatrix}\xrightarrow{r_2+(-2)r_3}\begin{pmatrix}1&-1&0&0&-1\\0&1&0&0&2\\0&0&1&0&-1\\0&0&0&1&0\end{pmatrix}$$

$$\xrightarrow{r_1+r_2}\begin{pmatrix}1&0&0&0&1\\0&1&0&0&2\\0&0&1&0&-1\\0&0&0&1&0\end{pmatrix}$$

由最后一个矩阵可以直接得到方程组的解为

$$\begin{cases}x_1=1\\x_2=2\\x_3=-1\\x_4=0\end{cases}$$

例2 解线性方程组

$$\begin{cases}x_1+3x_2-2x_3=4\\3x_1+2x_2-5x_3=11\\2x_1+x_2+x_3=3\\-2x_1+x_2+3x_3=-6\end{cases}$$

解： 对方程组的增广矩阵进行初等行变换

$$\overline{A}=\begin{pmatrix}1&3&-2&4\\3&2&-5&11\\2&1&1&3\\-2&1&3&-6\end{pmatrix}\xrightarrow[r_4+2r_1]{\substack{r_2+(-3)r_1\\r_3+(-2)r_1}}\begin{pmatrix}1&3&-2&4\\0&-7&1&-1\\0&-5&5&-5\\0&7&-1&2\end{pmatrix}\xrightarrow[r_4+r_3]{-\frac{1}{5}r_3}\begin{pmatrix}1&3&-2&4\\0&-7&1&-1\\0&1&-1&1\\0&0&0&1\end{pmatrix}\xrightarrow[r_3+7r_2]{r_3\leftrightarrow r_2}\begin{pmatrix}1&3&-2&4\\0&1&-1&1\\0&0&-6&6\\0&0&0&1\end{pmatrix}$$

最后得到的阶梯形矩阵对应的阶梯形方程组为

$$\begin{cases}x_1+3x_2-2x_3=4\\x_2-x_3=1\\-6x_3=6\\0=1\end{cases}$$

方程组的最后一个方程是矛盾方程组，无解．所以原方程组也无解．

例3　解线性方程组

$$\begin{cases}x_1+x_2-2x_3=4\\3x_1+4x_2-5x_3=11\\x_1+2x_2-x_3=3\\-2x_1-3x_2+3x_3=-7\end{cases}$$

解：对方程组的增广矩阵进行初等行变换

$$\overline{A}=\begin{pmatrix}1&1&-2&4\\3&4&-5&11\\1&2&-1&3\\-2&-3&3&-7\end{pmatrix}\xrightarrow[r_4+2r_1]{\substack{r_2+(-3)r_1\\r_3+(-1)r_1}}\begin{pmatrix}1&1&-2&4\\0&1&1&-1\\0&1&1&-1\\0&-1&-1&1\end{pmatrix}\xrightarrow[r_4+r_2]{r_3+(-1)r_2}\begin{pmatrix}1&1&-2&4\\0&1&1&-1\\0&0&0&0\\0&0&0&0\end{pmatrix}\xrightarrow{r_1+(-1)r_2}\begin{pmatrix}1&0&-3&5\\0&1&1&-1\\0&0&0&0\\0&0&0&0\end{pmatrix}$$

最后得到的阶梯形矩阵对应的阶梯形方程组为

$$\begin{cases}x_1-3x_3=5\\x_2+x_3=-1\end{cases}$$

第3、4个方程为0=0，可以省略不写．显然当 x_3 的值确定了，x_1和x_2 的值也就确定了．称 x_3 为自由未知量，此时方程组有无穷多个解．方程组的通解为：

$$\begin{cases}x_1=5+3x_3\\x_2=-1-x_3\end{cases}\quad（x_3\text{ 为自由未知量}）$$

3.2　线性方程组解的判断

一、线性方程组解的判断

从3.1节的例1、例2、例3可以看出线性方程组可能有解，也可能无解，在有解的情况下可能有唯一解或者有无穷多个解．

那么如何判断一个方程组是有解还是无解呢？在有解的情况下又如何判断它是有唯

一解还是有无穷多个解呢?

由3.1节可知，线性方程组可以由它的增广矩阵来代表，而对一个矩阵做初等行变换可以将其化为阶梯形矩阵，下面我们就对线性方程组的增广矩阵进行研究.

设线性方程组（3.1）的增广矩阵为

$$\overline{\boldsymbol{A}}=\begin{pmatrix} a_{11} & a_{12} & \cdots & a_{1n} & b_1 \\ a_{21} & a_{22} & \cdots & a_{2n} & b_2 \\ \vdots & \vdots & & \vdots & \vdots \\ a_{m1} & a_{m2} & \cdots & a_{mn} & b_m \end{pmatrix}=(\boldsymbol{A}\,|\,\boldsymbol{b})$$

由于方程组为n元线性方程组，故其增广矩阵$\overline{\boldsymbol{A}}$的第一列元素必不全为零，不妨设$a_{11}\neq 0$（如果$a_{11}\neq 0$，则必存在一个$a_{i1}\neq 0$，这时只要交换$\overline{\boldsymbol{A}}$的第一行与第$i$行，即可将$a_{i1}$换至左上角位置），将$\overline{\boldsymbol{A}}$第一行的$-\dfrac{a_{21}}{a_{11}}$倍，…，$-\dfrac{a_{m1}}{a_{11}}$倍分别加到第二，…，$m$行，可将$\overline{\boldsymbol{A}}$化为

$$\overline{\boldsymbol{A}}\to\begin{pmatrix} a_{11} & a_{12} & \cdots & a_{1n} & b_1 \\ 0 & a_{22}' & \vdots & a_{2n}' & b_2' \\ \vdots & \vdots & & \vdots & \vdots \\ 0 & a_{m2}' & \cdots & a_{mn}' & b_m' \end{pmatrix}$$

对得到的这个矩阵的第二至m行，重复进行上述变换，可将$\overline{\boldsymbol{A}}$最终化为阶梯形矩阵

$$\overline{\boldsymbol{A}}\to\cdots\to\begin{pmatrix} \bar{a}_{11} & \bar{a}_{12} & \cdots & \bar{a}_{1r} & \bar{a}_{1,r+1} & \cdots & \bar{a}_{1n} & \bar{b}_1 \\ 0 & \bar{a}_{21} & \cdots & \bar{a}_{2r} & a_{2,r+1} & \cdots & \bar{a}_{2n} & \bar{b}_2 \\ \vdots & \vdots & & \vdots & \vdots & & \vdots & \vdots \\ 0 & 0 & \cdots & \bar{a}_{rr} & \bar{a}_{r,r+1} & \cdots & \bar{a}_{rn} & \bar{b}_r \\ 0 & 0 & \cdots & 0 & 0 & \cdots & 0 & \bar{b}_{r+1} \\ 0 & 0 & \cdots & 0 & 0 & \cdots & 0 & 0 \\ \vdots & \vdots & & \vdots & \vdots & & \vdots & \vdots \\ 0 & 0 & \cdots & 0 & 0 & \cdots & 0 & 0 \end{pmatrix}，其中 r=r(\boldsymbol{A})$$

这个阶梯形矩阵对应的方程组为

$$\begin{cases} \bar{a}_{11}x_1+\bar{a}_{12}x_2+\cdots+\bar{a}_{1r}x_r+\bar{a}_{1,r+1}x_{r+1}+\cdots\bar{a}_{1n}x_n &= \bar{b}_1 \\ \qquad\bar{a}_{22}x_2+\cdots+\bar{a}_{2r}x_r+\bar{a}_{2,r+1}x_{r+1}+\cdots\bar{a}_{2n}x_n &= \bar{b}_2 \\ \qquad\qquad\cdots \\ \qquad\qquad\bar{a}_{rr}x_r+\bar{a}_{r,r+1}x_{r+1}+\cdots\bar{a}_{rn}x_n &= \bar{b}_r \\ \qquad\qquad\qquad 0 &= \bar{b}_{r+1} \end{cases}$$

这个方程组与原方程组是同解的.

如果$\bar{b}_{r+1}\neq 0$，那么此方程组中的最后一个方程无解，从而整个方程组无解. 此时显然

$r(\boldsymbol{A})=r$ 而 $r(\overline{\boldsymbol{A}})=r+1$．即当 $r(\overline{\boldsymbol{A}})\neq r(\boldsymbol{A})$ 时，方程组无解．

如果 $\overline{b}_{r+1}=0$，那么最后一个方程为0=0，可以删去．方程组即为

$$\begin{cases}\overline{a}_{11}x_1+\overline{a}_{12}x_2+\cdots+\overline{a}_{1r}x_r+\overline{a}_{1,r+1}x_{r+1}+\cdots+\overline{a}_{1n}x_n=\overline{b}_1\\ \qquad\overline{a}_{22}x_2+\cdots+\overline{a}_{2r}x_r+\overline{a}_{2,r+1}x_{r+1}+\cdots+\overline{a}_{2n}x_n=\overline{b}_2\\ \qquad\cdots\\ \qquad\qquad a_{rr}x_r+\overline{a}_{r,r+1}x_{r+1}+\cdots+\overline{a}_{rn}x_n=\overline{b}_r\end{cases}$$

此时 $r(\overline{\boldsymbol{A}})=r(\boldsymbol{A})=r$．

若 $r=n$，那么方程组即为

$$\begin{cases}\overline{a}_{11}x_1+\overline{a}_{12}x_2+\cdots+\overline{a}_{1n}x_n=\overline{b}_1\\ \qquad\overline{a}_{22}x_2+\cdots+\overline{a}_{2n}x_n=\overline{b}_2\\ \qquad\cdots\\ \qquad\qquad\overline{a}_{nn}x_n=\overline{b}_n\end{cases}$$

由于 $r=n$，故 $\overline{a}_{ii}\neq 0\left(i=1,2,\cdots,n\right)$，从而可自下而上依次求出 $x_n,x_{n-1},\cdots,x_1$ 的值，得到方程组只有唯一解．

当$r<n$时，方程组（3.5）可以改写为

$$\begin{cases}\overline{a}_{11}x_1+\overline{a}_{12}x_2+\cdots+\overline{a}_{1r}x_r=\overline{b}_1-\overline{a}_{1,r+1}x_{r+1}-\cdots-\overline{a}_{1n}x_n\\ \qquad\overline{a}_{22}x_2+\cdots+\overline{a}_{2r}x_r=\overline{b}_2-\overline{a}_{2,r+1}x_{r+1}-\cdots-\overline{a}_{2n}x_n\\ \qquad\cdots\\ \qquad\qquad\overline{a}_{rr}x_r=b_r-\overline{a}_{r,r+1}x_{r+1}-\cdots-\overline{a}_{rn}x_n\end{cases}$$

其中$x_{r+1},\cdots,x_n$这 $n-r$ 个未知量为自由未知量．这时，$x_{r+1},\cdots,x_n$任意取定一组值，就可相应得到$x_1,x_2,\cdots,x_r$的值，从而得到方程组的一个解．由于自由未知量的取值任意，从而方程组有无穷多个解，由此可得到线性方程组解的判定定理．

定理1　n元线性方程组解的判定：

（1）线性方程组无解的充分必要条件为 $r(\overline{\boldsymbol{A}})\neq r(\boldsymbol{A})$．

（2）线性方程组有解的充分必要条件是 $r(\boldsymbol{A})=r(\overline{\boldsymbol{A}})$．如果 $r(\overline{\boldsymbol{A}})=r(\boldsymbol{A})=r=n$，则有唯一解；如果 $r(\overline{\boldsymbol{A}})=r(\boldsymbol{A})=r<n$，则有无穷多个解，此时有 $n-r$ 个自由未知量．

因此可以通过线性方程组系数矩阵和增广矩阵的秩来判断线性方程组是否有解．

例4　当 λ 取何值时方程组

$$\begin{cases}(1+\lambda)x_1+x_2+x_3=0\\ x_1+(1+\lambda)x_2+x_3=3\\ x_1+x_2+(1+\lambda)x_3=\lambda\end{cases}$$

无解、有唯一解、有无穷多个解?并在有无穷多个解时，求出方程组的通解．

解：$\overline{A}=\begin{pmatrix}1+\lambda & 1 & 1 & 0\\ 1 & 1+\lambda & 1 & 3\\ 1 & 1 & 1+\lambda & \lambda\end{pmatrix}\xrightarrow{r_1\leftrightarrow r_3}\begin{pmatrix}1 & 1 & 1+\lambda & \lambda\\ 1 & 1+\lambda & 1 & 3\\ 1+\lambda & 1 & 1 & 0\end{pmatrix}$

$$\xrightarrow[r_3+(-1-\lambda)r_1]{r_2+(-1)r_1}\begin{pmatrix}1 & 1 & 1+\lambda & \lambda\\ 0 & \lambda & -\lambda & 3-\lambda\\ 0 & -\lambda & -\lambda(2+\lambda) & -\lambda(1+\lambda)\end{pmatrix}\xrightarrow{r_3+r_2}\begin{pmatrix}1 & 1 & 1+\lambda & \lambda\\ 0 & \lambda & -\lambda & 3-\lambda\\ 0 & 0 & -\lambda(3+\lambda) & (1-\lambda)(3+\lambda)\end{pmatrix}$$

当$\lambda\neq 0$且$\lambda\neq -3$时，$r(A)=r(\overline{A})=3$，所以有唯一解；

当$\lambda=0$时，$r(A)=1$，$r(\overline{A})=2$，$r(A)\neq r(\overline{A})$，所以无解；

当$\lambda=-3$时，$r(A)=r(\overline{A})=2<3$，所以有无穷多个解，此时

$$\overline{A}\to\begin{pmatrix}1 & 1 & -2 & -3\\ 0 & -3 & 3 & 6\\ 0 & 0 & 0 & 0\end{pmatrix}\to\begin{pmatrix}1 & 1 & -2 & -3\\ 0 & 1 & -1 & -2\\ 0 & 0 & 0 & 0\end{pmatrix}\to\begin{pmatrix}1 & 0 & -1 & -1\\ 0 & 1 & -1 & -2\\ 0 & 0 & 0 & 0\end{pmatrix}$$

方程组的通解为$\begin{cases}x_1=-1+x_3\\ x_2=-2+x_3\end{cases}$（其中$x_3$为自由未知量）.

二、齐次线性方程组解的判定

如果线性方程组的常数项全为0，即$b_i=0, i=1,2\cdots,m$，则称此线性方程组为n元齐次线性方程组，其一般式如下所示

$$\begin{cases}a_{11}x_1+a_{12}x_2+\cdots+a_{1n}x_n & = & 0\\ a_{21}x_1+a_{22}x_2+\cdots+a_{2n}x_n & = & 0\\ \cdots\\ a_{m1}x_1+a_{m2}x_2+\cdots+a_{mn}x_n & = & 0\end{cases}\tag{3.5}$$

矩阵式为$\boldsymbol{AX}=\boldsymbol{0}$，其中$\boldsymbol{0}=(0,0,\cdots,0)^{\mathrm{T}}$.

由于齐次线性方程组的增广矩阵$\overline{A}$的最后一列全为零，因此在任何情况下都有$r(A)=r(\overline{A})$，从而齐次线性方程组一定有解．事实上，$\boldsymbol{X}=(0,0,\cdots,0)^{\mathrm{T}}$就是齐次线性方程组（3.5）的一个解，称这个解为零解，其他解称为非零解.

定理2　设n元齐次线性方程组的系数矩阵$\boldsymbol{A}$的秩为r，那么

（1）如果$r=n$，则方程组仅有零解；

（2）如果$r<n$，则方程组除零解外，还有非零解.

由于对$m\times n$矩阵$\boldsymbol{A}$都有：$r(A)\leqslant\min\{m,n\}$，由此得到以下推论.

推论　如果在n元齐次线性方程组（3.5）中，方程的个数少于未知量的个数，即$m<n$，则方程组（3.5）必有非零解.

特别地，对于含有n个方程的n元齐次线性方程组

$$\begin{cases} a_{11}x_1 + a_{12}x_2 + \cdots + a_{1n}x_n = 0 \\ a_{21}x_1 + a_{22}x_2 + \cdots + a_{2n}x_n = 0 \\ \cdots \\ a_{n1}x_1 + a_{n2}x_2 + \cdots + a_{nn}x_n = 0 \end{cases} \tag{3.6}$$

由定理1和定理2可以得到以下定理.

定理3 齐次线性方程组（3.6）有非零解的充分必要条件是其系数行列式$|\boldsymbol{A}|=0$；类似地，齐次线性方程组（3.6）仅有零解的充分必要条件为$|\boldsymbol{A}|\neq 0$.

证明： 必要性（⇒）若齐次线性方程组（3.6）有非零解，则有无数个解. 由定理2得$r(\boldsymbol{A})<n$，因此$|\boldsymbol{A}|=0$.

充分性（⇐）如果$|\boldsymbol{A}|=0$，则$r(\boldsymbol{A})=r<n$. 由定理2的结论（2）可推出方程组（3.6）一定存在非零解.（证毕）

例5 当λ为何值时，方程组

$$\begin{cases} \lambda x_1 + x_2 + x_3 = 0 \\ x_1 + \lambda x_2 + x_3 = 0 \\ x_1 + x_2 + \lambda x_3 = 0 \end{cases}$$

有非零解，并求出通解.

解： 由于

$$|\boldsymbol{A}| = \begin{vmatrix} \lambda & 1 & 1 \\ 1 & \lambda & 1 \\ 1 & 1 & \lambda \end{vmatrix} = \lambda^3 - 3\lambda + 2 = (\lambda-1)^2(\lambda+2)$$

因此当$\lambda=1$或$\lambda=-2$时，方程组有非零解.

当$\lambda=1$时，

$$\overline{\boldsymbol{A}} = \begin{pmatrix} 1 & 1 & 1 & 0 \\ 1 & 1 & 1 & 0 \\ 1 & 1 & 1 & 0 \end{pmatrix} \to \begin{pmatrix} 1 & 1 & 1 & 0 \\ 0 & 0 & 0 & 0 \\ 0 & 0 & 0 & 0 \end{pmatrix}$$

得到通解为$x_1=-x_2-x_3$，其中x_2,x_3为自由未知量.

当$\lambda=-2$时，

$$\overline{\boldsymbol{A}} = \begin{pmatrix} 2 & 1 & 1 & 0 \\ 1 & -2 & 1 & 0 \\ 1 & 1 & -2 & 0 \end{pmatrix} \to \begin{pmatrix} 1 & 1 & -2 & 0 \\ 1 & -2 & 1 & 0 \\ -2 & 1 & 1 & 0 \end{pmatrix} \to \begin{pmatrix} 1 & 1 & -2 & 0 \\ 0 & -3 & 3 & 0 \\ 0 & 3 & -3 & 0 \end{pmatrix}$$

$$\to \begin{pmatrix} 1 & 1 & -2 & 0 \\ 0 & 1 & -1 & 0 \\ 0 & 0 & 0 & 0 \end{pmatrix} \to \begin{pmatrix} 1 & 0 & -1 & 0 \\ 0 & 1 & -1 & 0 \\ 0 & 0 & 0 & 0 \end{pmatrix}$$

得到通解为$\begin{cases} x_1 = x_3 \\ x_2 = x_3 \end{cases}$，其中$x_3$为自由未知量.

习 题 三

1．用消元法解下列线性方程组.

（1）$\begin{cases} x_1 - x_2 + 2x_3 = 1 \\ x_1 - 2x_2 - x_3 = 2 \\ 3x_1 - 2x_2 + 5x_3 = 3 \\ -x_1 + 2x_3 = -2 \end{cases}$　　（2）$\begin{cases} x_1 - 2x_2 + 3x_3 - x_4 + 2x_5 = 2 \\ 3x_1 - x_2 + 5x_3 - 3x_4 + x_5 = 6 \\ 2x_1 + x_2 + 2x_3 - 2x_4 - x_5 = 8 \end{cases}$

（3）$\begin{cases} 4x_1 + 2x_2 - 2x_3 = 2 \\ 4x_1 + 2x_2 - 2x_3 + x_4 = 2 \\ 2x_1 + x_2 - x_3 - x_4 = 1 \end{cases}$

2．求解下列齐次线性方程组.

（1）$\begin{cases} 3x_1 + 2x_2 + 3x_3 - 2x_4 = 0 \\ 2x_1 + x_2 + x_3 - 3x_4 = 0 \\ 2x_1 + 2x_2 + x_3 + 2x_4 = 0 \end{cases}$　　（2）$\begin{cases} x_1 - 2x_2 + 4x_3 - 7x_4 = 0 \\ 3x_1 + x_2 + 2x_3 - 7x_4 = 0 \\ 4x_1 + x_2 - 3x_3 + 6x_4 = 0 \\ 2x_1 + 3x_2 - 1x_3 + 5x_4 = 0 \end{cases}$

3．当k为何值时，齐次线性方程组$\begin{cases} 2x_1 - x_2 + 3x_3 = 0 \\ 3x_1 - 4x_2 + 7x_3 = 0 \\ -x_1 + 2x_2 + kx_3 = 0 \end{cases}$有非零解？并求出此非零解.

4．问λ，μ取何值时，齐次线性方程组$\begin{cases} \lambda x_1 + x_2 + x_3 = 0 \\ x_1 + \mu x_2 + x_3 = 0 \\ x_1 + 2\mu x_2 + x_3 = 0 \end{cases}$有非零解？

5．当a为何值时，线性方程组$\begin{cases} x_1 + x_2 - x_3 = 1 \\ 2x_1 + 3x_2 + ax_3 = 3 \\ x_1 + ax_2 + 3x_3 = 2 \end{cases}$无解、有唯一解、有无穷多个解？在有无穷多个解时，求它的通解.

6．当λ为何值时，线性方程组$\begin{cases} (2-\lambda)x_1 + 2x_2 - 2x_3 = 1 \\ 2x_1 + (5-\lambda)x_2 - 4x_3 = 2 \\ (1-\lambda)x_2 + (1-\lambda)x_3 = -\lambda + 1 \end{cases}$无解、有唯一解、有无穷多个解？在有无穷多个解时，求它的通解.

自 测 题 三

一、填空题.

1．含有n个未知量、n个方程的齐次线性方程组有非零解的充分必要条件是______.

2．$\boldsymbol{A}$是$n \times n$矩阵，对任何$\boldsymbol{b}_{n\times 1}$矩阵，方程$\boldsymbol{AX} = \boldsymbol{b}$都有解的充分必要条件是______.

3．当 $\lambda=$________时，齐次线性方程组 $\begin{cases} x_1-x_2=0 \\ x_1+\lambda x_2=0 \end{cases}$ 有非零解.

4．方程组 $\begin{cases} x_1+x_2-x_3=a_1 \\ -x_1+x_2-x_3+x_4=a_2 \\ -2x_2+2x_3-x_4=a_3 \end{cases}$ 有解的充分必要条件是________.

5．齐次线性方程组 $x_1-2x_2-x_3=0$ 的通解中有_______个自由未知量.

二、选择题.

1．n元线性方程组 $\boldsymbol{Ax}=\boldsymbol{b}$ 有唯一解，那么 $\boldsymbol{Ax}=\boldsymbol{0}$（　　）.

A．可能有解　　B．有无穷多个解　　C．无解　　D．有唯一解

2．非齐次线性方程组 $\boldsymbol{A}_{m\times n}\boldsymbol{X}=\boldsymbol{b}$ 有无穷多个解的充分必要条件为（　　）.

A．$m<n$　　B．$r(\overline{\boldsymbol{A}})<n$

C．$r(\overline{\boldsymbol{A}})=r(\boldsymbol{A})<m$　　D．$r(\overline{\boldsymbol{A}})=r(\boldsymbol{A})<n$

3．若线性方程组的增广矩阵 $\overline{\boldsymbol{A}}=\begin{pmatrix} 1 & \lambda & 2 \\ 2 & 1 & 4 \end{pmatrix}$，则当 $\lambda=$（　　）时，方程组有无穷多个解.

A．1　　B．4　　C．2　　D．1/2

4．齐次线性方程组 $\begin{cases} \lambda x_1+x_2+\lambda^2 x_3=0 \\ x_1+\lambda x_2+x_3=0 \\ x_1+x_2+\lambda x_3=0 \end{cases}$ 的系数矩阵记作 $\boldsymbol{A}$，若存在三阶矩阵 $\boldsymbol{B}\neq\boldsymbol{O}$，使得 $\boldsymbol{AB}=\boldsymbol{O}$，则（　　）.

A．$\lambda=-2$ 且 $|\boldsymbol{B}|=0$　　B．$\lambda=-2$ 且 $|\boldsymbol{B}|\neq 0$

C．$\lambda=1$ 且 $|\boldsymbol{B}|=0$　　D．$\lambda=1$ 且 $|\boldsymbol{B}|=0$

5．对于非齐次线性方程组 $\boldsymbol{AX}=\boldsymbol{B}$，其中 $\boldsymbol{A}=(a_{ij})_{n\times n},\boldsymbol{B}=(b_i)_{n\times 1},\boldsymbol{X}=(x_j)_{n\times 1}$，则以下结论不正确的是（　　）.

A．若方程组无解，则系数行列式 $|\boldsymbol{A}|=0$

B．若方程组有解，则系数行列式 $|\boldsymbol{A}|\neq 0$

C．若方程组有解，则有唯一解或者有无穷多个解

D．系数行列式 $|\boldsymbol{A}|\neq 0$ 是方程组有唯一解的充分必要条件

三、解答题.

1．解方程组 $\begin{cases} x_1+x_2-2x_3=4 \\ 3x_1+4x_2-5x_3=11 \\ x_1+2x_2-x_3=3 \\ -2x_1-x_2+3x_3=-7 \end{cases}$

2．当λ取何值时，线性方程组$\begin{cases}\lambda x_1 + x_2 + x_3 = 1 \\ x_1 + \lambda x_2 + x_3 = \lambda \\ x_1 + x_2 + \lambda x_3 = \lambda^2\end{cases}$有唯一解、无解、有无穷多个解？并在有无穷多个解时求出其通解.

3．当λ为何值时，方程组$\begin{cases}(\lambda - 2)x_1 - 3x_2 - 2x_3 = 0 \\ -x_1 + (\lambda - 8)x_2 - 2x_3 = 0 \\ 2x_1 + 14x_2 + (\lambda + 3)x_3 = 0\end{cases}$有非零解？并求出其通解.

四、证明线性方程组

$$\begin{cases}x_1 - x_2 = a_1 \\ x_2 - x_3 = a_2 \\ x_3 - x_4 = a_3 \\ x_4 - x_5 = a_4 \\ x_5 - x_1 = a_5\end{cases}$$

有解的充分必要条件是$\sum_{i=1}^{5} a_i = 0$，在有解的情况下求方程组的解.

第 4 章　向量及向量间的线性关系

代数向量是几何向量的抽象化，在物理学、工程学、经济学中都会用到向量。本章先介绍向量的概念及其运算，然后讨论向量的线性关系、向量组的极大线性无关组和秩、向量组的等价，最后用向量来研究方程组解的结构。

4.1　n 维向量及其线性运算

一、向量的概念

定义1　由n个实数组成的有序数组称为n维向量，常用希腊字母α,β,γ来表示向量．若n维向量写成$\boldsymbol{\alpha}=(a_1,a_2,\cdots,a_n)$的形式，则称$\boldsymbol{\alpha}$为$n$维行向量，简称行向量．

若n维向量写成$\boldsymbol{\alpha}=\begin{pmatrix}a_1\\a_2\\\vdots\\a_n\end{pmatrix}$的形式，则称$\boldsymbol{\alpha}$为$n$维列向量，简称列向量．

其中a_i称为该向量的第i个分量$(i=1,2,\cdots,n)$．

从向量的形式可见，n维列向量也可以看作一个$n\times1$矩阵，n维行向量也可以看作一个$1\times n$矩阵，本书对向量基本采取列向量的形式进行研究．根据矩阵的运算，列向量也可写为行向量的转置的形式，即

$$\boldsymbol{\alpha}=\begin{pmatrix}a_1\\a_2\\\vdots\\a_n\end{pmatrix}=(a_1,a_2,\cdots,a_n)^{\mathrm{T}}$$

定义2　所有分量均为零的向量称为零向量，零向量记作$\mathbf{0}=\begin{pmatrix}0\\0\\\vdots\\0\end{pmatrix}$．

定义3　向量$\boldsymbol{\alpha}=\begin{pmatrix}a_1\\a_2\\\vdots\\a_n\end{pmatrix}$的各分量取相反数构成的向量称为$\boldsymbol{\alpha}$的负向量，记作$-\boldsymbol{\alpha}$，

$$-\boldsymbol{\alpha}=\begin{pmatrix}-a_1\\-a_2\\\vdots\\-a_n\end{pmatrix}.$$

定义4 如果两个n维向量$\boldsymbol{\alpha}=\begin{pmatrix}a_1\\a_2\\\vdots\\a_n\end{pmatrix}$与$\boldsymbol{\beta}=\begin{pmatrix}b_1\\b_2\\\vdots\\b_n\end{pmatrix}$对应的分量相等，即$a_i=b_i\left(i=1,2,\cdots,n\right)$，则称向量$\boldsymbol{\alpha}$与$\boldsymbol{\beta}$相等，记作$\boldsymbol{\alpha}=\boldsymbol{\beta}$.

二、向量的运算

1. 加法

设n维向量$\boldsymbol{\alpha}=\begin{pmatrix}a_1\\a_2\\\vdots\\a_n\end{pmatrix}$与$\boldsymbol{\beta}=\begin{pmatrix}b_1\\b_2\\\vdots\\b_n\end{pmatrix}$，$\boldsymbol{\alpha}$与$\boldsymbol{\beta}$对应的分量相加所得的向量称为$\boldsymbol{\alpha}$与$\boldsymbol{\beta}$的和，记作$\boldsymbol{\alpha}+\boldsymbol{\beta}$，即$\boldsymbol{\alpha}+\boldsymbol{\beta}=\begin{pmatrix}a_1+b_1\\a_2+b_2\\\vdots\\a_n+b_n\end{pmatrix}$.

利用负向量的概念，可定义向量的减法，即$\boldsymbol{\alpha}-\boldsymbol{\beta}=\boldsymbol{\alpha}+(-\boldsymbol{\beta})=\begin{pmatrix}a_1-b_1\\a_2-b_2\\\vdots\\a_n-b_n\end{pmatrix}$.

2. 数乘

设$\boldsymbol{\alpha}=\begin{pmatrix}a_1\\a_2\\\vdots\\a_n\end{pmatrix}$是一个$n$维向量，数$k$与向量$\boldsymbol{\alpha}$的每一个分量相乘所得的向量称为数与向量的乘积，简称数乘，记作$k\boldsymbol{\alpha}$，即$k\boldsymbol{\alpha}=\begin{pmatrix}ka_1\\ka_2\\\vdots\\ka_n\end{pmatrix}$.

向量的加法和数乘运算，统称为向量的线性运算.

利用上述定义，容易验证向量的线性运算满足以下8条运算律：

（1）$\boldsymbol{\alpha}+\boldsymbol{\beta}=\boldsymbol{\beta}+\boldsymbol{\alpha}$；

（2）$(\boldsymbol{\alpha}+\boldsymbol{\beta})+\boldsymbol{\gamma}=\boldsymbol{\alpha}+(\boldsymbol{\beta}+\boldsymbol{\gamma})$；

（3）$\boldsymbol{\alpha}+\mathbf{0}=\boldsymbol{\alpha}$；

（4）$\boldsymbol{\alpha}+(-\boldsymbol{\alpha})=\mathbf{0}$；

（5）$k(\boldsymbol{\alpha}+\boldsymbol{\beta})=k\boldsymbol{\alpha}+k\boldsymbol{\beta}$；

（6）$(k+l)\boldsymbol{\alpha}=k\boldsymbol{\beta}+l\boldsymbol{\alpha}$；

（7）$(kl)\boldsymbol{\alpha}=k(l\boldsymbol{\alpha})$；

（8）$1\boldsymbol{\alpha}=\boldsymbol{\alpha}$；

（9）$0\boldsymbol{\alpha}=\mathbf{0}$；

（10）$k\boldsymbol{\alpha}=\mathbf{0}\Rightarrow k=0$或$\boldsymbol{\alpha}=\mathbf{0}$.

推论：

① $k\neq 0$，$k\boldsymbol{\alpha}=k\boldsymbol{\beta}\Rightarrow\boldsymbol{\alpha}=\boldsymbol{\beta}$

② $\boldsymbol{\alpha}\neq 0$，$k\boldsymbol{\alpha}=l\boldsymbol{\alpha}\Rightarrow k=l$

其中$\boldsymbol{\alpha}$、$\boldsymbol{\beta}$、$\boldsymbol{\gamma}$为n维向量，$\mathbf{0}$是n维零向量，k、l是任意实数.

例1　设向量$\boldsymbol{\alpha}=\begin{pmatrix}4\\7\\-3\\2\end{pmatrix},\boldsymbol{\beta}=\begin{pmatrix}11\\-12\\8\\58\end{pmatrix}$，求满足$5\boldsymbol{\gamma}-2\boldsymbol{\alpha}=2(\boldsymbol{\beta}-5\boldsymbol{\gamma})$的向量$\boldsymbol{\gamma}$.

解：由所给关系式可求出

$$15\boldsymbol{\gamma}=2\boldsymbol{\alpha}+2\boldsymbol{\beta}$$

所以$\boldsymbol{\gamma}=\dfrac{2}{15}(\boldsymbol{\alpha}+\boldsymbol{\beta})=\dfrac{2}{15}\begin{pmatrix}15\\-5\\5\\60\end{pmatrix}=\begin{pmatrix}2\\-\frac{2}{3}\\\frac{2}{3}\\8\end{pmatrix}$.

例2　设n元线性方程组

$$\begin{cases}a_{11}x_1+a_{12}x_2+\cdots+a_{1n}x_n=b_1\\a_{21}x_1+a_{22}x_2+\cdots+a_{2n}x_n=b_2\\\cdots\\a_{m1}x_1+a_{m2}x_2+\cdots+a_{mn}x_n=b_m\end{cases}$$

将未知数x_i的系数写成一个m维列向量

$$\boldsymbol{\alpha}_i=\begin{pmatrix}a_{1i}\\a_{2i}\\\vdots\\a_{mi}\end{pmatrix},(i=1,2,\cdots,n)$$

常数列写成一个 m 维列向量

$$\boldsymbol{\beta}=\begin{pmatrix} b_1 \\ b_2 \\ \vdots \\ b_m \end{pmatrix}$$

根据向量的线性运算和向量的相等，该线性方程组可以用向量形式表示为

$$x_1\boldsymbol{\alpha}_1+x_2\boldsymbol{\alpha}_2+\cdots+x_n\boldsymbol{\alpha}_n=\boldsymbol{\beta}$$

4.2 向量间的线性关系

一、向量组的线性组合

定义5 设 $\boldsymbol{\alpha}_1,\boldsymbol{\alpha}_2,\cdots,\boldsymbol{\alpha}_m$ 是一组 n 维向量，$k_1,k_2,\cdots,k_m$ 是一组常数，则称

$$k_1\boldsymbol{\alpha}_1+k_2\boldsymbol{\alpha}_2+\cdots+k_m\boldsymbol{\alpha}_m$$

为 $\boldsymbol{\alpha}_1,\boldsymbol{\alpha}_2,\cdots,\boldsymbol{\alpha}_m$ 的一个线性组合，$k_1,k_2,\cdots,k_m$ 称为该线性组合的系数. 如果向量 $\boldsymbol{\beta}$ 可以表示为 $\boldsymbol{\alpha}_1,\boldsymbol{\alpha}_2,\cdots,\boldsymbol{\alpha}_m$ 的一个线性组合，即

$$\boldsymbol{\beta}=k_1\boldsymbol{\alpha}_1+k_2\boldsymbol{\alpha}_2+\cdots+k_m\boldsymbol{\alpha}_m$$

则称 $\boldsymbol{\beta}$ 可由向量组 $\boldsymbol{\alpha}_1,\boldsymbol{\alpha}_2,\cdots,\boldsymbol{\alpha}_m$ 线性表出或线性表示.

注意：

（1）零向量可以由任意向量组线性表出. 事实上 $\mathbf{0}=0\boldsymbol{\alpha}_1+0\boldsymbol{\alpha}_2+\cdots+0\boldsymbol{\alpha}_m$.

（2）向量组 $\boldsymbol{\alpha}_1,\boldsymbol{\alpha}_2,\cdots,\boldsymbol{\alpha}_m$ 中的任一向量 $\boldsymbol{\alpha}_i(i=1,\cdots,m)$ 都可以由 $\boldsymbol{\alpha}_1,\boldsymbol{\alpha}_2,\cdots,\boldsymbol{\alpha}_m$ 线性表出. 比如，$\boldsymbol{\alpha}_1=1\boldsymbol{\alpha}_1+0\boldsymbol{\alpha}_2+\cdots+0\boldsymbol{\alpha}_m$.

例3 判定向量 $\boldsymbol{\beta}=\begin{pmatrix} 4 \\ 5 \\ 6 \end{pmatrix}$ 是否可以由向量组

$$\boldsymbol{\alpha}_1=\begin{pmatrix} 3 \\ -3 \\ 2 \end{pmatrix},\boldsymbol{\alpha}_2=\begin{pmatrix} -2 \\ 1 \\ 2 \end{pmatrix},\boldsymbol{\alpha}_3=\begin{pmatrix} 1 \\ 2 \\ -1 \end{pmatrix}$$

线性表出. 若可以，试求出其表示式.

解： 设 $\boldsymbol{\beta}=k_1\boldsymbol{\alpha}_1+k_2\boldsymbol{\alpha}_2+k_3\boldsymbol{\alpha}_3$.

根据向量的相等，$\boldsymbol{\beta}=k_1\boldsymbol{\alpha}_1+k_2\boldsymbol{\alpha}_2+k_3\boldsymbol{\alpha}_3$ 即为

$$\begin{cases} 3k_1-2k_2+k_3=4 \\ -3k_1+k_2+2k_3=5 \\ 2k_1+2k_2-k_3=6 \end{cases} \tag{4.1}$$

因此 k_1,k_2,k_3 是方程组（1）的解.

方程组（4.1）的增广矩阵为 $\overline{A}$，对 $\overline{A}$ 进行初等行变换化为行最简形

$$\overline{\boldsymbol{A}}=\begin{pmatrix}3&-2&1&4\\-3&1&2&5\\2&2&-1&6\end{pmatrix}\to\begin{pmatrix}1&0&0&2\\0&1&0&3\\0&0&1&4\end{pmatrix}$$

解得 $\begin{cases}k_1=2\\k_2=3\\k_3=4\end{cases}$，所以 $\boldsymbol{\beta}=2\boldsymbol{\alpha}_1+3\boldsymbol{\alpha}_2+4\boldsymbol{\alpha}_3$.

一般地，设 $\boldsymbol{\beta}=\begin{pmatrix}b_1\\b_2\\\vdots\\b_n\end{pmatrix}$，向量组 $\boldsymbol{\alpha}_1=\begin{pmatrix}a_{11}\\a_{12}\\\vdots\\a_{1n}\end{pmatrix},\boldsymbol{\alpha}_2=\begin{pmatrix}a_{21}\\a_{22}\\\vdots\\a_{2n}\end{pmatrix},\cdots,\boldsymbol{\alpha}_m=\begin{pmatrix}a_{m1}\\a_{m2}\\\vdots\\a_{mn}\end{pmatrix}$.

那么 $\boldsymbol{\beta}=k_1\boldsymbol{\alpha}_1+k_2\boldsymbol{\alpha}_2+\cdots+k_m\boldsymbol{\alpha}_m$，即为

$$\begin{cases}a_{11}k_1+a_{21}k_2+\cdots+a_{m1}k_m&=&b_1\\a_{12}k_1+a_{22}k_2+\cdots+a_{m2}k_m&=&b_2\\\qquad\cdots\cdots\cdots\cdots\\a_{1n}k_1+a_{2n}k_2+\cdots+a_{mn}k_m&=&b_n\end{cases}\tag{4.2}$$

如方程组（4.2）无解，说明 $\boldsymbol{\beta}$ 不可由 $\boldsymbol{\alpha}_1,\boldsymbol{\alpha}_2,\cdots,\boldsymbol{\alpha}_m$ 线性表出；

如果方程组（4.2）有唯一解，说明 $\boldsymbol{\beta}$ 可由 $\boldsymbol{\alpha}_1,\boldsymbol{\alpha}_2,\cdots,\boldsymbol{\alpha}_m$ 线性表出，并且表示法唯一；如果方程组（4.2）有无穷多个解，则说明 $\boldsymbol{\beta}$ 可由 $\boldsymbol{\alpha}_1,\boldsymbol{\alpha}_2,\cdots,\boldsymbol{\alpha}_m$ 线性表出，并且表示法不唯一.

方程组（4.2）的系数矩阵为 $\boldsymbol{A}=(\boldsymbol{\alpha}_1,\boldsymbol{\alpha}_2,\cdots,\boldsymbol{\alpha}_m)$，增广矩阵为 $\overline{\boldsymbol{A}}=(\boldsymbol{\alpha}_1,\boldsymbol{\alpha}_2,\cdots,\boldsymbol{\alpha}_m,\boldsymbol{\beta})$，因此，根据线性方程组解的判断知：

如果 $r(\boldsymbol{\alpha}_1,\boldsymbol{\alpha}_2,\cdots,\boldsymbol{\alpha}_m)\neq r(\boldsymbol{\alpha}_1,\boldsymbol{\alpha}_2,\cdots,\boldsymbol{\alpha}_m,\boldsymbol{\beta})$，则 $\boldsymbol{\beta}$ 不可由 $\boldsymbol{\alpha}_1,\boldsymbol{\alpha}_2,\cdots,\boldsymbol{\alpha}_m$ 线性表出；

如果 $r(\boldsymbol{\alpha}_1,\boldsymbol{\alpha}_2,\cdots,\boldsymbol{\alpha}_m)=r(\boldsymbol{\alpha}_1,\boldsymbol{\alpha}_2,\cdots,\boldsymbol{\alpha}_m,\boldsymbol{\beta})$，则 $\boldsymbol{\beta}$ 可以由 $\boldsymbol{\alpha}_1,\boldsymbol{\alpha}_2,\cdots,\boldsymbol{\alpha}_m$ 线性表出.

例4　设 $\boldsymbol{\alpha}_1=(1,1,2)^{\mathrm{T}},\boldsymbol{\alpha}_2=(1,2,1)^{\mathrm{T}},\boldsymbol{\alpha}_3=(0,-1,1)^{\mathrm{T}},\boldsymbol{\beta}=(1,4,a+1)^{\mathrm{T}}$，当 a 取何值时，$\boldsymbol{\beta}$ 可由 $\boldsymbol{\alpha}_1,\boldsymbol{\alpha}_2,\boldsymbol{\alpha}_3$ 线性表出？写出其中一个表示式.

解：$$(\boldsymbol{\alpha}_1,\boldsymbol{\alpha}_2,\boldsymbol{\alpha}_3,\boldsymbol{\beta})=\begin{pmatrix}1&1&0&1\\1&2&-1&4\\2&1&1&a+1\end{pmatrix}\xrightarrow[r_3-2r_1]{r_2\ \ r_1}\begin{pmatrix}1&1&0&1\\0&1&-1&3\\0&-1&1&a-1\end{pmatrix}$$

$$\xrightarrow{r_3+r_2}\begin{pmatrix}1&1&0&1\\0&1&-1&3\\0&0&0&a+2\end{pmatrix}$$

当 $a=-2$ 时，$r(\boldsymbol{\alpha}_1,\boldsymbol{\alpha}_2,\boldsymbol{\alpha}_3)=r(\boldsymbol{\alpha}_1,\boldsymbol{\alpha}_2,\boldsymbol{\alpha}_3,\boldsymbol{\beta})=2$，$\boldsymbol{\beta}$ 可由 $\boldsymbol{\alpha}_1,\boldsymbol{\alpha}_2,\boldsymbol{\alpha}_3$ 线性表出. 此时

$$(\boldsymbol{\alpha}_1,\boldsymbol{\alpha}_2,\boldsymbol{\alpha}_3,\boldsymbol{\beta})\longrightarrow\begin{pmatrix}1&1&0&1\\0&1&-1&3\\0&0&0&0\end{pmatrix}\xrightarrow{r_1-r_2}\begin{pmatrix}1&0&1&-2\\0&1&-1&3\\0&0&0&0\end{pmatrix}$$

所以$\boldsymbol{\beta}=-2\boldsymbol{\alpha}_1+3\boldsymbol{\alpha}_2+0\boldsymbol{\alpha}_3$.

二、向量组的线性相关与线性无关

1. 线性相关和线性无关的定义

下面从另一个角度考虑向量的线性组合．在R^2中的向量$\boldsymbol{\alpha}=\begin{pmatrix}2\\-1\end{pmatrix}$与$\boldsymbol{\beta}=\begin{pmatrix}1\\-\frac{1}{2}\end{pmatrix}$共线，有$\boldsymbol{\beta}=\frac{1}{2}\boldsymbol{\alpha}$，可以写为$\frac{1}{2}\boldsymbol{\alpha}-\boldsymbol{\beta}=\mathbf{0}$，即存在$k_1=\frac{1}{2},k_2=-1$，使$k_1\boldsymbol{\alpha}+k_2\boldsymbol{\beta}=\mathbf{0}$．而$\boldsymbol{\alpha}=\begin{pmatrix}2\\0\end{pmatrix}$与$\boldsymbol{\beta}=\begin{pmatrix}0\\2\end{pmatrix}$不共线，则使$k_1\boldsymbol{\alpha}+k_2\boldsymbol{\beta}=\mathbf{0}$，只有当$k_1=k_2=0$时才能成立.

一般地，对于任意的n维向量$\boldsymbol{\alpha}_1,\boldsymbol{\alpha}_2,\cdots,\boldsymbol{\alpha}_m$有以下定义.

定义6　对于向量组$\boldsymbol{\alpha}_1,\boldsymbol{\alpha}_2,\cdots,\boldsymbol{\alpha}_m\,(m\geqslant 1)$，如果存在一组不全为零的数$k_1,k_2,\cdots,k_m$，使得

$$k_1\boldsymbol{\alpha}_1+k_2\boldsymbol{\alpha}_2+\cdots+k_m\boldsymbol{\alpha}_m=\mathbf{0}\tag{4.3}$$

则称向量组$\boldsymbol{\alpha}_1,\boldsymbol{\alpha}_2,\cdots,\boldsymbol{\alpha}_m$线性相关；否则称线性无关．也就是说，如果当且仅当$k_1=k_2=\cdots=k_m=0$时式（4.3）才成立，则称$\boldsymbol{\alpha}_1,\boldsymbol{\alpha}_2,\cdots,\boldsymbol{\alpha}_m$线性无关.

例如，向量组$\boldsymbol{\alpha}_1=\begin{pmatrix}1\\1\\0\end{pmatrix},\boldsymbol{\alpha}_2=\begin{pmatrix}2\\2\\0\end{pmatrix},\boldsymbol{\alpha}_3=\begin{pmatrix}0\\0\\3\end{pmatrix}$线性相关，因为$2\boldsymbol{\alpha}_1-\boldsymbol{\alpha}_2+0\boldsymbol{\alpha}_3=\mathbf{0}$. 系数$k_1=2,k_2=-1,k_3=0$，不全为零.

向量组$\boldsymbol{\alpha}_1=\begin{pmatrix}1\\0\\0\end{pmatrix},\boldsymbol{\alpha}_2=\begin{pmatrix}1\\1\\0\end{pmatrix},\boldsymbol{\alpha}_3=\begin{pmatrix}1\\1\\1\end{pmatrix}$线性无关，因为只有当$k_1=k_2=k_3=0$时，才有$k_1\boldsymbol{\alpha}_1+k_2\boldsymbol{\alpha}_2+k_3\boldsymbol{\alpha}_3=\mathbf{0}$.

注意：包含零向量的向量组一定线性相关．特别地，单个的零向量组成的向量组一定线性相关．单个的非零向量组成的向量组一定线性无关.

例5　判断向量组

$$\boldsymbol{\alpha}_1=\begin{pmatrix}1\\0\\-1\end{pmatrix},\quad\boldsymbol{\alpha}_2=\begin{pmatrix}1\\1\\1\end{pmatrix},\quad\boldsymbol{\alpha}_3=\begin{pmatrix}3\\1\\-1\end{pmatrix},\quad\boldsymbol{\alpha}_4=\begin{pmatrix}5\\3\\1\end{pmatrix}$$

的线性相关性.

解：设 $k_1\boldsymbol{\alpha}_1+k_2\boldsymbol{\alpha}_2+k_3\boldsymbol{\alpha}_3+k_4\boldsymbol{\alpha}_4=\mathbf{0}$.

根据向量的运算，$k_1\boldsymbol{\alpha}_1+k_2\boldsymbol{\alpha}_2+k_3\boldsymbol{\alpha}_3+k_4\boldsymbol{\alpha}_4=\mathbf{0}$ 即为

$$\begin{cases}k_1+k_2+3k_3+5k_4=0\\k_2+k_3+3k_4=0\\-k_1+k_2-k_3+k_4=0\end{cases}\tag{4.4}$$

因此 k_1,k_2,k_3,k_4 为齐次线性方程组（4.4）的解.

该方程组的系数矩阵为 $\boldsymbol{A}=\begin{pmatrix}1&1&3&5\\0&1&1&3\\-1&1&-1&1\end{pmatrix}$. 显然 $\boldsymbol{A}$ 的秩小于4，所以齐次线性方程组（4.4）有非零解，即 k_1,k_2,k_3,k_4 不全为零，所以 $\boldsymbol{\alpha}_1,\boldsymbol{\alpha}_2,\boldsymbol{\alpha}_3,\boldsymbol{\alpha}_4$ 线性相关.

对于向量组 $\boldsymbol{\alpha}_1,\boldsymbol{\alpha}_2,\cdots,\boldsymbol{\alpha}_m\ (m\geq 1)$，其中 $\boldsymbol{\alpha}_i=(a_{i1},a_{i2},\cdots,a_{in})^{\mathrm{T}},(i=1,2,\cdots,m)$，设

$$k_1\boldsymbol{\alpha}_1+k_2\boldsymbol{\alpha}_2+\cdots+k_m\boldsymbol{\alpha}_m=0$$

即

$$\begin{cases}a_{11}x_1+a_{21}x_2+\cdots+a_{m1}x_m&=&0\\a_{12}x_1+a_{22}x_2+\cdots+a_{m2}x_m&=&0\\\quad\cdots\\a_{1n}x_1+a_{2n}x_2+\cdots+a_{mn}x_m&=&0\end{cases}\tag{4.5}$$

如果齐次线性方程组（4.5）有非零解，那么向量组 $\boldsymbol{\alpha}_1,\boldsymbol{\alpha}_2,\cdots,\boldsymbol{\alpha}_m$ 线性相关.

如果齐次线性方程组（4.5）仅有零解，那么向量组 $\boldsymbol{\alpha}_1,\boldsymbol{\alpha}_2,\cdots,\boldsymbol{\alpha}_m$ 线性无关.

显然齐次线性方程组（4.5）的系数矩阵 $\boldsymbol{A}=(\boldsymbol{\alpha}_1,\boldsymbol{\alpha}_2,\cdots,\boldsymbol{\alpha}_m)$. 根据齐次线性方程组解的判定得：

向量组 $\boldsymbol{\alpha}_1,\boldsymbol{\alpha}_2,\cdots,\boldsymbol{\alpha}_m$ 线性相关 $\Leftrightarrow r(\boldsymbol{A})=r(\boldsymbol{\alpha}_1,\boldsymbol{\alpha}_2,\cdots,\boldsymbol{\alpha}_m)<m$.

向量组 $\boldsymbol{\alpha}_1,\boldsymbol{\alpha}_2,\cdots,\boldsymbol{\alpha}_m$ 线性无关 $\Leftrightarrow r(\boldsymbol{A})=r(\boldsymbol{\alpha}_1,\boldsymbol{\alpha}_2,\cdots,\boldsymbol{\alpha}_m)=m$.

特别地，当 $m=n$ 时，

向量组 $\boldsymbol{\alpha}_1,\boldsymbol{\alpha}_2,\cdots,\boldsymbol{\alpha}_m$ 线性相关 $\Leftrightarrow |\boldsymbol{A}|=\begin{vmatrix}a_{11}&a_{21}&\cdots&a_{n1}\\a_{12}&a_{22}&\cdots&a_{n2}\\\vdots&\vdots&&\vdots\\a_{1n}&a_{2n}&\cdots&a_{nn}\end{vmatrix}=0$.

向量组 $\boldsymbol{\alpha}_1,\boldsymbol{\alpha}_2,\cdots,\boldsymbol{\alpha}_m$ 线性无关 $\Leftrightarrow |\boldsymbol{A}|=\begin{vmatrix}a_{11}&a_{21}&\cdots&a_{n1}\\a_{12}&a_{22}&\cdots&a_{n2}\\\vdots&\vdots&&\vdots\\a_{1n}&a_{2n}&\cdots&a_{nn}\end{vmatrix}\neq 0$.

例6 讨论下列向量组的线性相关性.

（1）$\boldsymbol{\alpha}_1=(1,4,0,2)^{\mathrm{T}},\boldsymbol{\alpha}_2=(2,7,1,3)^{\mathrm{T}},\boldsymbol{\alpha}_3=(3,10,-1,4)^{\mathrm{T}}$

（2）$\boldsymbol{\alpha}_1=(1,0,2,1)^{\mathrm{T}},\boldsymbol{\alpha}_2=(1,2,0,1)^{\mathrm{T}},\boldsymbol{\alpha}_3=(2,5,-1,4)^{\mathrm{T}},\boldsymbol{\alpha}_4=(1,-1,3,-1)^{\mathrm{T}}$

解：（1）$\boldsymbol{A}=(\boldsymbol{\alpha}_1,\boldsymbol{\alpha}_2,\boldsymbol{\alpha}_3)=\begin{pmatrix}1&2&3\\4&7&10\\0&1&-1\\2&3&4\end{pmatrix}\to\begin{pmatrix}1&2&3\\0&-1&-2\\0&0&-3\\0&0&0\end{pmatrix}$

因为$r(\boldsymbol{A})=3$，所以$\boldsymbol{\alpha}_1,\boldsymbol{\alpha}_2,\boldsymbol{\alpha}_3$线性无关.

（2）解法一：$\boldsymbol{A}=(\boldsymbol{\alpha}_1,\boldsymbol{\alpha}_2,\boldsymbol{\alpha}_3,\boldsymbol{\alpha}_4)=\begin{pmatrix}1&1&2&1\\0&2&5&-1\\2&0&-1&3\\1&1&4&-1\end{pmatrix}\to\begin{pmatrix}1&1&2&1\\0&2&5&-1\\0&0&2&-2\\0&0&0&0\end{pmatrix}$

因为$r(\boldsymbol{A})=3<4$，所以$\boldsymbol{\alpha}_1,\boldsymbol{\alpha}_2,\boldsymbol{\alpha}_3,\boldsymbol{\alpha}_4$线性相关.

解法二：$|\boldsymbol{A}|=|\boldsymbol{\alpha}_1,\boldsymbol{\alpha}_2,\boldsymbol{\alpha}_3,\boldsymbol{\alpha}_4|=\begin{vmatrix}1&1&2&1\\0&2&5&-1\\2&0&-1&3\\1&1&4&-1\end{vmatrix}=0$，所以$\boldsymbol{\alpha}_1,\boldsymbol{\alpha}_2,\boldsymbol{\alpha}_3,\boldsymbol{\alpha}_4$线性相关.

2. 线性表出和线性关系有关定理

定理1 向量组$\boldsymbol{\alpha}_1,\boldsymbol{\alpha}_2,\cdots,\boldsymbol{\alpha}_m\ (m\geq 2)$线性相关的充分必要条件是$\boldsymbol{\alpha}_1,\boldsymbol{\alpha}_2,\cdots,\boldsymbol{\alpha}_m$中至少有一个向量可以由其余向量线性表出.

证明：必要性（$\Rightarrow$）：设向量组$\boldsymbol{\alpha}_1,\boldsymbol{\alpha}_2,\cdots,\boldsymbol{\alpha}_m$线性相关，由定义6可知存在不全为零的实数$k_1,k_2,\cdots,k_m$，使得

$$k_1\boldsymbol{\alpha}_1+k_2\boldsymbol{\alpha}_2+\cdots+k_m\boldsymbol{\alpha}_m=\boldsymbol{0}$$

由于$k_1,k_2,\cdots,k_m$不全为零，不妨设$k_1\neq 0$，则由上式可得

$$\boldsymbol{\alpha}_1=\frac{-k_2}{k_1}\boldsymbol{\alpha}_2+\frac{-k_3}{k_1}\boldsymbol{\alpha}_3+\cdots+\frac{-k_m}{k_1}\boldsymbol{\alpha}_m$$

即$\boldsymbol{\alpha}_1$可以由其余向量线性表出.

充分性（$\Leftarrow$）：设$\boldsymbol{\alpha}_1,\boldsymbol{\alpha}_2,\cdots,\boldsymbol{\alpha}_m$中有一个向量$\boldsymbol{\alpha}_i$可以由其余向量线性表出，即

$$\boldsymbol{\alpha}_i=\lambda_1\boldsymbol{\alpha}_1+\cdots+\lambda_{i-1}\boldsymbol{\alpha}_{i-1}+\lambda_{i+1}\boldsymbol{\alpha}_{i+1}+\cdots+\lambda_m\boldsymbol{\alpha}_m$$

移项可得

$$\lambda_1\boldsymbol{\alpha}_1+\cdots+\lambda_{i-1}\boldsymbol{\alpha}_{i-1}-\boldsymbol{\alpha}_i+\lambda_{i+1}\boldsymbol{\alpha}_{i+1}+\cdots+\lambda_m\boldsymbol{\alpha}_m=\boldsymbol{0}$$

由于上式中系数$\lambda_1,\cdots,\lambda_{i-1},-1,\lambda_{i+1},\cdots,\lambda_m$不全为零，所以$\boldsymbol{\alpha}_1,\boldsymbol{\alpha}_2,\cdots,\boldsymbol{\alpha}_m$线性相关.

定理2 设向量$\boldsymbol{\beta}$可由向量组$\boldsymbol{\alpha}_1,\boldsymbol{\alpha}_2,\cdots,\boldsymbol{\alpha}_m$线性表出. 如果$\boldsymbol{\alpha}_1,\boldsymbol{\alpha}_2,\cdots,\boldsymbol{\alpha}_m$线性无关，则表

示法唯一；如果$\boldsymbol{\alpha}_1,\boldsymbol{\alpha}_2,\cdots,\boldsymbol{\alpha}_m$线性相关，则表示法不唯一.

证明： 设$\boldsymbol{\alpha}_1,\boldsymbol{\alpha}_2,\cdots,\boldsymbol{\alpha}_m$线性无关，如果有两种表示法：

$$\boldsymbol{\beta}=k_1\boldsymbol{\alpha}_1+k_2\boldsymbol{\alpha}_2+\cdots+k_m\boldsymbol{\alpha}_m \text{和} \boldsymbol{\beta}=l_1\boldsymbol{\alpha}_1+l_2\boldsymbol{\alpha}_2+\cdots+l_m\boldsymbol{\alpha}_m$$

相减得

$$(k_1-l_1)\boldsymbol{\alpha}_1+(k_2-l_2)\boldsymbol{\alpha}_2+\cdots+(k_m-l_m)\boldsymbol{\alpha}_m=\mathbf{0}$$

由于$\boldsymbol{\alpha}_1,\boldsymbol{\alpha}_2,\cdots,\boldsymbol{\alpha}_m$线性无关，所以$k_1-l_1=k_2-l_2=\cdots=k_m-l_m=0$，由此得到

$$k_1=l_1,k_2=l_2,\cdots,k_m=l_m$$

所以表示法唯一.

另一方面，设$\boldsymbol{\beta}=l_1\boldsymbol{\alpha}_1+l_2\boldsymbol{\alpha}_2+\cdots+l_m\boldsymbol{\alpha}_m$.

由$\boldsymbol{\alpha}_1,\boldsymbol{\alpha}_2,\cdots,\boldsymbol{\alpha}_m$线性相关得存在不全为零的数$k_1,k_2,\cdots,k_m$. 使得

$$k_1\boldsymbol{\alpha}_1+k_2\boldsymbol{\alpha}_2+\cdots+k_m\boldsymbol{\alpha}_m=\mathbf{0}$$

上述两式相加可以得到

$$\boldsymbol{\beta}=(k_1+l_1)\boldsymbol{\alpha}_1+(k_2+l_2)\boldsymbol{\alpha}_2+\cdots+(k_m+l_m)\boldsymbol{\alpha}_m$$

因为$k_1,k_2,\cdots,k_m$不全为零，故l_1，l_2，$\cdots l_m$与k_1+l_1，k_2+l_2，$\cdots$，k_m+l_m不全相同，所以表示法不唯一.

定理3　设向量组$\boldsymbol{\alpha}_1,\boldsymbol{\alpha}_2,\cdots,\boldsymbol{\alpha}_m$线性无关，而向量组$\boldsymbol{\alpha}_1,\boldsymbol{\alpha}_2,\cdots,\boldsymbol{\alpha}_m,\boldsymbol{\beta}$线性相关，则$\boldsymbol{\beta}$可由$\boldsymbol{\alpha}_1,\boldsymbol{\alpha}_2,\cdots,\boldsymbol{\alpha}_m$线性表出且表示法唯一.

证明： 由于$\boldsymbol{\alpha}_1,\boldsymbol{\alpha}_2,\cdots,\boldsymbol{\alpha}_m,\boldsymbol{\beta}$线性相关，因此存在不全为零的数$k_1,k_2,\cdots,k_m,k_{m+1}$使得

$$k_1\boldsymbol{\alpha}_1+k_2\boldsymbol{\alpha}_2+\cdots+k_m\boldsymbol{\alpha}_m+k_{m+1}\boldsymbol{\beta}=\mathbf{0} \tag{4.6}$$

如果$k_{m+1}=0$，则上式即为

$$k_1\boldsymbol{\alpha}_1+k_2\boldsymbol{\alpha}_2+\cdots+k_m\boldsymbol{\alpha}_m=\mathbf{0}\text{且}k_1,k_2,\cdots,k_m\text{不全为零}$$

从而推出$\boldsymbol{\alpha}_1,\boldsymbol{\alpha}_2,\cdots,\boldsymbol{\alpha}_m$线性相关，与条件矛盾. 因此$k_{m+1}\neq 0$.

于是由式（4.6）得到

$$\boldsymbol{\beta}=-\frac{k_1}{k_{m+1}}\boldsymbol{\alpha}_1-\frac{k_2}{k_{m+1}}\boldsymbol{\alpha}_2-\cdots-\frac{k_m}{k_{m+1}}\boldsymbol{\alpha}_m$$

即$\boldsymbol{\beta}$可以表示为$\boldsymbol{\alpha}_1,\boldsymbol{\alpha}_2,\cdots,\boldsymbol{\alpha}_m$的线性组合. 由定理2可得表示法唯一.

定理4　如果向量组的一部分组（向量组中的部分向量构成向量组的部分组）线性相关，则整个向量组也线性相关. 反之如果向量组整体线性无关，则其任一部分组也线性无关.

定理5　任意n+1个n维向量一定线性相关.

例7　设向量组$\boldsymbol{\alpha}_1,\boldsymbol{\alpha}_2,\cdots,\boldsymbol{\alpha}_r$线性无关，其中$\boldsymbol{\alpha}_j=(a_{j1},a_{j2},\cdots,a_{jn})^{\mathrm{T}},j=1,2,\cdots,r$. 若将该向量组的每一个向量都增加$m$个分量，得到向量组$\boldsymbol{\alpha}_1'$，$\boldsymbol{\alpha}_2'$，$\cdots$，$\boldsymbol{\alpha}_s'$，其中

$$\boldsymbol{\alpha}_j' = \left(a_{j1}, a_{j2}, \cdots, a_{jn}, a_{jn+1}, \cdots, a_{jn+m}\right)^{\mathrm{T}}, j = 1, 2, \cdots, r$$

则向量组$\boldsymbol{\alpha}_1'$，$\boldsymbol{\alpha}_2'$，…，$\boldsymbol{\alpha}_r'$也线性无关.

证明： 由于$\boldsymbol{\alpha}_1, \boldsymbol{\alpha}_2, \cdots, \boldsymbol{\alpha}_r$线性无关，故齐次线性方程组

$$x_1\boldsymbol{\alpha}_1 + x_2\boldsymbol{\alpha}_2 + \cdots + x_r\boldsymbol{\alpha}_r = \mathbf{0} \tag{4.7}$$

仅有零解. 由条件可以看出，方程组（4.7）恰为齐次线性方程组

$$x_1\boldsymbol{\alpha}_1' + x_2\boldsymbol{\alpha}_2' + \cdots + x_r\boldsymbol{\alpha}_r' = \mathbf{0} \tag{4.8}$$

中的前n个方程. 故方程组（4.8）的解一定是方程组（4.7）的解，由于方程组（4.7）只有零解，所以方程组（4.8）也仅有零解. 因此向量组$\boldsymbol{\alpha}_1'$，$\boldsymbol{\alpha}_2'$，…，$\boldsymbol{\alpha}_s'$也线性无关.

例如，$\boldsymbol{\alpha}_1 = (1,2,3)^{\mathrm{T}}, \boldsymbol{\alpha}_2 = (0,1,2)^{\mathrm{T}}, \boldsymbol{\alpha}_3 = (0,0,4)^{\mathrm{T}}$线性无关，所以向量组$\boldsymbol{\alpha}_1 = (1,2,3,1,1)^{\mathrm{T}}$，$\boldsymbol{\alpha}_2 = (0,1,2,2,2)^{\mathrm{T}}, \boldsymbol{\alpha}_3 = (0,0,4,3,1)^{\mathrm{T}}$也线性无关.

4.3 向量组的秩

一、等价向量组

为了更深入地研究向量组的性质，我们需要讨论两个向量组之间的关系.

定义7 设有两个向量组

$$\text{I}: \boldsymbol{\alpha}_1, \boldsymbol{\alpha}_2, \cdots, \boldsymbol{\alpha}_r$$
$$\text{II}: \boldsymbol{\beta}_1, \boldsymbol{\beta}_2, \cdots, \boldsymbol{\beta}_s$$

如果向量组I中的每一个向量都可以由向量组II线性表出，则称向量组I可由向量组II线性表出；如果向量组I和II可以互相线性表出，则称向量组Ⅰ和向量组Ⅱ等价. 记作

$$\{\boldsymbol{\alpha}_1, \boldsymbol{\alpha}_2, \cdots, \boldsymbol{\alpha}_r\} \cong \{\boldsymbol{\beta}_1, \boldsymbol{\beta}_2, \cdots, \boldsymbol{\beta}_s\}$$

例如，$\boldsymbol{\beta}_1 = \boldsymbol{\alpha}_1 + \boldsymbol{\alpha}_2, \boldsymbol{\beta}_2 = \boldsymbol{\alpha}_1 - 2\boldsymbol{\alpha}_2, \boldsymbol{\beta}_3 = \boldsymbol{\alpha}_1$，则说明向量组$\{\boldsymbol{\beta}_1, \boldsymbol{\beta}_2, \boldsymbol{\beta}_3\}$可由向量组$\{\boldsymbol{\alpha}_1, \boldsymbol{\alpha}_2\}$线性表示. 进一步可得到

$$\boldsymbol{\alpha}_1 = \frac{2}{3}\boldsymbol{\beta}_1 + \frac{1}{3}\boldsymbol{\beta}_2 + 0\boldsymbol{\beta}_3, \boldsymbol{\alpha}_2 = \frac{1}{3}\boldsymbol{\beta}_1 - \frac{1}{3}\boldsymbol{\beta}_2 + 0\boldsymbol{\beta}_3$$

这表明向量组$\{\boldsymbol{\alpha}_1, \boldsymbol{\alpha}_2\}$也可由向量组$\{\boldsymbol{\beta}_1, \boldsymbol{\beta}_2, \boldsymbol{\beta}_3\}$线性表出，由此得向量组$\{\boldsymbol{\alpha}_1, \boldsymbol{\alpha}_2\}$和向量组$\{\boldsymbol{\beta}_1, \boldsymbol{\beta}_2, \boldsymbol{\beta}_3\}$等价.

向量组的等价关系具有下列基本性质.

（1）反身性：任一向量组与其自身等价. 即

$$\{\boldsymbol{\alpha}_1, \boldsymbol{\alpha}_2, \cdots, \boldsymbol{\alpha}_r\} \cong \{\boldsymbol{\alpha}_1, \boldsymbol{\alpha}_2, \cdots, \boldsymbol{\alpha}_r\}$$

（2）对称性：$\{\boldsymbol{\alpha}_1, \boldsymbol{\alpha}_2, \cdots, \boldsymbol{\alpha}_r\} \cong \{\boldsymbol{\beta}_1, \boldsymbol{\beta}_2, \cdots, \boldsymbol{\beta}_s\}$，则

$$\{\boldsymbol{\beta}_1,\boldsymbol{\beta}_2,\cdots,\boldsymbol{\beta}_s\}\cong\{\boldsymbol{\alpha}_1,\boldsymbol{\alpha}_2,\cdots,\boldsymbol{\alpha}_r\}$$

（3）传递性：$\{\boldsymbol{\alpha}_1,\boldsymbol{\alpha}_2,\cdots,\boldsymbol{\alpha}_r\}\cong\{\boldsymbol{\beta}_1,\boldsymbol{\beta}_2,\cdots,\boldsymbol{\beta}_s\}$，$\{\boldsymbol{\beta}_1,\boldsymbol{\beta}_2,\cdots,\boldsymbol{\beta}_s\}\cong\{\boldsymbol{\gamma}_1,\boldsymbol{\gamma}_2,\cdots,\boldsymbol{\gamma}_t\}$则

$$\{\boldsymbol{\alpha}_1,\boldsymbol{\alpha}_2,\cdots,\boldsymbol{\alpha}_r\}\cong\{\boldsymbol{\gamma}_1,\boldsymbol{\gamma}_2,\cdots,\boldsymbol{\gamma}_t\}$$

定理6　如果向量组$\boldsymbol{\alpha}_1,\boldsymbol{\alpha}_2,\cdots,\boldsymbol{\alpha}_s$可由向量组$\boldsymbol{\beta}_1,\boldsymbol{\beta}_2,\cdots,\boldsymbol{\beta}_r$线性表出且$s>r$，那么向量组$\boldsymbol{\alpha}_1,\boldsymbol{\alpha}_2,\cdots,\boldsymbol{\alpha}_s$一定线性相关.

证明：向量组$\boldsymbol{\alpha}_1,\boldsymbol{\alpha}_2,\cdots,\boldsymbol{\alpha}_s$可由向量组$\boldsymbol{\beta}_1,\boldsymbol{\beta}_2,\cdots,\boldsymbol{\beta}_r$线性表出，即

$$\begin{cases}\boldsymbol{\alpha}_1=k_{11}\boldsymbol{\beta}_1+k_{21}\boldsymbol{\beta}_2+\cdots+k_{r1}\boldsymbol{\beta}_r\\ \boldsymbol{\alpha}_2=k_{12}\boldsymbol{\beta}_1+k_{22}\boldsymbol{\beta}_2+\cdots+k_{r2}\boldsymbol{\beta}_r\\ \qquad\cdots\\ \boldsymbol{\alpha}_s=k_{1s}\boldsymbol{\beta}_1+k_{2s}\boldsymbol{\beta}_2+\cdots+k_{rs}\boldsymbol{\beta}_r\end{cases}$$

令$\boldsymbol{K}=\begin{pmatrix}k_{11}&k_{12}&\cdots&k_{1s}\\k_{21}&k_{22}&\cdots&k_{2s}\\\cdots&\cdots&\cdots&\cdots\\k_{r1}&k_{r2}&\cdots&k_{rs}\end{pmatrix}$，则上式即为$(\boldsymbol{\alpha}_1,\boldsymbol{\alpha}_2,\cdots,\boldsymbol{\alpha}_s)=(\boldsymbol{\beta}_1,\boldsymbol{\beta}_2,\cdots,\boldsymbol{\beta}_r)\boldsymbol{K}$.

如果$s>r$，那么有$r(\boldsymbol{K})\leqslant r<s$，所以齐次线性方程组$\boldsymbol{Kx}=\boldsymbol{0}$有非零解.

设$\begin{pmatrix}c_1\\c_2\\\vdots\\c_s\end{pmatrix}$为方程组$\boldsymbol{Kx}=\boldsymbol{0}$的一个非零解，即$\boldsymbol{K}\begin{pmatrix}c_1\\c_2\\\vdots\\c_s\end{pmatrix}=\begin{pmatrix}0\\0\\\vdots\\0\end{pmatrix}$.

那么
$$c_1\boldsymbol{\alpha}_1+c_2\boldsymbol{\alpha}_2+\cdots+c_s\boldsymbol{\alpha}_s=(\boldsymbol{\alpha}_1,\boldsymbol{\alpha}_2,\cdots,\boldsymbol{\alpha}_s)\begin{pmatrix}c_1\\c_2\\\vdots\\c_s\end{pmatrix}=(\boldsymbol{\beta}_1,\boldsymbol{\beta}_2,\cdots,\boldsymbol{\beta}_r)\boldsymbol{K}\begin{pmatrix}c_1\\c_2\\\vdots\\c_s\end{pmatrix}$$
$$=(\boldsymbol{\beta}_1,\boldsymbol{\beta}_2,\cdots,\boldsymbol{\beta}_r)\begin{pmatrix}0\\0\\\vdots\\0\end{pmatrix}=\boldsymbol{0}$$

所以向量组$\boldsymbol{\alpha}_1,\boldsymbol{\alpha}_2,\cdots,\boldsymbol{\alpha}_s$线性相关.

例 8　设向量组$\boldsymbol{\beta}_1,\boldsymbol{\beta}_2,\boldsymbol{\beta}_3$可由向量组$\boldsymbol{\alpha}_1,\boldsymbol{\alpha}_2$线性表示，其中$\boldsymbol{\beta}_1=\boldsymbol{\alpha}_1-2\boldsymbol{\alpha}_2$，$\boldsymbol{\beta}_2=-2\boldsymbol{\alpha}_1+3\boldsymbol{\alpha}_2,\boldsymbol{\beta}_3=\boldsymbol{\alpha}_1+4\boldsymbol{\alpha}_2$. 则$\boldsymbol{\beta}_1,\boldsymbol{\beta}_2,\boldsymbol{\beta}_3$一定线性相关.

解：设存在一组实数x_1,x_2,x_3，使

$$x_1\boldsymbol{\beta}_1+x_2\boldsymbol{\beta}_2+x_3\boldsymbol{\beta}_3=\boldsymbol{0}$$

由于
$$\begin{aligned}&x_1\boldsymbol{\beta}_1+x_2\boldsymbol{\beta}_2+x_3\boldsymbol{\beta}_3\\&=x_1(\boldsymbol{\alpha}_1-2\boldsymbol{\alpha}_2)+x_2(-2\boldsymbol{\alpha}_1+3\boldsymbol{\alpha}_2)+x_3(\boldsymbol{\alpha}_1+4\boldsymbol{\alpha}_2)\\&=(x_1-2x_2+x_3)\boldsymbol{\alpha}_1+(-2x_1+3x_2+4x_3)\boldsymbol{\alpha}_2\end{aligned}$$

令

$$\begin{cases} x_1 - 2x_2 + x_3 & = & 0 \\ -2x_1 + 3x_2 + 4x_3 & = & 0 \end{cases}$$

这是一个三元齐次线性方程组，其方程个数少于未知量个数，故必有非零解. 设k_1,k_2,k_3为其非零解，则有

$$k_1\boldsymbol{\beta}_1 + k_2\boldsymbol{\beta}_2 + k_3\boldsymbol{\beta}_3 = \mathbf{0}$$

所以$\boldsymbol{\beta}_1,\boldsymbol{\beta}_2,\boldsymbol{\beta}_3$线性相关.

定理6的逆否命题如下.

设有向量组$\boldsymbol{\alpha}_1,\boldsymbol{\alpha}_2,\cdots,\boldsymbol{\alpha}_s$可由向量组$\boldsymbol{\beta}_1,\boldsymbol{\beta}_2,\cdots,\boldsymbol{\beta}_r$线性表出，且向量组$\boldsymbol{\alpha}_1,\boldsymbol{\alpha}_2,\cdots,\boldsymbol{\alpha}_s$线性无关，那么$s \le r$.

推论1 等价且线性无关的向量组所含的向量个数相同.

二、向量组的极大线性无关组与向量组的秩

定义8 如果从向量组$\boldsymbol{\alpha}_1,\boldsymbol{\alpha}_2,\cdots,\boldsymbol{\alpha}_m$中可以选出$r$ $(r \le m)$个向量$\boldsymbol{\alpha}_{i1},\boldsymbol{\alpha}_{i2},\cdots,\boldsymbol{\alpha}_{ir}$满足以下两个条件：

（1）$\boldsymbol{\alpha}_{i1},\boldsymbol{\alpha}_{i2},\cdots,\boldsymbol{\alpha}_{ir}$线性无关；

（2）向量组$\boldsymbol{\alpha}_1,\boldsymbol{\alpha}_2,\cdots,\boldsymbol{\alpha}_m$中的任意向量都可以由$\boldsymbol{\alpha}_{i1},\boldsymbol{\alpha}_{i2},\cdots,\boldsymbol{\alpha}_{ir}$线性表出.

则称$\boldsymbol{\alpha}_{i1},\boldsymbol{\alpha}_{i2},\cdots,\boldsymbol{\alpha}_{ir}$为向量组$\boldsymbol{\alpha}_1,\boldsymbol{\alpha}_2,\cdots,\boldsymbol{\alpha}_m$的一个极大线性无关组.

由定理2及定理6可得出极大线性无关组的等价定义.

定义9 如果从向量组$\boldsymbol{\alpha}_1,\boldsymbol{\alpha}_2,\cdots,\boldsymbol{\alpha}_m$中可以选出$r$ $(r \leqslant m)$个向量$\boldsymbol{\alpha}_{i1},\boldsymbol{\alpha}_{i2},\cdots,\boldsymbol{\alpha}_{ir}$满足以下两个条件：

（1）$\boldsymbol{\alpha}_{i1},\boldsymbol{\alpha}_{i2},\cdots,\boldsymbol{\alpha}_{ir}$线性无关；

（2）向量组$\boldsymbol{\alpha}_1,\boldsymbol{\alpha}_2,\cdots,\boldsymbol{\alpha}_m$中的任意$r+1$个（如果有）向量都线性相关.

则称$\boldsymbol{\alpha}_{i1},\boldsymbol{\alpha}_{i2},\cdots,\boldsymbol{\alpha}_{ir}$为向量组$\boldsymbol{\alpha}_1,\boldsymbol{\alpha}_2,\cdots,\boldsymbol{\alpha}_m$的一个极大线性无关组.

显然如果向量组本身线性无关，那么它的极大线性无关组为它自身. 一般来说，一个向量组的极大线性无关组不是唯一的.

例如，在向量组$\boldsymbol{\alpha}_1 = (1,0)^{\mathrm{T}}, \boldsymbol{\alpha}_2 = (0,1)^{\mathrm{T}}, \boldsymbol{\alpha}_3 = (1,1)^{\mathrm{T}}$中，$\boldsymbol{\alpha}_1,\boldsymbol{\alpha}_2$线性无关，$\boldsymbol{\alpha}_3 = \boldsymbol{\alpha}_1 + \boldsymbol{\alpha}_2$；所以$\boldsymbol{\alpha}_1,\boldsymbol{\alpha}_2$为极大线性无关组. $\boldsymbol{\alpha}_1,\boldsymbol{\alpha}_3$线性无关，$\boldsymbol{\alpha}_2 = -\boldsymbol{\alpha}_1 + \boldsymbol{\alpha}_3$，$\boldsymbol{\alpha}_2,\boldsymbol{\alpha}_3$线性无关，$\boldsymbol{\alpha}_1 = -\boldsymbol{\alpha}_2 + \boldsymbol{\alpha}_3$. 故$\boldsymbol{\alpha}_1,\boldsymbol{\alpha}_3$和$\boldsymbol{\alpha}_2,\boldsymbol{\alpha}_3$也是向量组$\boldsymbol{\alpha}_1,\boldsymbol{\alpha}_2,\boldsymbol{\alpha}_3$的极大线性无关组.

定理7 向量组和它的极大线性无关组等价.

证明： 设$\boldsymbol{\alpha}_{i1},\boldsymbol{\alpha}_{i2},\cdots,\boldsymbol{\alpha}_{ir}$为向量组$\boldsymbol{\alpha}_1,\boldsymbol{\alpha}_2,\cdots,\boldsymbol{\alpha}_m$的极大线性无关组，显然$\boldsymbol{\alpha}_{i1},\boldsymbol{\alpha}_{i2},\cdots,\boldsymbol{\alpha}_{ir}$可由$\boldsymbol{\alpha}_1,\boldsymbol{\alpha}_2,\cdots,\boldsymbol{\alpha}_m$线性表出.

又有定义8的第(2)条可知，$\boldsymbol{\alpha}_1,\boldsymbol{\alpha}_2,\cdots,\boldsymbol{\alpha}_m$可由$\boldsymbol{\alpha}_{i1},\boldsymbol{\alpha}_{i2},\cdots,\boldsymbol{\alpha}_{ir}$线性表出. 所以$\boldsymbol{\alpha}_{i1},\boldsymbol{\alpha}_{i2},\cdots,\boldsymbol{\alpha}_{ir}$与$\boldsymbol{\alpha}_1,\boldsymbol{\alpha}_2,\cdots,\boldsymbol{\alpha}_m$等价.

定理7表明，在讨论向量组之间的一些关系时，可以用极大线性无关组来代替向量组，使问题的讨论更加方便和简化.

推论1　向量组的任意两个极大线性无关组之间等价.

推论2　一个向量组的任意两个极大线性无关组所含的向量个数相同.

推论2表明，一个向量组的所有极大线性无关组所含的向量个数都是相同的，这是向量组的一个重要特征. 因此有必要引入下面定义.

定义10　向量组$\boldsymbol{\alpha}_1,\boldsymbol{\alpha}_2,\cdots,\boldsymbol{\alpha}_m$的极大线性无关组中所含的向量个数称为该向量组的秩，记作$r(\boldsymbol{\alpha}_1,\boldsymbol{\alpha}_2,\cdots,\boldsymbol{\alpha}_m)$.

例如，向量组$\boldsymbol{\alpha}_1=(1,0)^{\mathrm{T}},\boldsymbol{\alpha}_2=(0,1)^{\mathrm{T}},\boldsymbol{\alpha}_3=(1,1)^{\mathrm{T}}$的秩为2.

由于仅由零向量组成的向量组不含有极大线性无关组，因此规定由零向量组成的向量组的秩为零.

推论3　两个等价的向量组的极大线性无关组所含的向量个数相同，从而等价的向量组的秩相等.

例9　R^n中的任意$n+1$个向量一定线性相关.

证明：R^n中的向量组$\boldsymbol{\varepsilon}_1=(1,0,\cdots,0),\boldsymbol{\varepsilon}_2=(0,1,\cdots,0),\cdots,\boldsymbol{\varepsilon}_n=(0,\cdots,0,1)$线性无关，且$R^n$中的任意向量均可由$\boldsymbol{\varepsilon}_1,\boldsymbol{\varepsilon}_2,\cdots,\boldsymbol{\varepsilon}_n$线性表出，$\boldsymbol{\varepsilon}_1,\boldsymbol{\varepsilon}_2,\cdots,\boldsymbol{\varepsilon}_n$即为$R^n$所有向量的一个极大线性无关组，所以$R^n$中的任意$n+1$个向量一定线性相关.

由此可知，R^2中的任意3个向量一定线性相关；R^3中的任意4个向量一定线性相关.

由定理6还可得以下定理.

定理8　若向量组$\boldsymbol{\beta}_1,\boldsymbol{\beta}_2,\cdots,\boldsymbol{\beta}_s$可以由向量组$\boldsymbol{\alpha}_1,\boldsymbol{\alpha}_2,\cdots,\boldsymbol{\alpha}_m$线性表出，则

$$r(\boldsymbol{\beta}_1,\boldsymbol{\beta}_2,\cdots,\boldsymbol{\beta}_s)\le r(\boldsymbol{\alpha}_1,\boldsymbol{\alpha}_2,\cdots,\boldsymbol{\alpha}_m)$$

证明：设$r(\boldsymbol{\beta}_1,\boldsymbol{\beta}_2,\cdots,\boldsymbol{\beta}_s)=r_1,r(\boldsymbol{\alpha}_1,\boldsymbol{\alpha}_2,\cdots,\boldsymbol{\alpha}_m)=r_2$.

$\boldsymbol{\beta}_{i1},\boldsymbol{\beta}_{i2},\cdots,\boldsymbol{\beta}_{ir_1}$为$\boldsymbol{\beta}_1,\boldsymbol{\beta}_2,\cdots,\boldsymbol{\beta}_s$的极大线性无关组，$\boldsymbol{\alpha}_{i1},\boldsymbol{\alpha}_{i2},\cdots,\boldsymbol{\alpha}_{is_2}$为$\boldsymbol{\alpha}_1,\boldsymbol{\alpha}_2,\cdots,\boldsymbol{\alpha}_m$的极大线性无关组.

由线性表出的传递性，$\boldsymbol{\beta}_{i1},\boldsymbol{\beta}_{i2},\cdots,\boldsymbol{\beta}_{ir_1}$可以由$\boldsymbol{\alpha}_{i1},\boldsymbol{\alpha}_{i2},\cdots,\boldsymbol{\alpha}_{is_2}$线性表出.

由定理6知$r_1\le r_2$.（证毕）

三、向量组的秩与矩阵的秩的关系

第2章介绍过矩阵的秩的概念，那么，矩阵的秩和向量组的秩之间有什么关系呢？下面讨论这个问题.

设$\boldsymbol{A}$为数域$\boldsymbol{F}$上的一个矩阵

$$\boldsymbol{A}=\begin{pmatrix} a_{11} & a_{12} & \cdots & a_{1n} \\ a_{21} & a_{22} & \cdots & a_{2n} \\ \vdots & \vdots & & \vdots \\ a_{m1} & a_{m2} & \cdots & a_{mn} \end{pmatrix}$$

将 $\boldsymbol{A}$ 的每一行看作一个n维行向量（或将 $\boldsymbol{A}$ 按行分为m块），并记 $\boldsymbol{\alpha}_1=(a_{11},a_{12},\cdots,a_{1n})$，$\boldsymbol{\alpha}_2=(a_{21},a_{22},\cdots,a_{2n}),\cdots,\boldsymbol{\alpha}_m=(a_{m1},a_{m2},\cdots,a_{mn})$ 为 $\boldsymbol{A}$ 的行向量组；将 $\boldsymbol{A}$ 的每一列看作一个 m 维列向量（或将 $\boldsymbol{A}$ 按列分为n块），并记

$$\boldsymbol{\beta}_1=\begin{pmatrix}a_{11}\\a_{21}\\\vdots\\a_{m1}\end{pmatrix},\quad \boldsymbol{\beta}_2=\begin{pmatrix}a_{22}\\a_{22}\\\vdots\\a_{m2}\end{pmatrix},\quad\cdots,\quad \boldsymbol{\beta}_n=\begin{pmatrix}a_{1n}\\a_{2n}\\\vdots\\a_{mn}\end{pmatrix}$$

为 $\boldsymbol{A}$ 的列向量组，一个矩阵可以看作是由若干个行（列）向量构成的.

定义11　矩阵 $\boldsymbol{A}=(a_{ij})_{m\times n}$ 的行向量组 $\boldsymbol{\alpha}_1,\boldsymbol{\alpha}_2,\cdots,\boldsymbol{\alpha}_m$ 的秩称为矩阵 $\boldsymbol{A}$ 的行秩；$\boldsymbol{A}$ 的列向量组 $\boldsymbol{\beta}_1,\boldsymbol{\beta}_2,\cdots,\boldsymbol{\beta}_n$ 的秩称为矩阵 $\boldsymbol{A}$ 的列秩.

例10　设矩阵

$$\boldsymbol{A}=\begin{pmatrix}1&0&0&0\\0&2&0&0\\0&0&0&3\end{pmatrix}$$

显然 $\boldsymbol{A}$ 的行向量组 $\boldsymbol{\alpha}_1=(1,0,0,0),\boldsymbol{\alpha}_2=(0,2,0,0),\boldsymbol{\alpha}_3=(0,0,0,3)$ 线性无关，故 $\boldsymbol{A}$ 的行秩为 3；又 $\boldsymbol{A}$ 的列向量组 $\boldsymbol{\beta}_1=(1,0,0),\boldsymbol{\beta}_2=(0,2,0),\boldsymbol{\beta}_3=(0,0,0),\boldsymbol{\beta}_4=(0,0,3)$ 的一个极大线性无关组为 $\boldsymbol{\beta}_1,\boldsymbol{\beta}_2,\boldsymbol{\beta}_4$，因此 $\boldsymbol{A}$ 的列秩也为 3，而事实上矩阵 $\boldsymbol{A}$ 的秩也是3.

对于一般的 $m\times n$ 矩阵，也有这种结论并且已经给出了证明（证明略）.

定理9　矩阵的行秩与列秩相等且都等于矩阵的秩.

例11　设有向量组：

$$\boldsymbol{\alpha}_1=\begin{pmatrix}1\\4\\2\\1\end{pmatrix},\boldsymbol{\alpha}_2=\begin{pmatrix}-2\\1\\5\\1\end{pmatrix},\boldsymbol{\alpha}_3=\begin{pmatrix}-1\\2\\4\\1\end{pmatrix},\boldsymbol{\alpha}_4=\begin{pmatrix}-2\\1\\-1\\1\end{pmatrix},\boldsymbol{\alpha}_5=\begin{pmatrix}2\\3\\0\\\frac{1}{3}\end{pmatrix}$$

（1）求向量组的秩；

（2）求向量组 $\boldsymbol{A}$ 的一个极大线性无关组；

（3）将向量组 $\boldsymbol{A}$ 的其余向量用所求出的极大线性无关组线性表示.

解：（1）以 $\boldsymbol{\alpha}_1,\boldsymbol{\alpha}_2,\boldsymbol{\alpha}_3,\boldsymbol{\alpha}_4,\boldsymbol{\alpha}_5$ 为列向量做矩阵 $\boldsymbol{A}$，用初等行变换将矩阵 $\boldsymbol{A}$ 化为阶梯形矩阵

$$\boldsymbol{A}=\begin{pmatrix}1&-2&-1&-2&2\\4&1&2&1&3\\2&5&4&-1&0\\1&1&1&1&\frac{1}{3}\end{pmatrix}\xrightarrow[-r_1+r_4]{\substack{-4r_1+r_2\\-2r_1+r_3}}\begin{pmatrix}1&-2&-1&-2&2\\0&9&6&9&-5\\0&9&6&3&-4\\0&3&2&3&-\frac{5}{3}\end{pmatrix}$$

$$\xrightarrow[-\frac{1}{3}r_2+r_4]{-r_2+r_3}\begin{pmatrix}1 & -2 & -1 & -2 & 2\\0 & 9 & 6 & 9 & -5\\0 & 0 & 0 & -6 & 1\\0 & 0 & 0 & 0 & 0\end{pmatrix}=\boldsymbol{A}_1$$

于是 $r(\boldsymbol{A})=3$，所以向量组的秩为3.

（2）由 $\boldsymbol{A}_1$ 可知，$\boldsymbol{A}_1$ 的第1,2,4列构成阶梯形，故 $\boldsymbol{\alpha}_1,\boldsymbol{\alpha}_2,\boldsymbol{\alpha}_4$ 为向量组 $\boldsymbol{A}$ 的一个极大线性无关组. 这是因为

$$(\boldsymbol{\alpha}_1,\boldsymbol{\alpha}_2,\boldsymbol{\alpha}_4)\to\begin{pmatrix}1 & -2 & -2\\0 & 9 & 9\\0 & 0 & -6\\0 & 0 & 0\end{pmatrix}$$

所以 $r(\boldsymbol{\alpha}_1,\boldsymbol{\alpha}_2,\boldsymbol{\alpha}_4)=3$，故 $\boldsymbol{\alpha}_1,\boldsymbol{\alpha}_2,\boldsymbol{\alpha}_4$ 线性无关.

（3）对 $\boldsymbol{A}_1$ 继续做初等行变换，化成行最简形矩阵（将1,2,4列化为只有0和1的列）.

$$\boldsymbol{A}_1\xrightarrow[-\frac{1}{6}r_3]{\substack{\frac{2}{9}r_2+r\\ \frac{1}{9}r_2}}\begin{pmatrix}1 & 0 & \frac{1}{3} & 0 & \frac{8}{9}\\0 & 1 & \frac{2}{3} & 1 & -\frac{5}{9}\\0 & 0 & 0 & 1 & -\frac{1}{6}\\0 & 0 & 0 & 0 & 0\end{pmatrix}\xrightarrow{-r_3+r_2}\begin{pmatrix}1 & 0 & \frac{1}{3} & 0 & \frac{8}{9}\\0 & 1 & \frac{2}{3} & 0 & -\frac{7}{18}\\0 & 0 & 0 & 1 & -\frac{1}{6}\\0 & 0 & 0 & 0 & 0\end{pmatrix}$$

即得

$$\boldsymbol{\alpha}_3=\frac{1}{3}\boldsymbol{\alpha}_1+\frac{2}{3}\boldsymbol{\alpha}_2$$

$$\boldsymbol{\alpha}_5=\frac{8}{9}\boldsymbol{\alpha}_1-\frac{7}{18}\boldsymbol{\alpha}_2-\frac{1}{6}\boldsymbol{\alpha}_4$$

思考：能不能再找一个极大线性无关组？

定理10　设 $\boldsymbol{A}$，$\boldsymbol{B}$ 均为 $m\times n$ 矩阵，那么 $r(\boldsymbol{A}+\boldsymbol{B})\leqslant r(\boldsymbol{A})+r(\boldsymbol{B})$.

证明：设 $\boldsymbol{A}=(\boldsymbol{\alpha}_1,\boldsymbol{\alpha}_2,\cdots,\boldsymbol{\alpha}_n)$，$\boldsymbol{B}=(\boldsymbol{\beta}_1,\boldsymbol{\beta}_2,\cdots,\boldsymbol{\beta}_n)$，则 $\boldsymbol{A}+\boldsymbol{B}=(\boldsymbol{\alpha}_1+\boldsymbol{\beta},\boldsymbol{\alpha}_2+\boldsymbol{\beta}_2,\cdots,\boldsymbol{\alpha}_n+\boldsymbol{\beta}_n)$ $=(\boldsymbol{\gamma}_1,\boldsymbol{\gamma}_2,\cdots,\boldsymbol{\gamma}_n)$.

设 $r(\boldsymbol{A})=r_1$，$\boldsymbol{\alpha}_{i1},\boldsymbol{\alpha}_{i2},\cdots,\boldsymbol{\alpha}_{is_2}$ 为 $\boldsymbol{\alpha}_1,\boldsymbol{\alpha}_2,\cdots,\boldsymbol{\alpha}_n$ 的极大线性无关组.

$r(\boldsymbol{B})=r_2$，$\boldsymbol{\beta}_{i1},\boldsymbol{\beta}_{i2},\cdots,\boldsymbol{\beta}_{ir_2}$ 为 $\boldsymbol{\beta}_1,\boldsymbol{\beta}_2,\cdots,\boldsymbol{\beta}_n$ 的极大线性无关组.

$r(\boldsymbol{A}+\boldsymbol{B})=r_3$，$\boldsymbol{\gamma}_{i1},\boldsymbol{\gamma}_{i2},\cdots,\boldsymbol{\gamma}_{ir_3}$ 为 $\boldsymbol{\gamma}_1,\boldsymbol{\gamma}_2,\cdots,\boldsymbol{\gamma}_n$ 的极大线性无关组.

由于 $\boldsymbol{\gamma}_1,\boldsymbol{\gamma}_2,\cdots,\boldsymbol{\gamma}_n$ 可由 $\boldsymbol{\alpha}_1,\boldsymbol{\alpha}_2,\cdots,\boldsymbol{\alpha}_n$，$\boldsymbol{\beta}_1,\boldsymbol{\beta}_2,\cdots,\boldsymbol{\beta}_n$ 线性表出，所以 $\boldsymbol{\gamma}_{i1},\boldsymbol{\gamma}_{i2},\cdots,\boldsymbol{\gamma}_{ir_3}$ 可由 $\boldsymbol{\alpha}_{i1},\boldsymbol{\alpha}_{i2},\cdots,\boldsymbol{\alpha}_{is_2}$，$\boldsymbol{\beta}_{i1},\boldsymbol{\beta}_{i2},\cdots,\boldsymbol{\beta}_{ir_2}$ 线性表出. 由定理6可得 $r_3\leqslant r_1+r_2$，即 $r(\boldsymbol{A}+\boldsymbol{B})\leqslant r(\boldsymbol{A})+r(\boldsymbol{B})$.

定理11　设 $\boldsymbol{A}$ 为 $m\times p$ 矩阵，$\boldsymbol{B}$ 为 $p\times n$ 矩阵，那么 $r(\boldsymbol{AB})\leqslant\min(r(\boldsymbol{A}),r(\boldsymbol{B}))$.

证明：设 $\boldsymbol{A}=(\boldsymbol{\alpha}_1,\boldsymbol{\alpha}_2,\cdots,\boldsymbol{\alpha}_p)$，$\boldsymbol{B}=(\mathrm{b}_{ij})_{pxn}$，$\boldsymbol{AB}=(\boldsymbol{\gamma}_1\boldsymbol{\gamma}_2\cdots\boldsymbol{\gamma}_n)$ 那么

$$AB=(\alpha_1,\alpha_2,\cdots,\alpha_p)B=(\alpha_1,\alpha_2,\cdots,\alpha_p)\begin{pmatrix} b_{11} & b_{12} & \cdots & b_{1n} \\ b_{21} & b_{22} & \cdots & b_{2n} \\ \vdots & \vdots & \cdots & \vdots \\ b_{p1} & b_{p2} & \cdots & b_{pn} \end{pmatrix}=(\gamma_1,\gamma_2,\cdots,\gamma_n)$$

说明 $\gamma_1,\gamma_2,\cdots,\gamma_n$ 可由 $\alpha_1,\alpha_2,\cdots,\alpha_p$ 线性表出．所以 $r(\gamma_1,\gamma_2,\cdots,\gamma_n)\le r(\alpha_1,\alpha_2,\cdots,\alpha_p)$，即 $r(AB)\leqslant r(A)$．

同理可证 $r(AB)\leqslant r(B)$，因此 $r(AB)\leqslant \min(r(A),r(B))$．（证毕）

推论　设 A 为 $m\times n$ 矩阵，B 为 n 阶可逆矩阵，C 为 m 阶可逆矩阵，那么 $r(AB)=r(A)$，$r(CA)=r(A)$．

4.4　线性方程组解的结构

我们在前面讨论了线性方程组的消元法——用矩阵的初等行变换解线性方程组，并利用矩阵的秩的概念，给出了线性方程组的两个重要结果，即

（1）齐次线性方程组 $A_{m\times n}x=0$ 有非零解的充分必要条件是系数矩阵的秩 $r(A)<n$.

（2）非齐次线性方程组 $A_{m\times n}x=b$ 有解的充分必要条件是 $r(A)=r(\overline{A})$，且当 $r(A)=r(\overline{A})=n$ 时，方程组有唯一解；当 $r(A)=r(\overline{A})=r<n$ 时，方程组有无穷多个解.

本节将利用向量组的线性相关性的理论讨论线性方程组的解的结构，从而完善线性方程组的理论.

一、齐次线性方程组解的结构

设 n 元齐次线性方程组

$$\begin{cases} a_{11}x_1+a_{12}x_2+\cdots+a_{1n}x_n = 0 \\ a_{21}x_1+a_{22}x_2+\cdots+a_{2n}x_n = 0 \\ \cdots \\ a_{m1}x_1+a_{m2}x_2+\cdots+a_{mn}x_n = 0 \end{cases} \tag{4.9}$$

方程组（4.9）的矩阵形式为 $Ax=0$，其中 $A=\left(a_{ij}\right)_{m\times n},x=\begin{pmatrix} x_1 \\ x_2 \\ \vdots \\ x_n \end{pmatrix},0=\begin{pmatrix} 0 \\ 0 \\ \vdots \\ 0 \end{pmatrix}$.

显然方程组（4.9）的一个解，实际上也是 R^n 中的一个向量，称为方程组（4.9）的解向量，有时也简称为解．即对于 $A_{m\times n}x=0$，若 $\exists\xi\in R^n$ 有 $A\xi=0$ 则称 ξ 为 $Ax=0$ 的解.

下面我们将从向量的角度来研究方程组解的结构，首先我们来讨论齐次线性方程组的解向量的性质.

性质1　如果 ξ_1,ξ_2 是齐次线性方程组（4.9）的两个解，则 $\xi_1+\xi_2$ 也是该方程组的解.

证明：由于$\boldsymbol{\xi}_1,\boldsymbol{\xi}_2$均为方程组（4.9）的解，则有

$$\boldsymbol{A\xi}_1=\mathbf{0},\ \boldsymbol{A\xi}_2=\mathbf{0}$$

从而有

$$\boldsymbol{A}(\boldsymbol{\xi}_1+\boldsymbol{\xi}_2)=\boldsymbol{A\xi}_1+\boldsymbol{A\xi}_2=\mathbf{0}+\mathbf{0}=\mathbf{0}$$

即$\boldsymbol{\xi}_1+\boldsymbol{\xi}_2$也是方程组（4.9）的解.

类似地，可以证明以下性质.

性质2 如果$\boldsymbol{\xi}$是齐次性方程组（4.9）的解，则对任意常数k，$k\boldsymbol{\xi}$也是该方程组的解.

由于性质1和性质2可以推出：如果$\boldsymbol{\xi}_1,\boldsymbol{\xi}_2,\cdots,\boldsymbol{\xi}_r$均为齐次线性方程组（4.9）的解，则它们的线性组合

$$k_1\boldsymbol{\xi}_1+k_2\boldsymbol{\xi}_2+\cdots+k_r\boldsymbol{\xi}_r\ （k_1,k_2,\cdots,k_r\text{为任意常数}）$$

也是该方程组的解.

我们知道，当齐次线性方程组有非零解时，必然有无穷多个解，那么无穷多个解向量怎么表达出来呢？能否用有限个解向量表达出这无穷多个解向量呢？为此，先引入基础解系的概念.

定义12 如果齐次线性方程组（4.9）的有限个解向量$\boldsymbol{\xi}_1,\boldsymbol{\xi}_2,\cdots,\boldsymbol{\xi}_r$满足下列条件：

（1）$\boldsymbol{\xi}_1,\boldsymbol{\xi}_2,\cdots,\boldsymbol{\xi}_r$线性无关；

（2）方程组（4.9）的任意解都可以由$\boldsymbol{\xi}_1,\boldsymbol{\xi}_2,\cdots,\boldsymbol{\xi}_r$线性表示.

则称$\boldsymbol{\xi}_1,\boldsymbol{\xi}_2,\cdots,\boldsymbol{\xi}_r$为该方程组的一个基础解系.

显然，如果方程组有基础解系，基础解系实际上就是方程组所有解向量的极大线性无关组，由极大线性无关组的特点可知，方程组的基础解系不唯一，但是每个基础解系中所含解向量的个数一定相同. 而且方程组所有的解都可以用它的基础解系线性表示，所以基础解系的线性组合就是方程组的通解.

齐次线性方程组（4.9）在什么情况下有基础解系，又怎么求基础解系呢?

定理12 如果n元齐次线性方程组（4.9）的系数矩阵$\boldsymbol{A}$的秩$r(\boldsymbol{A})=r<n$（即方程组有非零解），则该方程组必存在基础解系，并且基础解系由$n-r$个线性无关的解向量构成.

下面给出的证明是一种构造性证明，即在证明中同时给出了一种求基础解系的方法.

证明：设$\boldsymbol{A}=(a_{ij})_{m\times n}$的秩为$r<n$. 为讨论方便，不妨设$\boldsymbol{A}$的左上角的$r$阶子式不为零. 则对齐次线性方程组（4.9）的系数矩阵$\boldsymbol{A}$进行初等行变换，可化为

$$\boldsymbol{A}\to\begin{pmatrix}1&\cdots&0&b_{11}&\cdots&b_{1,n-r}\\ \vdots&&\vdots&\vdots&&\vdots\\ 0&\cdots&1&b_{r1}&\cdots&b_{r,n-r}\\ 0&\cdots&0&0&\cdots&0\\ \vdots&&\vdots&\vdots&&\vdots\\ 0&\cdots&0&0&\cdots&0\end{pmatrix}$$

对应的齐次线性方程组

$$\begin{cases} x_1 = -b_{11}x_{r+1} - \cdots - b_{1,n-r}x_n \\ x_2 = -b_{21}x_{r+1} - \cdots - b_{2,n-r}x_n \\ \qquad\cdots \\ x_r = -b_{r1}x_{r+1} - \cdots - b_{r,n-r}x_n \end{cases} \tag{4.10}$$

由于方程组（4.10）与方程组（4.9）同解．在方程组（4.10）中，任给 $x_{r+1},\cdots,x_n$ 一组值，就可以唯一确定 $x_1,\cdots,x_r$ 的值，就得方程组（4.10）的一个解，也就是方程组（4.9）的解．

现依次取自由未知量 $x_{r+1},\cdots,x_n$ 为下述 $n-r$ 组值：

$$\begin{pmatrix} x_{r+1} \\ x_{r+2} \\ \vdots \\ \vdots \\ x_n \end{pmatrix} = \begin{pmatrix} 1 \\ 0 \\ 0 \\ \vdots \\ 0 \end{pmatrix}, \begin{pmatrix} 0 \\ 1 \\ 0 \\ \vdots \\ 0 \end{pmatrix}, \cdots, \begin{pmatrix} 0 \\ 0 \\ \vdots \\ 0 \\ 1 \end{pmatrix}$$

即可得到方程组（4.9）的 $n-r$ 个解：

$$\boldsymbol{\xi}_1 = \begin{pmatrix} -b_{11} \\ -b_{21} \\ \vdots \\ -b_{r1} \\ 1 \\ 0 \\ \vdots \\ 0 \end{pmatrix}, \boldsymbol{\xi}_2 = \begin{pmatrix} -b_{21} \\ -b_{22} \\ \vdots \\ -b_{r2} \\ 0 \\ 1 \\ \vdots \\ 0 \end{pmatrix}, \cdots, \boldsymbol{\xi}_{n-r} = \begin{pmatrix} -b_{1,n-r} \\ -b_{2,n-r} \\ \vdots \\ -b_{r,n-r} \\ 0 \\ 0 \\ \vdots \\ 1 \end{pmatrix}$$

下面我们来证明，$\boldsymbol{\xi}_1,\boldsymbol{\xi}_2,\cdots,\boldsymbol{\xi}_{n-r}$ 就是方程组(4.9)的基础解系．为此，先证明 $\boldsymbol{\xi}_1,\boldsymbol{\xi}_2,\cdots,\boldsymbol{\xi}_{n-r}$ 线性无关，然后证明方程组（4.9）的任意一个解，都可以表示为 $\boldsymbol{\xi}_1,\boldsymbol{\xi}_2,\cdots,\boldsymbol{\xi}_{n-r}$ 的线性组合．

注意到 $\boldsymbol{\xi}_1,\boldsymbol{\xi}_2,\cdots,\boldsymbol{\xi}_{n-r}$ 的后 $n-r$ 个分量组成的向量组

$$\begin{pmatrix} 1 \\ 0 \\ 0 \\ \vdots \\ 0 \end{pmatrix}, \begin{pmatrix} 0 \\ 1 \\ 0 \\ \vdots \\ 0 \end{pmatrix}, \cdots, \begin{pmatrix} 0 \\ 0 \\ 0 \\ \vdots \\ 1 \end{pmatrix}$$

是线性无关的．由4.2节的例7知扩充维数之后的向量组 $\boldsymbol{\xi}_1,\boldsymbol{\xi}_2,\cdots,\boldsymbol{\xi}_{n-r}$ 也线性无关．

又设 $\boldsymbol{\xi}=\begin{pmatrix} c_1 \\ \vdots \\ c_r \\ c_{r+1} \\ \vdots \\ c_n \end{pmatrix}$ 为方程组（4.9）的任意一个解，令 $\boldsymbol{\eta}=c_{r+1}\boldsymbol{\xi}_1+c_{r+2}\boldsymbol{\xi}_2+\cdots+c_n\boldsymbol{\xi}_{n-r}$.

由性质1和性质2可知，$\boldsymbol{\eta}$ 也是（4.9）的解．将 $\boldsymbol{\xi}_1,\boldsymbol{\xi}_2,\cdots,\boldsymbol{\xi}_{n-r}$ 代入计算得 $\boldsymbol{\eta}=\begin{pmatrix} * \\ \vdots \\ * \\ c_{r+1} \\ \vdots \\ c_n \end{pmatrix}$.

由于 $\boldsymbol{\xi}$ 与 $\boldsymbol{\eta}$ 后面的 $n-r$ 个分量的值相等，也就是自由未知量对应相等，从而知它们前面的 r 个分量必对应相等．因此

$$\boldsymbol{\xi}=\boldsymbol{\eta}=c_{r+1}\boldsymbol{\xi}_1+c_{r+2}\boldsymbol{\xi}_2+\cdots+c_n\boldsymbol{\xi}_{n-r}$$

即方程组（4.9）的任意一个解 $\boldsymbol{\xi}$ 都可以表示为 $\boldsymbol{\xi}_1,\boldsymbol{\xi}_2,\cdots,\boldsymbol{\xi}_{n-r}$ 的线性组合．

所以 $\boldsymbol{\xi}_1,\boldsymbol{\xi}_2,\cdots,\boldsymbol{\xi}_{n-r}$ 为齐次线性方程组（4.9）的一个基础解系；它含有 $n-r$ 个线性无关的解向量．

对于给定的齐次线性方程组，当存在非零解时，可按定理12的证明中给出的求基础解系的方法求出该方程组的一个基础解系 $\boldsymbol{\xi}_1,\boldsymbol{\xi}_2,\cdots,\boldsymbol{\xi}_{n-r}$ ，此时该方程组的任意解（通解）可表示为下述形式：

$$\boldsymbol{\xi}=c_1\boldsymbol{\xi}_1+c_2\boldsymbol{\xi}_2+\cdots+c_{n-r}\boldsymbol{\xi}_{n-r}$$

其中 $c_1,c_2,\cdots,c_{n-r}$ 为任意常数．

思考：任意 $n-r$ 个线性无关的解向量都可以构成一个基础解系？

例12　求齐次线性方程组

$$\begin{cases} x_1-2x_2-x_3-x_4=0 \\ 2x_1-4x_2+5x_3+3x_4=0 \\ 4x_1-8x_2+17x_3+11x_4=0 \end{cases}$$

的一个基础解系，并给出通解．

解：设方程组的系数矩阵为 $\boldsymbol{A}$ ，对 $\boldsymbol{A}$ 实施初等行变换，化为行最简形矩阵

$$\boldsymbol{A}=\begin{pmatrix} 1 & -2 & -1 & -1 \\ 2 & -4 & 5 & 3 \\ 4 & -8 & 17 & 11 \end{pmatrix}\to\begin{pmatrix} 1 & -2 & -1 & -1 \\ 0 & 0 & 7 & 5 \\ 0 & 0 & 21 & 15 \end{pmatrix}$$

$$\rightarrow\begin{pmatrix}1 & -2 & -1 & -1\\0 & 0 & 7 & 5\\0 & 0 & 0 & 0\end{pmatrix}\rightarrow\begin{pmatrix}1 & -2 & 0 & -\dfrac{2}{7}\\0 & 0 & 1 & \dfrac{5}{7}\\0 & 0 & 0 & 0\end{pmatrix}$$

便得

$$\begin{cases}x_1 = 2x_2 + \dfrac{2}{7}x_4\\ x_3 = -\dfrac{5}{7}x_4\end{cases}\text{（其中}x_2\text{，}x_4\text{为自由未知量）}$$

令

$$\begin{pmatrix}x_2\\x_4\end{pmatrix}=\begin{pmatrix}1\\0\end{pmatrix}\text{和}\begin{pmatrix}0\\1\end{pmatrix}$$

得到方程组的一个基础解系 $\boldsymbol{\xi}_1=\begin{pmatrix}2\\1\\0\\0\end{pmatrix}$，$\boldsymbol{\xi}_2=\begin{pmatrix}\dfrac{2}{7}\\0\\-\dfrac{5}{7}\\1\end{pmatrix}$.

所以方程组的通解为 $\boldsymbol{\xi}=c_1\boldsymbol{\xi}_1+c_2\boldsymbol{\xi}_2$（$c_1$，$c_2$ 为任意常数）.

例13 设 $m\times n$ 矩阵 $\boldsymbol{A}$ 与 $n\times s$ 矩阵 $\boldsymbol{B}$ 满足 $\boldsymbol{AB}=\boldsymbol{0}$，并且 $r(\boldsymbol{A})<n$．求证：

$$r(\boldsymbol{A})+r(\boldsymbol{B})\leqslant n$$

证明： 已知 $r(\boldsymbol{A})=r<n$，故以 $\boldsymbol{A}$ 为系数矩阵的 n 元齐次线性方程组

$$\boldsymbol{Ax}=\boldsymbol{0}$$

存在基础解系且由 $n-r$ 个解向量组成，即方程组 $\boldsymbol{Ax}=\boldsymbol{0}$ 解向量组的秩为 $n-r$．

将 $\boldsymbol{B}$ 按列分块为 $\boldsymbol{B}=(\boldsymbol{\beta}_1,\boldsymbol{\beta}_2,\cdots,\boldsymbol{\beta}_s)$，由条件 $\boldsymbol{AB}=\boldsymbol{0}$，得 $\boldsymbol{A\beta}_j=\boldsymbol{0}$. 其中$j=1,2,\cdots,s$.

这表明矩阵 $\boldsymbol{B}$ 的每一个列向量，都是齐次线性方程组 $\boldsymbol{Ax}=\boldsymbol{0}$ 的解，而 $\boldsymbol{Ax}=\boldsymbol{0}$ 的基础解系含 $n-r$ 个解向量．因此，可知 $r(\boldsymbol{\beta}_1,\boldsymbol{\beta}_2,\cdots,\boldsymbol{\beta}_s)\leqslant n-r$，即 $r(\boldsymbol{B})\leqslant n-r(\boldsymbol{A})$．

所以 $r(\boldsymbol{A})+r(\boldsymbol{B})\leqslant n$.

二、非齐次线性方程组解的结构

设n元非齐次线性方程组

$$\begin{cases}a_{11}x_1+a_{12}x_2+\cdots+a_{1n}x_n=b_1\\a_{21}x_1+a_{22}x_2+\cdots+a_{2n}x_n=b_2\\\qquad\cdots\\a_{m1}x_1+a_{m2}x_2+\cdots+a_{mn}x_n=b_m\end{cases}\tag{4.11}$$

其矩阵形式为 $\boldsymbol{AX}=\boldsymbol{B}$，其中 $\boldsymbol{A}=\left(a_{ij}\right)_{m\times n}$，$\boldsymbol{X}=\left(x_1,x_2,\cdots,x_n\right)^{\mathrm{T}}$，$\boldsymbol{B}=\left(b_1,b_2,\cdots,b_m\right)^{\mathrm{T}}\neq\boldsymbol{0}$.

若将方程组（4.11）的常数项 $b_1,b_2,\cdots,b_m$ 全部换成零，就得到n元齐次线性方程组 $\boldsymbol{AX}=\boldsymbol{0}$．这时称齐次线性方程组 $\boldsymbol{AX}=\boldsymbol{0}$ 是非齐次线性方程组 $\boldsymbol{AX}=\boldsymbol{B}$ 的导出组.

非齐次线性方程组 $\boldsymbol{AX}=\boldsymbol{B}$ 的解与其导出组 $\boldsymbol{AX}=\boldsymbol{0}$ 的解具有以下性质：

性质1　如果$\boldsymbol{\gamma}$是方程组 $\boldsymbol{AX}=\boldsymbol{B}$ 的一个解，$\boldsymbol{\eta}$ 是其导出组 $\boldsymbol{AX}=\boldsymbol{0}$ 的一个解，则 $\boldsymbol{\gamma}+\boldsymbol{\eta}$ 是方程组 $\boldsymbol{AX}=\boldsymbol{B}$ 的解.

证明：由于$\boldsymbol{\gamma}$是方程组 $\boldsymbol{AX}=\boldsymbol{B}$ 的解，故 $\boldsymbol{A\gamma}=\boldsymbol{B}$；$\boldsymbol{\eta}$ 是其导出组 $\boldsymbol{AX}=\boldsymbol{0}$ 的解，则 $\boldsymbol{A\eta}=\boldsymbol{0}$，从而 $\boldsymbol{A}(\boldsymbol{\gamma}+\boldsymbol{\eta})=\boldsymbol{A\gamma}+\boldsymbol{A\eta}=\boldsymbol{B}+\boldsymbol{0}=\boldsymbol{B}$．即 $\boldsymbol{\gamma}+\boldsymbol{\eta}$ 是方程组 $\boldsymbol{AX}=\boldsymbol{B}$ 的解.

性质2　如果 $\boldsymbol{\gamma}_1,\boldsymbol{\gamma}_2$ 是方程组 $\boldsymbol{AX}=\boldsymbol{B}$ 的解，则 $\boldsymbol{\gamma}_1-\boldsymbol{\gamma}_2$ 为其导出组 $\boldsymbol{AX}=\boldsymbol{0}$ 的解.

性质2的证明方法与证明性质1类似.

由性质1和性质2可以得到下面的定理.

定理13　设 $\boldsymbol{\eta}^*$ 为非齐次线性方程组 $\boldsymbol{AX}=\boldsymbol{B}$ 的一个解，$\boldsymbol{\xi}_1,\boldsymbol{\xi}_2,\cdots,\boldsymbol{\xi}_{n-r}$ 为其导出 $\boldsymbol{AX}=\boldsymbol{0}$ 的一个基础解系，则方程组 $\boldsymbol{AX}=\boldsymbol{B}$ 的全部解（通解）可以表示为

$$k_1\boldsymbol{\xi}_1+k_2\boldsymbol{\xi}_2+\cdots+k_{n-r}\boldsymbol{\xi}_{n-r}+\boldsymbol{\eta}^*$$

其中 $k_1,k_2,\cdots,k_{n-r}$ 为任意常数.

证明：设 $\boldsymbol{\eta}$ 是方程组 $\boldsymbol{AX}=\boldsymbol{B}$ 的任一解，由于 $\boldsymbol{\eta}^*$ 也是 $\boldsymbol{AX}=\boldsymbol{B}$ 的解，由性质2知 $\boldsymbol{\eta}-\boldsymbol{\eta}^*$ 为 $\boldsymbol{AX}=\boldsymbol{0}$ 的解．而 $\boldsymbol{\xi}_1,\boldsymbol{\xi}_2,\cdots,\boldsymbol{\xi}_{n-r}$ 是 $\boldsymbol{AX}=\boldsymbol{0}$ 的基础解系，所以

$$\boldsymbol{\eta}-\boldsymbol{\eta}^*=k_1\boldsymbol{\xi}_1+k_2\boldsymbol{\xi}_2+\cdots+k_{n-r}\boldsymbol{\xi}_{n-r}$$

即

$$\boldsymbol{\eta}=k_1\boldsymbol{\xi}_1+k_2\boldsymbol{\xi}_2+\cdots+k_{n-r}\boldsymbol{\xi}_{n-r}+\boldsymbol{\eta}^*$$

其中 $k_1,k_2,\cdots,k_{n-r}$ 为任意常数.

又由性质1知 $k_1\boldsymbol{\xi}_1+k_2\boldsymbol{\xi}_2+\cdots+k_{n-r}\boldsymbol{\xi}_{n-r}+\boldsymbol{\eta}^*$ 一定是方程组的解.

综上可得 $k_1\boldsymbol{\xi}_1+k_2\boldsymbol{\xi}_2+\cdots+k_{n-r}\boldsymbol{\xi}_{n-r}+\boldsymbol{\eta}^*$ 为方程组 $\boldsymbol{AX}=\boldsymbol{B}$ 的全部解.（证毕）

例14　解线性方程组

$$\begin{cases}x_1+2x_2-2x_3+3x_4=2\\2x_1+4x_2-3x_3+4x_4=5\\5x_1+10x_2-8x_3+11x_4=12\end{cases}$$

解：对增广矩阵 $\overline{\boldsymbol{A}}$ 施行初等行变换：

$$\overline{\boldsymbol{A}}=\begin{pmatrix}1&2&-2&3&2\\2&4&-3&4&5\\5&10&-8&11&12\end{pmatrix}\to\begin{pmatrix}1&2&-2&3&2\\0&0&1&-2&1\\0&0&2&-4&2\end{pmatrix}\to\begin{pmatrix}1&2&0&-1&4\\0&0&1&-2&1\\0&0&0&0&0\end{pmatrix}$$

可见 $r(\boldsymbol{A})=r(\overline{\boldsymbol{A}})=2<4$．故方程组有无穷多个解.

取 x_2,x_4 为自由未知量，原方程组的同解方程组为

$$\begin{cases} x_1 = 4 - 2x_2 + x_4 \\ x_3 = 1 + 0x_2 + 2x_4 \end{cases}$$

令 $x_2 = x_4 = 0$，得 $x_1 = 4, x_3 = 1$，即得非齐次线性方程组的一个特解

$$\boldsymbol{\eta}^* = \begin{pmatrix} 4 \\ 0 \\ 1 \\ 0 \end{pmatrix}$$

对应的齐次线性方程组为

$$\begin{cases} x_1 = -2x_2 + x_4 \\ x_3 = 2x_4 \end{cases}$$

令 $\begin{pmatrix} x_2 \\ x_4 \end{pmatrix} = \begin{pmatrix} 1 \\ 0 \end{pmatrix}$，$\begin{pmatrix} 0 \\ 1 \end{pmatrix}$，则 $\begin{pmatrix} x_1 \\ x_3 \end{pmatrix} = \begin{pmatrix} -2 \\ 0 \end{pmatrix}$，$\begin{pmatrix} 1 \\ 2 \end{pmatrix}$

因此，对应的齐次线性方程组的基础解系为

$$\boldsymbol{\xi}_1 = \begin{pmatrix} -2 \\ 1 \\ 0 \\ 0 \end{pmatrix}, \quad \boldsymbol{\xi}_2 = \begin{pmatrix} 1 \\ 0 \\ 2 \\ 1 \end{pmatrix}$$

于是，原方程组的通解为

$$x = c_1\boldsymbol{\xi}_1 + c_2\boldsymbol{\xi}_2 + \boldsymbol{\eta}^* \text{（} c_1 \text{，} c_2 \text{为任意常数）}$$

例15 设线性方程组

$$\begin{cases} x_1 + 2x_2 - x_3 - 2x_4 = 0 \\ 2x_1 - x_2 - x_3 + x_4 = 1 \\ 3x_1 + x_2 - 2x_3 - x_4 = a \end{cases}$$

试确定a的值，使方程组有解，并求其全部解.

解：

$$\overline{\boldsymbol{A}} = \begin{pmatrix} 1 & 2 & -1 & -2 & 0 \\ 2 & -1 & -1 & 1 & 1 \\ 3 & 1 & -2 & -1 & a \end{pmatrix} \to \begin{pmatrix} 1 & 2 & -1 & -2 & 0 \\ 0 & -5 & 1 & 5 & 1 \\ 0 & -5 & 1 & 5 & a \end{pmatrix} \to \begin{pmatrix} 1 & 2 & -1 & -2 & 0 \\ 0 & -5 & 1 & 5 & 1 \\ 0 & 0 & 0 & 0 & a-1 \end{pmatrix}$$

因此，当a=1时，$r(\boldsymbol{A}) = r(\overline{\boldsymbol{A}}) = 2 < 4$，方程组有解且有无穷多个解.

当a=1时，

$$\overline{\boldsymbol{A}} \to \begin{pmatrix} 1 & 2 & -1 & -2 & 0 \\ 0 & -5 & 1 & 5 & 1 \\ 0 & 0 & 0 & 0 & 0 \end{pmatrix} \to \begin{pmatrix} 1 & -3 & 0 & 3 & 1 \\ 0 & -5 & 1 & 5 & 1 \\ 0 & 0 & 0 & 0 & 0 \end{pmatrix}$$

得到一般解

$$\begin{cases} x_1 = 1 + 3x_2 - 3x_4 \\ x_3 = 1 + 5x_2 - 5x_4 \end{cases}（其中 x_2, x_4 为自由未知量）$$

令 $x_2 = x_4 = 0$，得 $x_1 = 1, x_3 = 1$，即得非齐次线性方程组的一个解

$$\boldsymbol{\eta}^* = \begin{pmatrix} 1 \\ 0 \\ 1 \\ 0 \end{pmatrix}$$

对应的导出组为

$$\begin{cases} x_1 = 3x_2 - 3x_4 \\ x_3 = 5x_2 - 5x_4 \end{cases}.$$

令 $\begin{pmatrix} x_2 \\ x_4 \end{pmatrix} = \begin{pmatrix} 1 \\ 0 \end{pmatrix}$，$\begin{pmatrix} 0 \\ 1 \end{pmatrix}$，则 $\begin{pmatrix} x_1 \\ x_3 \end{pmatrix} = \begin{pmatrix} 3 \\ 5 \end{pmatrix}$，$\begin{pmatrix} -3 \\ -5 \end{pmatrix}$

因此，对应的导出组的基础解系为

$$\boldsymbol{\xi}_1 = \begin{pmatrix} 3 \\ 1 \\ 5 \\ 0 \end{pmatrix},\quad \boldsymbol{\xi}_2 = \begin{pmatrix} -3 \\ 0 \\ -5 \\ 1 \end{pmatrix}$$

于是，原方程组的通解为

$$x = c_1\boldsymbol{\xi}_1 + c_2\boldsymbol{\xi}_2 + \boldsymbol{\eta}^*\ （c_1，c_2为任意常数）$$

例16　设 $\boldsymbol{A} = (a_{ij})$ 为四阶方阵，$\boldsymbol{\beta} = (b_1, b_2, b_3, b_4)^{\mathrm{T}}$．已知 $r(\boldsymbol{A}) = 3$，$\boldsymbol{\eta}_1, \boldsymbol{\eta}_2, \boldsymbol{\eta}_3$ 是非齐次线性方程组 $\boldsymbol{Ax} = \boldsymbol{\beta}$ 的三个解，且 $\boldsymbol{\eta}_1 + \boldsymbol{\eta}_2 = (1,2,2,1)^{\mathrm{T}}, \boldsymbol{\eta}_3 = (1,2,3,4)^{\mathrm{T}}$．求 $\boldsymbol{Ax} = \boldsymbol{\beta}$ 的通解．

解：因为 $r(\boldsymbol{A}) = 3 < 4$，所以导出组 $\boldsymbol{Ax} = \boldsymbol{0}$ 的基础解系中含有一个解向量．

由于 $\boldsymbol{A\eta}_i = \boldsymbol{\beta}\ (i = 1,2,3)$，故

$$\boldsymbol{A}(\boldsymbol{\eta}_1 + \boldsymbol{\eta}_2 - 2\boldsymbol{\eta}_3) = \boldsymbol{A\eta}_1 + \boldsymbol{A\eta}_2 - 2\boldsymbol{A\eta}_3 = \boldsymbol{\beta} + \boldsymbol{\beta} - 2\boldsymbol{\beta} = \boldsymbol{0}$$

所以

$$\boldsymbol{\xi} = \boldsymbol{\eta}_1 + \boldsymbol{\eta}_2 - 2\boldsymbol{\eta}_3 = (-1, -2, -4, -7)^{\mathrm{T}}$$

是 $\boldsymbol{Ax} = \boldsymbol{0}$ 的解，$\boldsymbol{\xi}$ 构成了它的基础解系．

由于 $\boldsymbol{\eta}_3$ 是 $\boldsymbol{Ax} = \boldsymbol{\beta}$ 的一个解，故 $\boldsymbol{Ax} = \boldsymbol{\beta}$ 的通解为

$$\boldsymbol{x} = c\boldsymbol{\xi} + \boldsymbol{\eta}_3\ （c为任意常数）$$

习 题 四

1．设向量$\boldsymbol{\alpha}=\begin{pmatrix}1\\1\\1\end{pmatrix}$，$\boldsymbol{\beta}=\begin{pmatrix}0\\1\\2\end{pmatrix}$，$\boldsymbol{\gamma}=\begin{pmatrix}2\\3\\1\end{pmatrix}$，求$\boldsymbol{\alpha}-2\boldsymbol{\beta}$及$2\boldsymbol{\alpha}+3\boldsymbol{\beta}-\boldsymbol{\gamma}$．

2．设$3\boldsymbol{\alpha}+4\boldsymbol{\beta}=\begin{pmatrix}2\\1\\1\\2\end{pmatrix}$，$2\boldsymbol{\alpha}+3\boldsymbol{\beta}=\begin{pmatrix}-1\\2\\3\\1\end{pmatrix}$，求向量$\boldsymbol{\alpha},\boldsymbol{\beta}$．

3．判定下列各组中的向量$\boldsymbol{\beta}$是否可以表示为其余向量的线性组合．若可以，试求出其表示式．

（1）$\boldsymbol{\beta}=(4,5,6)^{\mathrm{T}}$，$\boldsymbol{\alpha}_1=(3,-3,2)^{\mathrm{T}}$，$\boldsymbol{\alpha}_2=(-2,1,2)^{\mathrm{T}}$，$\boldsymbol{\alpha}_3=(1,2,-1)^{\mathrm{T}}$；

（2）$\boldsymbol{\beta}=(-1,1,3,1)^{\mathrm{T}}$，$\boldsymbol{\alpha}_1=(1,2,1,1)^{\mathrm{T}}$，$\boldsymbol{\alpha}_2=(1,1,1,2)^{\mathrm{T}}$，$\boldsymbol{\alpha}_3=(-3,-2,1,-3)^{\mathrm{T}}$；

（3）$\boldsymbol{\beta}=(1,0,-\frac{1}{2})^{\mathrm{T}}$，$\boldsymbol{\alpha}_1=(1,1,1)^{\mathrm{T}}$，$\boldsymbol{\alpha}_2=(1,-1,-2)^{\mathrm{T}}$，$\boldsymbol{\alpha}_3=(-1,1,2)^{\mathrm{T}}$．

4．设$\boldsymbol{\alpha}_1=(1+\lambda,1,1)^{\mathrm{T}}$，$\boldsymbol{\alpha}_2=(1,1+\lambda,1)^{\mathrm{T}}$，$\boldsymbol{\alpha}_3=(1,1,1+\lambda)^{\mathrm{T}}$，$\boldsymbol{\beta}=(0,\lambda,\lambda^2)^{\mathrm{T}}$，当$\lambda$为何值时

（1）$\boldsymbol{\beta}$不能由$\boldsymbol{\alpha}_1$，$\boldsymbol{\alpha}_2$，$\boldsymbol{\alpha}_3$的线性表出；

（2）$\boldsymbol{\beta}$可由$\boldsymbol{\alpha}_1$，$\boldsymbol{\alpha}_2$，$\boldsymbol{\alpha}_3$的线性表出，并且表示方法唯一；

（3）$\boldsymbol{\beta}$可由$\boldsymbol{\alpha}_1$，$\boldsymbol{\alpha}_2$，$\boldsymbol{\alpha}_3$的线性表出，并且表示方法不唯一．

5．判定下列各向量组是线性相关，还是线性无关．

（1）$\boldsymbol{\alpha}_1=(3,2,0)^{\mathrm{T}}$，$\boldsymbol{\alpha}_2=(-1,2,1)^{\mathrm{T}}$；

（2）$\boldsymbol{\alpha}_1=(1,1,-1,1)^{\mathrm{T}}$，$\boldsymbol{\alpha}_2=(1,-1,2,-1)^{\mathrm{T}}$，$\boldsymbol{\alpha}_3=(3,1,0,1)^{\mathrm{T}}$；

（3）$\boldsymbol{\alpha}_1=(2,1,3)^{\mathrm{T}}$，$\boldsymbol{\alpha}_2=(-3,1,1)^{\mathrm{T}}$，$\boldsymbol{\alpha}_3=(1,1,-2)^{\mathrm{T}}$．

6．设向量组$\boldsymbol{\alpha}_1=(a,2,1)^{\mathrm{T}}$，$\boldsymbol{\alpha}_2=(2,a,0,)^{\mathrm{T}}$，$\boldsymbol{\alpha}_3=(1,-1,1)^{\mathrm{T}}$，试确定$a$为何值时，向量组线性相关．

7．设向量组$\boldsymbol{\alpha},\boldsymbol{\beta},\boldsymbol{\gamma}$线性无关，证明向量组$2\boldsymbol{\alpha}+\boldsymbol{\beta},\boldsymbol{\beta}+5\boldsymbol{\gamma},3\boldsymbol{\alpha}+4\boldsymbol{\gamma}$也线性无关．

8．设向量组$\boldsymbol{\alpha}_1,\boldsymbol{\alpha}_2,\boldsymbol{\alpha}_3$线性相关，而向量组$\boldsymbol{\alpha}_2,\boldsymbol{\alpha}_3,\boldsymbol{\alpha}_4$线性无关，证明：

（1）$\boldsymbol{\alpha}_1$能由$\boldsymbol{\alpha}_2,\boldsymbol{\alpha}_3$线性表示；

（2）$\boldsymbol{\alpha}_4$不能由$\boldsymbol{\alpha}_1,\boldsymbol{\alpha}_2,\boldsymbol{\alpha}_3$线性表示．

9．设向量组$\boldsymbol{\alpha}_1$，$\boldsymbol{\alpha}_2$，…，$\boldsymbol{\alpha}_s$线性无关($s>2$)，试证明下列各向量组线性无关．

（1）$\boldsymbol{\alpha}_1$，$\boldsymbol{\alpha}_1+\boldsymbol{\alpha}_2$，$\cdots,\boldsymbol{\alpha}_1+\boldsymbol{\alpha}_2+\cdots+\boldsymbol{\alpha}_s$；

（2）$-\boldsymbol{\alpha}_1+\boldsymbol{\alpha}_2+\cdots+\boldsymbol{\alpha}_s,\boldsymbol{\alpha}_1-\boldsymbol{\alpha}_2+\boldsymbol{\alpha}_3+\cdots+\boldsymbol{\alpha}_s,\cdots$，$\boldsymbol{\alpha}_1+\boldsymbol{\alpha}_2+\cdots+\boldsymbol{\alpha}_{s-1}-\boldsymbol{\alpha}_s$．

10．设向量组$\boldsymbol{\alpha}_1$，$\boldsymbol{\alpha}_2$，…，$\boldsymbol{\alpha}_s$(s>1)中，$\boldsymbol{\alpha}_1\neq\boldsymbol{0}$，并且$\boldsymbol{\alpha}_i$不能由$\boldsymbol{\alpha}_1$，$\boldsymbol{\alpha}_2$，…，$\boldsymbol{\alpha}_{i-1}$线性表出，$i$=2,3, …，$s$，求证向量组$\boldsymbol{\alpha}_1$，$\boldsymbol{\alpha}_2$，…，$\boldsymbol{\alpha}_s$线性无关．

11．判定下列各组中给定的两个向量组是否等价．

（1）$\boldsymbol{\alpha}_1=(1,0)^{\mathrm{T}}$，$\boldsymbol{\alpha}_2=(0,1)^{\mathrm{T}}$ 与 $\boldsymbol{\beta}_1=(1,2)^{\mathrm{T}}$，$\boldsymbol{\beta}_2=(-1,1)^{\mathrm{T}}$；

（2）$\boldsymbol{\alpha}_1=(1,1)^{\mathrm{T}}$，$\boldsymbol{\alpha}_2=(0,-1)^{\mathrm{T}}$ 与 $\boldsymbol{\beta}_1=(2,2)^{\mathrm{T}}$，$\boldsymbol{\beta}_2=(0,0)^{\mathrm{T}}$.

12．已知向量组$\boldsymbol{\alpha}_1$，$\boldsymbol{\alpha}_2$，$\boldsymbol{\alpha}_3$与$\boldsymbol{\beta}_1$，$\boldsymbol{\beta}_2$，$\boldsymbol{\beta}_3$满足

$$\begin{cases}\boldsymbol{\beta}_1=\boldsymbol{\alpha}_1-\boldsymbol{\alpha}_2+\boldsymbol{\alpha}_3\\ \boldsymbol{\beta}_2=\boldsymbol{\alpha}_1+\boldsymbol{\alpha}_2-\boldsymbol{\alpha}_3\\ \boldsymbol{\beta}_3=-\boldsymbol{\alpha}_1+\boldsymbol{\alpha}_2+\boldsymbol{\alpha}_3\end{cases}$$

证明$\{\boldsymbol{\alpha}_1，\boldsymbol{\alpha}_2，\boldsymbol{\alpha}_3\}$与$\{\boldsymbol{\beta}_1，\boldsymbol{\beta}_2，\boldsymbol{\beta}_3\}$等价.

13．设n维向量组

$$\boldsymbol{\alpha}_1=(1,0,\cdots,0)^{\mathrm{T}},\boldsymbol{\alpha}_2=(1,1,0,\cdots,0)^{\mathrm{T}},\cdots,\boldsymbol{\alpha}_n=(1,1,\cdots,1)^{\mathrm{T}}$$
$$\boldsymbol{\varepsilon}_1=(1,0,\cdots,0)^{\mathrm{T}},\boldsymbol{\varepsilon}_2=(0,1,0,\cdots,0)^{\mathrm{T}},\cdots,\boldsymbol{\varepsilon}_n=(0,0,\cdots,1)^{\mathrm{T}}$$

证明$\boldsymbol{\alpha}_1$，$\boldsymbol{\alpha}_2$，…，$\boldsymbol{\alpha}_n$与向量组$\boldsymbol{\varepsilon}_1$，$\boldsymbol{\varepsilon}_2$，…，$\boldsymbol{\varepsilon}_n$等价.

14．设向量$\boldsymbol{\beta}$可由向量组$\boldsymbol{\alpha}_1$，$\boldsymbol{\alpha}_2$，…，$\boldsymbol{\alpha}_s$ 线性表出，但不能由$\boldsymbol{\alpha}_1$，$\boldsymbol{\alpha}_2$，…，$\boldsymbol{\alpha}_{s-1}$ 线性表出．证明$\{\boldsymbol{\alpha}_1，\boldsymbol{\alpha}_2，\cdots，\boldsymbol{\alpha}_s\}$与$\{\boldsymbol{\alpha}_1，\boldsymbol{\alpha}_2，\cdots，\boldsymbol{\alpha}_{s-1}，\boldsymbol{\beta}\}$等价.

15．设向量组$\boldsymbol{\alpha}_1$，$\boldsymbol{\alpha}_2$，…，$\boldsymbol{\alpha}_s$的秩为$r(r<s)$，求证：$\boldsymbol{\alpha}_1$，$\boldsymbol{\alpha}_2$，…，$\boldsymbol{\alpha}_s$中任意r个线性无关的向量均可以组成该向量组的一个极大线性无关组.

16．如果向量组$\boldsymbol{\alpha}_1$，$\boldsymbol{\alpha}_2$，…，$\boldsymbol{\alpha}_s$可由向量组$\boldsymbol{\beta}_1$，$\boldsymbol{\beta}_2$，…，$\boldsymbol{\beta}_t$线性表出，求证：

$$r(\boldsymbol{\alpha}_1,\boldsymbol{\alpha}_2,\cdots,\boldsymbol{\alpha}_s)\leqslant r(\boldsymbol{\beta}_1,\boldsymbol{\beta}_2,\cdots,\boldsymbol{\beta}_t)$$

17．设$\boldsymbol{A}$为n阶矩阵$(n>2)$，$\boldsymbol{A}^*$为$\boldsymbol{A}$的伴随矩阵．求证：

$$r(\boldsymbol{A}^*)=\begin{cases}n, & 当\ r(\boldsymbol{A})=n\\ 1, & 当\ r(\boldsymbol{A})=n-1\\ 0, & 当\ r(\boldsymbol{A})<n-1\end{cases}$$

18．求下列向量组的秩.

$\boldsymbol{\alpha}_1=(1,2,3,4)^{\mathrm{T}}$，$\boldsymbol{\alpha}_2=(2,3,4,5)^{\mathrm{T}}$，$\boldsymbol{\alpha}_3=(3,4,5,6)^{\mathrm{T}}$，$\boldsymbol{\alpha}_4=(4,5,6,7)^{\mathrm{T}}$

19．求下列各向量组的一个极大线性无关组，并将其余向量表示为该极大线性无关组的线性组合.

（1）$\boldsymbol{\alpha}_1=(1,-2,5)^{\mathrm{T}}$，$\boldsymbol{\alpha}_2=(3,2,-1)^{\mathrm{T}}$，$\boldsymbol{\alpha}_3=(3,10,-17)^{\mathrm{T}}$；

（2）$\boldsymbol{\alpha}_1=(1,-1,0,4)^{\mathrm{T}}$，$\boldsymbol{\alpha}_2=(2,1,5,-6)^{\mathrm{T}}$，$\boldsymbol{\alpha}_3=(1,-1,-2,0)^{\mathrm{T}}$，$\boldsymbol{\alpha}_4=(3,0,7,14)^{\mathrm{T}}$；

（3）$\boldsymbol{\alpha}_1=(1,3,-5,1)^{\mathrm{T}}$，$\boldsymbol{\alpha}_2=(2,6,1,4)^{\mathrm{T}}$，$\boldsymbol{\alpha}_3=(3,9,7,10)^{\mathrm{T}}$.

20．求下列齐次线性方程组的一个基础解系，并用此基础解系表示方程组的全部解.

（1）$\begin{cases}x_1+2x_2-x_3+x_4=0\\ -3x_1-6x_2+3x_3-3x_4=0\\ x_1+3x_2-3x_3+4x_4=0\end{cases}$　　（2）$\begin{cases}x_1+x_2+x_3-2x_5=0\\ 2x_1+2x_2+x_3+2x_4-3x_5=0\\ x_1+x_2+3x_3-4x_4-4x_5=0\end{cases}$

21．判断下列线性方程组是否有解，若有解，求其解（在有无穷多个解的情况下，用基础解系表示全部解）.

（1）$\begin{cases} 2x_1-4x_2-x_3=4 \\ -x_1-2x_2-x_4=4 \\ 3x_2+x_3+2x_4=1 \\ 3x_1+x_2+3x_4=-3 \end{cases}$　　（2）$\begin{cases} 2x_1-x_2+4x_3-3x_4=-4 \\ x_1+x_3-x_4=-3 \\ 3x_1+x_2+x_3=1 \\ 7x_1+7x_3-3x_4=3 \end{cases}$

（3）$\begin{cases} x_1+x_2+x_3+x_4+x_5=-1 \\ 3x_1+2x_2+x_3+x_4-3x_5=-5 \\ x_2+2x_3+2x_4+6x_5=2 \\ 5x_1+4x_2+3x_3+3x_4-x_5=-7 \end{cases}$　　（4）$\begin{cases} 2x_1+3x_2-1x_3-5x_4=-2 \\ x_1+2x_2-x_3+x_4=-2 \\ x_1+x_2+x_3+x_4=5 \\ 3x_1+x_2+2x_3+3x_4=4 \end{cases}$

22．设四元线性方程组系数矩阵的秩为3，$\boldsymbol{\eta}_1,\boldsymbol{\eta}_2,\boldsymbol{\eta}_3$ 是它的三个解向量，且

$$\boldsymbol{\eta}_1=\begin{pmatrix}2\\3\\4\\5\end{pmatrix},\boldsymbol{\eta}_2+\boldsymbol{\eta}_3=\begin{pmatrix}1\\2\\3\\4\end{pmatrix}.$$

求该方程组的通解.

23．设齐次线性方程组

$$\begin{cases} a_{11}x_1+a_{12}x_2+\cdots+a_{1n}x_n=0 \\ a_{21}x_1+a_{22}x_2+\cdots+a_{2n}x_n=0 \\ \cdots \\ a_{n1}x_1+a_{n2}x_2+\cdots+a_{nn}x_n=0 \end{cases}$$

的系数矩阵$\boldsymbol{A}=(a_{ij})_{n\times n}$ 的秩为$n-1$．求证：此方程组的全部解为

$$\boldsymbol{\eta}=c(\boldsymbol{A}_{i1},\boldsymbol{A}_{i2},\cdots,\boldsymbol{A}_{in})^{\mathrm{T}}$$

其中$\boldsymbol{A}_{ij}\ (1\le j\le n)$为$a_{ij}$的代数余子式，且至少有一个$\boldsymbol{A}_{i1}\neq 0$，$c$为任意常数.

自 测 题 四

一、判断题（结论对的请在括号内打“√”，错的打“×”）.

1．若$m>n$，则n维向量组$\boldsymbol{\alpha}_1,\boldsymbol{\alpha}_2,\cdots,\boldsymbol{\alpha}_m$线性相关.（　　）

2．若向量组$\boldsymbol{U}$线性相关，那么$\boldsymbol{U}$的任意一个部分组都线性相关.（　　）

3．如果向量组$\boldsymbol{\alpha}_1,\boldsymbol{\alpha}_2,\cdots,\boldsymbol{\alpha}_m$线性相关，则它的秩小于$m$，反过来也对.（　　）

4．向量组$\boldsymbol{\alpha}_1=(1,0,3,0)$，$\boldsymbol{\alpha}_2=(4,2,1,5)$，$\boldsymbol{\alpha}_3=(0,0,2,1)$的一个极大线性无关组为$\boldsymbol{\alpha}_1,\boldsymbol{\alpha}_2$.（　　）

5．如果n阶方阵$\boldsymbol{A}$的行列式不等于零，则$\boldsymbol{A}$的行向量组线性相关.（　　）

二、填空题.

1．单个向量$\boldsymbol{\alpha}$线性无关的充分必要条件是________.

2．向量组 $\boldsymbol{\alpha}_1=\begin{pmatrix}1\\2\\3\end{pmatrix},\boldsymbol{\alpha}_2=\begin{pmatrix}2\\4\\5\end{pmatrix},\boldsymbol{\alpha}_3=\begin{pmatrix}0\\0\\6\end{pmatrix}$ 的秩=________.

3．设 $\boldsymbol{\alpha}_1,\boldsymbol{\alpha}_2,\cdots,\boldsymbol{\alpha}_m$ 为 n 维向量组，且 $R(\boldsymbol{\alpha}_1,\boldsymbol{\alpha}_2,\cdots,\boldsymbol{\alpha}_m)=n$，则 n____m.

4．若向量组 $\boldsymbol{U}$ 与向量组 $\begin{pmatrix}1\\2\\3\\4\end{pmatrix},\begin{pmatrix}2\\3\\4\\5\end{pmatrix},\begin{pmatrix}0\\0\\1\\2\end{pmatrix}$ 等价，则 $\boldsymbol{U}$ 的秩=________.

5．若向量组 $\boldsymbol{\alpha}_1=\begin{pmatrix}1\\t+1\\0\end{pmatrix},\boldsymbol{\alpha}_2=\begin{pmatrix}1\\2\\0\end{pmatrix},\boldsymbol{\alpha}_3=\begin{pmatrix}0\\0\\t^2+1\end{pmatrix}$ 线性相关，则 $t=$______.

6．若 $\boldsymbol{\alpha}_1,\boldsymbol{\alpha}_2$ 线性无关，而 $\boldsymbol{\alpha}_1,\boldsymbol{\alpha}_2,\boldsymbol{\alpha}_3$ 线性相关，则向量组 $\boldsymbol{\alpha}_1,2\boldsymbol{\alpha}_2,3\boldsymbol{\alpha}_3$ 的最大无关组为________.

7．若 $\boldsymbol{\alpha}_1,\boldsymbol{\alpha}_2$ 都是齐次线性方程组 $\boldsymbol{AX}=\boldsymbol{0}$ 的解向量，则 $\boldsymbol{A}(3\boldsymbol{\alpha}_1-4\boldsymbol{\alpha}_2)=$________.

8．在一个齐次线性方程组中共有 n_1 个线性方程、n_2 个未知量，其系数矩阵的秩为 n_3，若它有非零解，则它的基础解系所含解的个数为________.

三、单项选择题.

1．已知 $5\begin{pmatrix}1\\0\\-1\end{pmatrix}-3\boldsymbol{\alpha}-\begin{pmatrix}1\\0\\2\end{pmatrix}=\begin{pmatrix}2\\-3\\-1\end{pmatrix}$，则 $\boldsymbol{\alpha}=$（　　）.

A．$\begin{pmatrix}\frac{2}{3}\\1\\-2\end{pmatrix}$　　B．$\begin{pmatrix}-\frac{2}{3}\\1\\-2\end{pmatrix}$　　C．$\begin{pmatrix}1\\\frac{2}{3}\\-2\end{pmatrix}$　　D．$\begin{pmatrix}1\\1\\-\frac{2}{3}\end{pmatrix}$

2．若向量组中含有零向量，则此向量组（　　）.

A．线性相关　　B．线性无关

C．线性相关或线性无关　　D．不一定

3．向量组 $\boldsymbol{\alpha}_1,\boldsymbol{\alpha}_2,\cdots,\boldsymbol{\alpha}_m$ 线性相关的充分必要条件是（　　）.

A．$\boldsymbol{\alpha}_1,\boldsymbol{\alpha}_2,\cdots,\boldsymbol{\alpha}_m$ 中每个向量都可由组中其余向量线性表示

B．$\boldsymbol{\alpha}_1,\boldsymbol{\alpha}_2,\cdots,\boldsymbol{\alpha}_m$ 中至少有一个向量可由组中其余向量线性表示

C．$\boldsymbol{\alpha}_1,\boldsymbol{\alpha}_2,\cdots,\boldsymbol{\alpha}_m$ 中只有一个向量可由组中其余向量线性表示

D．$\boldsymbol{\alpha}_1,\boldsymbol{\alpha}_2,\cdots,\boldsymbol{\alpha}_m$ 中不包含零向量

4．向量组 $\boldsymbol{\alpha}_1,\boldsymbol{\alpha}_2,\cdots,\boldsymbol{\alpha}_m$ 线性无关的充分必要条件是（　　）.

A．若 $k_1\boldsymbol{\alpha}_1+k_2\boldsymbol{\alpha}_2+\cdots+k_m\boldsymbol{\alpha}_m=\boldsymbol{0}$，则 $k_1,k_2,\cdots,k_m$ 全为零

B．存在不全为零的数 $k_1,k_2,\cdots,k_m$，使 $k_1\boldsymbol{\alpha}_1+k_2\boldsymbol{\alpha}_2+\cdots+k_m\boldsymbol{\alpha}_m\neq\boldsymbol{0}$

C．存在全不为零的数 $k_1,k_2,\cdots,k_m$，使 $k_1\boldsymbol{\alpha}_1+k_2\boldsymbol{\alpha}_2+\cdots+k_m\boldsymbol{\alpha}_m\neq\boldsymbol{0}$

D．向量组$\alpha_1,\alpha_2,\cdots,\alpha_m$的秩小于$m$

5．设$\alpha_1,\alpha_2,\alpha_3$是方程组$Ax=0$的基础解系，则下列向量组中也可作为$Ax=0$的基础解系的是（　　）.

A．$\alpha_1+\alpha_2,\alpha_2+\alpha_3,\alpha_3-\alpha_1$

B．$\alpha_1+\alpha_2,\alpha_2+\alpha_3,\alpha_1+2\alpha_2+\alpha_3$

C．$\alpha_1,\alpha_1+\alpha_2,\alpha_1-\alpha_2$

D．$\alpha_1+\alpha_2,\alpha_1-\alpha_2,\alpha_3$

6．设向量组$\alpha_1,\alpha_2,\cdots,\alpha_m$的秩为$r(r<m)$，则有（　　）.

A．$\alpha_1,\alpha_2,\cdots,\alpha_m$中任意$r$个向量都线性无关

B．$\alpha_1,\alpha_2,\cdots,\alpha_m$中任意$r$个向量都线性相关

C．$\alpha_1,\alpha_2,\cdots,\alpha_m$中任意$r+1$个向量一定线性相关

D．$\alpha_1,\alpha_2,\cdots,\alpha_m$中可能有$r+1$个向量线性无关

7．设向量组（Ⅰ）：$\alpha_1,\alpha_2,\alpha_3$与向量组（Ⅱ）：$\beta_1,\beta_2$等价，则必有（　　）.

A．向量组（Ⅰ）线性相关

B．向量组（Ⅱ）线性无关

C．向量组（Ⅰ）的秩大于向量组（Ⅱ）的秩

D．α_3不能由α_1,β_1,β_2线性表示.

8．n元齐次线性方程组$Ax=0$存在非零解的充分必要条件是（　　）.

A．A的列线性无关　　　　B．A的行线性无关

C．A的列线性相关　　　　D．A的行线性相关

9．设A为m行n列矩阵，非齐次线性方程组$AX=B$，下列命题正确的是（　　）.

A．若$AX=0$只有零解，那么$AX=B$有唯一解

B．若$AX=0$有非零解，那么$AX=B$有无数个解

C．若$AX=B$有无数个解，那么$AX=0$有唯一解

D．若$AX=B$有无数个解，那么$AX=0$有非零解

10．设A为m行n列矩阵，$r(A)=r(r<n)$，则下列结论中不正确的是（　　）.

A．非齐次线性方程组$AX=B$一定有无穷多个解

B．齐次线性方程组$AX=0$有基础解系，且基础解系中含有n-r个线性无关的解

C．非齐次线性方程组$AX=B$可能无解

D．设C为n阶方阵，若$AC=0$，那么$r(C)\leq n-r$

四、计算题.

1．设向量组

$$\alpha_1=\begin{pmatrix}1\\2\\0\end{pmatrix},\alpha_2=\begin{pmatrix}-1\\0\\1\end{pmatrix},\alpha_3=\begin{pmatrix}-1\\2\\2\end{pmatrix}$$

求常数 k_1,k_2,k_3 使 $k_1\boldsymbol{\alpha}_1+k_2\boldsymbol{\alpha}_2+k_3\boldsymbol{\alpha}_3=\mathbf{0}$.

2．求齐次线性方程组 $\begin{cases}2x_1+x_2-x_3-x_4+x_5=0\\x_1-x_2+x_3+x_4-2x_5=0\\3x_1+3x_2-3x_3-3x_4+4x_5=0\\4x_1+5x_2-5x_3-5x_4+7x_5=0\end{cases}$ 的基础解系和通解.

3．求下列向量组的秩及一个极大线性无关组，并用该极大线性无关组表出组中的其余向量.

$$\boldsymbol{\alpha}_1=\begin{pmatrix}1\\2\\3\\-1\end{pmatrix},\boldsymbol{\alpha}_2=\begin{pmatrix}3\\2\\1\\-1\end{pmatrix},\boldsymbol{\alpha}_3=\begin{pmatrix}2\\3\\1\\1\end{pmatrix},\boldsymbol{\alpha}_4=\begin{pmatrix}2\\2\\2\\-1\end{pmatrix}$$

4．若方程组 $\begin{pmatrix}1&2&-2\\3&1&-1\\2&-1&\lambda\end{pmatrix}\begin{pmatrix}x_1\\x_2\\x_3\end{pmatrix}=\begin{pmatrix}0\\0\\0\end{pmatrix}$ 存在基础解系，求常数 λ 的值，并指出基础解系含几个向量.

5．当 a,b 为何值时，方程组 $\begin{cases}x_1+x_2+2x_3=1\\x_1+x_3=2\\5x_1+3x_2+(a+8)x_3=b+7\end{cases}$ 无解、有唯一解、有无穷多个解？在有无穷多个解时，求出方程组的通解.

五、证明题.

1．设向量组 $\boldsymbol{\alpha}_1,\boldsymbol{\alpha}_2,\boldsymbol{\alpha}_3$ 线性无关，证明向量组

$$\boldsymbol{\beta}_1=\boldsymbol{\alpha}_1+2\boldsymbol{\alpha}_2+3\boldsymbol{\alpha}_3,\ \boldsymbol{\beta}_2=2\boldsymbol{\alpha}_1+3\boldsymbol{\alpha}_2+4\boldsymbol{\alpha}_3\ ,\boldsymbol{\beta}_3=4\boldsymbol{\alpha}_3$$

也线性无关.

2．若 $\boldsymbol{\alpha}_0,\boldsymbol{\alpha}_1,\cdots,\boldsymbol{\alpha}_t$ 是非齐次线性方程组 $\boldsymbol{Ax}=\boldsymbol{b}$ 的线性无关的解．证明

$$\boldsymbol{\alpha}_1-\boldsymbol{\alpha}_0,\boldsymbol{\alpha}_2-\boldsymbol{\alpha}_0,\cdots,\boldsymbol{\alpha}_t-\boldsymbol{\alpha}_0$$

是方程组 $\boldsymbol{Ax}=\mathbf{0}$ 的线性无关的解.

第 5 章　矩阵的特征值和特征向量

矩阵的特征值、特征向量和相似标准形的理论是矩阵理论的重要组成部分，在许多科学技术领域和数量经济分析等各领域也有广泛的应用，本章主要介绍特征值和特征向量的定义、性质、求法，相似矩阵的概念和性质，矩阵的相似对角化等.

5.1　矩阵的特征值和特征向量

一、特征值、特征向量的基本概念

定义1　设 $\boldsymbol{A}=(a_{ij})$ 是一个 n 阶方阵，如果存在数 λ_0 与非零 n 维向量 $\boldsymbol{\alpha}$ 使得

$$\boldsymbol{A\alpha}=\lambda_0\boldsymbol{\alpha} \tag{5.1}$$

或

$$(\lambda_0\boldsymbol{E}-\boldsymbol{A})\boldsymbol{\alpha}=\boldsymbol{0} \tag{5.2}$$

则称 λ_0 为方阵 $\boldsymbol{A}$ 的一个特征值，称非零向量 $\boldsymbol{\alpha}$ 为方阵 $\boldsymbol{A}$ 的属于特征值 λ_0 的特征向量.
关于特征向量，要特别注意它是非零向量.

例如，$\boldsymbol{A}=\begin{pmatrix}3 & 1\\ 5 & -1\end{pmatrix}$，$\lambda_0=-2$，$\boldsymbol{\alpha}=\begin{pmatrix}1\\ -5\end{pmatrix}$.

$$\boldsymbol{A\alpha}=\begin{pmatrix}3 & 1\\ 5 & -1\end{pmatrix}\begin{pmatrix}1\\ -5\end{pmatrix}=-2\begin{pmatrix}1\\ -5\end{pmatrix}=\lambda_0\boldsymbol{\alpha}$$

$\lambda_0=-2$ 为方阵 $\boldsymbol{A}$ 的一个特征值，$\boldsymbol{\alpha}=\begin{pmatrix}1\\ -5\end{pmatrix}$ 为 $\boldsymbol{A}$ 的属于 $\lambda_0=-2$ 的特征向量.

例1　设 $\boldsymbol{A}=\begin{pmatrix}2 & -1 & 2\\ 5 & a & 3\\ -1 & b & -2\end{pmatrix}$ 的一个特征向量为 $\boldsymbol{\xi}=\begin{pmatrix}1\\ 1\\ -1\end{pmatrix}$，求数 a,b 及特征向量 $\boldsymbol{\xi}$ 所对应的特征值 λ.

解： 则由定义1可知 $\boldsymbol{A\xi}=\lambda\boldsymbol{\xi}$，即

$$\begin{pmatrix}2 & -1 & 2\\ 5 & a & 3\\ -1 & b & -2\end{pmatrix}\begin{pmatrix}1\\ 1\\ -1\end{pmatrix}=\lambda\begin{pmatrix}1\\ 1\\ -1\end{pmatrix}$$

于是

$$\begin{pmatrix}-1\\ a+2\\ b+1\end{pmatrix}=\begin{pmatrix}\lambda\\ \lambda\\ -\lambda\end{pmatrix}$$

解得
$$\begin{cases}\lambda=-1\\ a=-3\\ b=0\end{cases}$$

由定义1不难推出以下结论：

（1）如果 $\boldsymbol{\alpha}$ 为方阵 $\boldsymbol{A}$ 的属于特征值 λ_0 的一个特征向量，则对于任意非零常数 k，$k\boldsymbol{\alpha}$ 也是 $\boldsymbol{A}$ 的属于特征值 λ_0 的特征向量.

事实上，由式（5.1）可得

$$\boldsymbol{A}(k\boldsymbol{\alpha})=k(\boldsymbol{A}\boldsymbol{\alpha})=k(\lambda_0\boldsymbol{\alpha})=\lambda_0(k\boldsymbol{\alpha})$$

（2）如果 $\boldsymbol{\alpha}_1,\boldsymbol{\alpha}_2$ 是方阵 $\boldsymbol{A}$ 的属于特征值 λ_0 的两个特征向量，且 $\boldsymbol{\alpha}_1+\boldsymbol{\alpha}_2\neq 0$，则 $\boldsymbol{\alpha}_1+\boldsymbol{\alpha}_2$ 也是 $\boldsymbol{A}$ 的属于特征值 λ_0 的特征向量.

事实上，由式（5.1）可得

$$\boldsymbol{A}(\boldsymbol{\alpha}_1+\boldsymbol{\alpha}_2)=\boldsymbol{A}\boldsymbol{\alpha}_1+\boldsymbol{A}\boldsymbol{\alpha}_2=\lambda_0\boldsymbol{\alpha}_1+\lambda_0\boldsymbol{\alpha}_2=\lambda_0(\boldsymbol{\alpha}_1+\boldsymbol{\alpha}_2)$$

由定义即知非零列向量 $\boldsymbol{\alpha}_1+\boldsymbol{\alpha}_2$ 是属于特征值 λ_0 的特征向量.

综合（1）和（2）可知，属于特征值 λ_0 的若干特征向量 $\boldsymbol{\alpha}_1,\boldsymbol{\alpha}_2,\cdots,\boldsymbol{\alpha}_m$ 的任意一个非零线性组合

$$k_1\boldsymbol{\alpha}_1+k_2\boldsymbol{\alpha}_2+\cdots+k_m\boldsymbol{\alpha}_m=\boldsymbol{\alpha}\neq\boldsymbol{0}$$

也是 $\boldsymbol{A}$ 的属于特征值 λ_0 的特征向量（其中 $k_1,k_2,\cdots,k_m$ 为常数）.

二、特征值、特征向量的求法

要研究特征值、特征向量的求法，先引入下面定义：

定义2　设 $\boldsymbol{A}=(a_{ij})$ 为 n 阶矩阵，矩阵 $\lambda\boldsymbol{E}-\boldsymbol{A}$ 称为 $\boldsymbol{A}$ 的特征矩阵．其行列式

$$|\lambda\boldsymbol{E}-\boldsymbol{A}|=\begin{vmatrix}\lambda-a_{11} & -a_{12} & \cdots & -a_{1n}\\ -a_{21} & \lambda-a_{22} & \cdots & -a_{2n}\\ \vdots & \vdots & & \vdots\\ -a_{n1} & -a_{n2} & \cdots & \lambda-a_{nn}\end{vmatrix}$$

称为 $\boldsymbol{A}$ 的特征多项式，记作 $f(\lambda)$．$|\lambda\boldsymbol{E}-\boldsymbol{A}|=0$ 称为 $\boldsymbol{A}$ 的特征方程.

下面由定义来讨论矩阵 $\boldsymbol{A}$ 的特征值和特征向量的求法.

由式（5.2）

$$(\lambda_0\boldsymbol{E}-\boldsymbol{A})\boldsymbol{\alpha}=\boldsymbol{0}$$

易知属于特征值 λ_0 的特征向量 $\boldsymbol{\alpha}$ 是齐次线性方程组

$$(\lambda_0\boldsymbol{E}-\boldsymbol{A})\boldsymbol{x}=\boldsymbol{0}\tag{5.3}$$

的非零解向量．反之，齐次线性方程组（5.3）的任一非零解向量 $\boldsymbol{\alpha}$，都是 $\boldsymbol{A}$ 的属于特征值 λ_0 的特征向量.

由齐次线性方程组有非零解的充分必要条件，可知方程组（5.3）的系数行列式为

$$|\lambda_0 \boldsymbol{E} - \boldsymbol{A}| = 0$$

这说明矩阵 $\boldsymbol{A}$ 的特征值 λ_0 是 $\boldsymbol{A}$ 的特征方程 $|\lambda_0 \boldsymbol{E} - \boldsymbol{A}| = 0$ 的根.

根据上面的分析，立刻可以得到以下定理.

定理1 设 $\boldsymbol{A} = (a_{ij})$ 为 n 阶矩阵，则 λ_0 是 $\boldsymbol{A}$ 的特征值，$\boldsymbol{\alpha}$ 是 $\boldsymbol{A}$ 的属于 λ_0 的特征向量的充分必要条件是：λ_0 为特征方程 $|\lambda_0 \boldsymbol{E} - \boldsymbol{A}| = 0$ 的根，$\boldsymbol{\alpha}$ 是相应的齐次线性方程组 $(\lambda_0 \boldsymbol{E} - \boldsymbol{A})\boldsymbol{x} = \boldsymbol{0}$ 的非零解.

利用定理1，可以得到求 n 阶方阵 $\boldsymbol{A}$ 的全部特征值和特征向量的方法：

（1）计算特征多项式 $f(\lambda) = |\lambda \boldsymbol{E} - \boldsymbol{A}|$；

（2）求特征方程 $|\lambda \boldsymbol{E} - \boldsymbol{A}| = 0$ 全部的根，即求得矩阵 $\boldsymbol{A}$ 的全部不同的特征值 $\lambda_1, \lambda_2, \cdots, \lambda_t$；

（3）对于 $\boldsymbol{A}$ 的每一个特征值 λ_i，求对应的齐次线性方程组 $(\lambda_i \boldsymbol{E} - \boldsymbol{A})\boldsymbol{x} = \boldsymbol{0}$ 的非零解即为属于 λ_i 的特征向量. 因此先求它的一个基础解系 $\boldsymbol{\xi}_1, \boldsymbol{\xi}_2, \cdots, \boldsymbol{\xi}_{n-r}$（其中 r 为矩阵 $\lambda_i \boldsymbol{E} - \boldsymbol{A}$ 的秩），则 $\boldsymbol{A}$ 的属于的 λ_i 全部特征向量为

$$k_1 \boldsymbol{\xi}_1 + k_2 \boldsymbol{\xi}_2 + \cdots + k_{n-r} \boldsymbol{\xi}_{n-r}$$

其中 $k_1, k_2, \cdots, k_{n-r}$ 为不全为零的常数.

例2 求矩阵

$$\boldsymbol{A} = \begin{pmatrix} -2 & 1 & 1 \\ 0 & 2 & 0 \\ -4 & 1 & 3 \end{pmatrix}$$

的特征值与特征向量.

解： 矩阵 $\boldsymbol{A}$ 的特征多项式为：

$$f(\lambda) = |\lambda \boldsymbol{E} - \boldsymbol{A}| = \begin{vmatrix} \lambda + 2 & -1 & -1 \\ 0 & \lambda - 2 & 0 \\ 4 & -1 & \lambda - 3 \end{vmatrix} = (\lambda - 2)^2 (\lambda + 1)$$

由 $|\lambda \boldsymbol{E} - \boldsymbol{A}| = 0$ 可得 $\boldsymbol{A}$ 的特征值 $\lambda_1 = \lambda_2 = 2, \lambda_3 = -1$.

对于特征值 $\lambda_1 = \lambda_2 = 2$，解齐次线性方程组 $(2\boldsymbol{E} - \boldsymbol{A})\boldsymbol{x} = \boldsymbol{0}$，即

$$\begin{pmatrix} 4 & -1 & -1 \\ 0 & 0 & 0 \\ 4 & -1 & -1 \end{pmatrix} \begin{pmatrix} x_1 \\ x_2 \\ x_3 \end{pmatrix} = \begin{pmatrix} 0 \\ 0 \\ 0 \end{pmatrix}$$

解得方程组的基础解系 $\boldsymbol{\alpha}_1 = (1, 0, 4)^{\mathrm{T}}$，$\boldsymbol{\alpha}_2 = (0, 1, -1)^{\mathrm{T}}$.

于是 $\boldsymbol{A}$ 的属于特征值2的全部特征向量为 $c_1 \boldsymbol{\alpha}_1 + c_2 \boldsymbol{\alpha}_2$（$c_1, c_2$ 为不全等于零的常数）.

对于特征值 $\lambda_3 = -1$，解齐次线性方程组 $(-\boldsymbol{E} - \boldsymbol{A})\boldsymbol{x} = \boldsymbol{0}$，即

$$\begin{pmatrix} 1 & -1 & -1 \\ 0 & -3 & 0 \\ 4 & -1 & -4 \end{pmatrix}\begin{pmatrix} x_1 \\ x_2 \\ x_3 \end{pmatrix}=\begin{pmatrix} 0 \\ 0 \\ 0 \end{pmatrix}$$

解得方程组的基础解系 $\boldsymbol{\alpha}_3=(1,0,1)^{\mathrm{T}}$.

于是 $\boldsymbol{A}$ 的属于特征值-1的全部特征向量为 $c_3\boldsymbol{\alpha}_3$ ($c_3 \neq 0$).

例3　求矩阵

$$\boldsymbol{A}=\begin{pmatrix} 4 & 2 & -5 \\ 6 & 4 & -9 \\ 5 & 3 & -7 \end{pmatrix}$$

的特征值与特征向量.

解：矩阵 $\boldsymbol{A}$ 的特征多项式为

$$f(\lambda)=|\lambda\boldsymbol{E}-\boldsymbol{A}|=\begin{vmatrix} \lambda-4 & -2 & 5 \\ -6 & \lambda-4 & 9 \\ -5 & -3 & \lambda+7 \end{vmatrix}=\lambda^2(\lambda-1)$$

由 $|\lambda\boldsymbol{E}-\boldsymbol{A}|=0$ 可得 $\boldsymbol{A}$ 的特征值 $\lambda_1=\lambda_2=0, \lambda_3=1$.

对于特征值 $\lambda_1=\lambda_2=0$，解齐次线性方程组 $-\boldsymbol{A}\boldsymbol{x}=\boldsymbol{0}$，即

$$\begin{pmatrix} -4 & -2 & 5 \\ -6 & -4 & 9 \\ -5 & -3 & 7 \end{pmatrix}\begin{pmatrix} x_1 \\ x_2 \\ x_3 \end{pmatrix}=\begin{pmatrix} 0 \\ 0 \\ 0 \end{pmatrix}$$

解得方程组 $-\boldsymbol{A}\boldsymbol{x}=\boldsymbol{0}$ 的基础解系 $\boldsymbol{\alpha}_1=\begin{pmatrix} 1 \\ 3 \\ 2 \end{pmatrix}$.

属于特征值0的全部特征向量为 $k_1\boldsymbol{\alpha}_1(k_1 \neq 0)$.

对于特征值 $\lambda_3=1$，解齐次线性方程组 $(\boldsymbol{E}-\boldsymbol{A})\boldsymbol{x}=\boldsymbol{0}$，即

$$\begin{pmatrix} -3 & -2 & 5 \\ -6 & -3 & 9 \\ -5 & -3 & 8 \end{pmatrix}\begin{pmatrix} x_1 \\ x_2 \\ x_3 \end{pmatrix}=\begin{pmatrix} 0 \\ 0 \\ 0 \end{pmatrix}$$

解得方程组 $(\boldsymbol{E}-\boldsymbol{A})\boldsymbol{x}=\boldsymbol{0}$ 的基础解系 $\boldsymbol{\alpha}_2=\begin{pmatrix} 1 \\ 1 \\ 1 \end{pmatrix}$.

属于特征值1的全部特征向量为 $k_2\boldsymbol{\alpha}_2$（$k_2 \neq 0$）.

例4　求矩阵

$$A=\begin{pmatrix}1&2&3\\2&1&3\\3&3&6\end{pmatrix}$$

的特征值与特征向量.

解： 矩阵 A 的特征多项式为

$$f(\lambda)=|\lambda E-A|=\begin{vmatrix}\lambda-1&-2&-3\\-2&\lambda-1&-3\\-3&-3&\lambda-6\end{vmatrix}=\lambda(\lambda+1)(\lambda-9)$$

由 $|\lambda E-A|=0$ 可得 A 的特征值 $\lambda_1=0,\lambda_2=-1,\lambda_3=9$.

对于特征值 $\lambda_1=0$，解齐次线性方程组 $-Ax=\mathbf{0}$，即

$$\begin{pmatrix}-1&-2&-3\\-2&-1&-3\\-3&-3&-6\end{pmatrix}\begin{pmatrix}x_1\\x_2\\x_3\end{pmatrix}=\begin{pmatrix}0\\0\\0\end{pmatrix}$$

解得方程组 $-Ax=\mathbf{0}$ 的基础解系 $\boldsymbol{\alpha}_1=\begin{pmatrix}-1\\-1\\1\end{pmatrix}$.

故属于特征值 $\lambda_1=0$ 的全部特征值向量为 $k_1\boldsymbol{\alpha}_1(k_1\neq0)$.

对于特征值 $\lambda_2=-1$，解齐次线性方程组 $(E+A)x=\mathbf{0}$，即

$$\begin{pmatrix}2&2&3\\2&2&3\\3&3&7\end{pmatrix}\begin{pmatrix}x_1\\x_2\\x_3\end{pmatrix}=\begin{pmatrix}0\\0\\0\end{pmatrix}$$

解得方程组 $(E+A)x=\mathbf{0}$ 的基础解系 $\boldsymbol{\alpha}_2=\begin{pmatrix}-1\\1\\0\end{pmatrix}$.

故属于特征值 $\lambda_2=-1$ 的全部特征向量为 $k_2\boldsymbol{\alpha}_2(k_2\neq0)$.

对于特征值 $\lambda_3=9$，解齐次线性方程组 $(9E-A)x=\mathbf{0}$，即

$$\begin{pmatrix}8&-2&-3\\-2&8&-3\\-3&-3&3\end{pmatrix}\begin{pmatrix}x_1\\x_2\\x_3\end{pmatrix}=\begin{pmatrix}0\\0\\0\end{pmatrix}$$

解得方程组 $(9E-A)x=\mathbf{0}$ 基础解系 $\boldsymbol{\alpha}_3=\begin{pmatrix}\frac{1}{2}\\\frac{1}{2}\\1\end{pmatrix}$.

故属于特征值 $\lambda_3=9$ 的全部特征向量为 $k_3\boldsymbol{\alpha}_3(k_3\neq0)$.

三、特征值和特征向量的性质

性质1　设 $\boldsymbol{A}$ 为 n 阶方阵，λ 为 $\boldsymbol{A}$ 的特征值，则有：

（1）$k\lambda$ 为 $k\boldsymbol{A}$ 的特征值；

（2）λ^n 为 $\boldsymbol{A}^n$ 的特征值；

（3）$\boldsymbol{A}$ 与 $\boldsymbol{A}^{\mathrm{T}}$ 有相同的特征值；

（4）如果 $\boldsymbol{A}$ 可逆，那么 $\lambda \neq 0$ 且 $\dfrac{1}{\lambda}$ 为 $\boldsymbol{A}^{-1}$ 的特征值.

证明：（1）和（2）由特征值和特征向量的定义很容易证明，下面证明（3）和（4）.

由于

$$\left|\lambda\boldsymbol{E}-\boldsymbol{A}\right| = \left|(\lambda\boldsymbol{E}-\boldsymbol{A})^{\mathrm{T}}\right| = \left|\lambda\boldsymbol{E}-\boldsymbol{A}^{\mathrm{T}}\right|$$

所以 $\boldsymbol{A}$ 与 $\boldsymbol{A}^{\mathrm{T}}$ 有相同的特征多项式，从而有相同的特征值，（3）的证明完毕.

若 n 阶方阵 $\boldsymbol{A}$ 可逆，则 $|\boldsymbol{A}| \neq 0$，从而

$$\left|0\boldsymbol{E}-\boldsymbol{A}\right| = \left|-\boldsymbol{A}\right| = (-1)^n\left|\boldsymbol{A}\right| \neq 0$$

即0不是 $\boldsymbol{A}$ 的特征值，即可逆矩阵 $\boldsymbol{A}$ 的特征值都不等于零. 设 λ 为 $\boldsymbol{A}$ 的特征值，$\boldsymbol{\alpha}$ 为 $\boldsymbol{A}$ 的属于 λ 的特征向量，即 $\boldsymbol{A\alpha}=\lambda\boldsymbol{\alpha}$，两边同时左乘 $\boldsymbol{A}^{-1}$ 得 $\boldsymbol{\alpha}=\lambda\boldsymbol{A}^{-1}\boldsymbol{\alpha}$，从而 $A^{-1}\boldsymbol{\alpha}=\dfrac{1}{\lambda}\boldsymbol{\alpha}$，所以 $\dfrac{1}{\lambda}$ 为 $\boldsymbol{A}^{-1}$ 的特征值.（4）的证明完毕.

对于n阶方阵 $A=\left(a_{ij}\right)$，其特征多项式

$$f(\lambda)=\left|\lambda\boldsymbol{E}-\boldsymbol{A}\right|=\begin{vmatrix} \lambda-a_{11} & -a_{12} & \cdots & -a_{1n} \\ -a_{21} & \lambda-a_{22} & \cdots & -a_{2n} \\ \vdots & \vdots & & \vdots \\ -a_{n1} & -a_{n2} & \cdots & \lambda-a_{nn} \end{vmatrix} \tag{5.4}$$

是一个关于 λ 的 n 次多项式. 根据 n 阶行列式的定义

$$f(\lambda)=\lambda^n-\left(a_{11}+a_{22}+\cdots+a_{nn}\right)\lambda^{n-1}+\cdots(-1)^n\left|\boldsymbol{A}\right| \tag{5.5}$$

设 $\lambda_1,\lambda_2,\cdots,\lambda_n$ 是矩阵 $\boldsymbol{A}$ 的全部特征值，那么利用代数方程的根与系数的关系有

$$\begin{aligned} f(\lambda) &= \left(\lambda-\lambda_1\right)\left(\lambda-\lambda_2\right)\cdots\left(\lambda-\lambda_n\right) \\ &= \lambda^n-\left(\lambda_1+\lambda_2+\cdots+\lambda_n\right)\lambda^{n-1}+\cdots+\left(-1\right)^n\lambda_1\lambda_2\cdots\lambda_n \end{aligned} \tag{5.6}$$

对比式（5.5）和（5.6）有

$$\lambda_1+\lambda_2+\cdots+\lambda_n=a_{11}+a_{22}+\cdots+a_{nn}$$
$$\lambda_1\lambda_2\cdots\lambda_n=\left|\boldsymbol{A}\right|$$

由此得到下面性质.

性质2 设$\lambda_1,\lambda_2,\cdots,\lambda_n$是矩阵$\boldsymbol{A}$的全部特征值，那么

（1）$\lambda_1+\lambda_2+\cdots+\lambda_n=a_{11}+a_{22}+\cdots+a_{nn}=\sum_{i=1}^{n}a_{ii}$.

（2）$\lambda_1\lambda_2\cdots\lambda_n=|\boldsymbol{A}|$.

n阶方阵$\boldsymbol{A}=(a_{ij})$主对角线的元素之和$\sum_{i=1}^{n}a_{ii}$称为矩阵$\boldsymbol{A}$的迹，记作$tr\boldsymbol{A}$.

例如，对二阶方阵$\boldsymbol{A}=(a_{ij})$，$\boldsymbol{A}$的特征多项式为

$$f(\lambda)=|\lambda\boldsymbol{E}-\boldsymbol{A}|=\begin{vmatrix}\lambda-a_{11} & -a_{12}\\ -a_{21} & \lambda-a_{22}\end{vmatrix}=\lambda^2-(a_{11}+a_{22})\lambda+(a_{11}a_{22}-a_{12}a_{22})$$

如果$\boldsymbol{A}$的特征值是λ_1和λ_2，则有

$$\lambda_1+\lambda_2=a_{11}+a_{22}=tr\boldsymbol{A}\text{，}\lambda_1\lambda_2=a_{11}a_{22}-a_{12}a_{21}=|\boldsymbol{A}|$$

5.2 相似矩阵

对角矩阵是最简单的一类矩阵. 对于任一n阶方阵$\boldsymbol{A}$，是否可将$\boldsymbol{A}$和一个对角矩阵联系起来，并保持$\boldsymbol{A}$的许多原有性质，在理论和应用方面都具有重要意义.

一、相似矩阵及其性质

定义3 $\boldsymbol{A}$、$\boldsymbol{B}$均为n阶矩阵. 如果存在一个n阶可逆矩阵$\boldsymbol{P}$，使得

$$\boldsymbol{P}^{-1}\boldsymbol{A}\boldsymbol{P}=\boldsymbol{B} \tag{5.7}$$

则称矩阵$\boldsymbol{A}$与$\boldsymbol{B}$相似，记作$\boldsymbol{A}\sim\boldsymbol{B}$.

例如，$\boldsymbol{A}=\begin{pmatrix}2 & 1\\ -1 & 0\end{pmatrix}$，$\boldsymbol{B}=\begin{pmatrix}1 & 1\\ 0 & 1\end{pmatrix}$，$\boldsymbol{P}=\begin{pmatrix}1 & -1\\ -1 & 2\end{pmatrix}$.

$$\boldsymbol{P}^{-1}\boldsymbol{A}\boldsymbol{P}=\begin{pmatrix}1 & -1\\ -1 & 2\end{pmatrix}^{-1}\begin{pmatrix}2 & 1\\ -1 & 0\end{pmatrix}\begin{pmatrix}1 & -1\\ -1 & 2\end{pmatrix}=\begin{pmatrix}2 & 1\\ 1 & 1\end{pmatrix}\begin{pmatrix}2 & 1\\ -1 & 0\end{pmatrix}\begin{pmatrix}1 & -1\\ -1 & 2\end{pmatrix}=\begin{pmatrix}1 & 1\\ 0 & 1\end{pmatrix}=\boldsymbol{B}$$

所以$\boldsymbol{A}\sim\boldsymbol{B}$.

由相似矩阵的定义可知，矩阵的相似关系具有以下简单性质.

（1）反身性：$\boldsymbol{A}\sim\boldsymbol{A}$.因为$\boldsymbol{E}^{-1}\boldsymbol{A}\boldsymbol{E}=\boldsymbol{A}$.

（2）对称性：若$\boldsymbol{A}\sim\boldsymbol{B}$，则$\boldsymbol{B}\sim\boldsymbol{A}$.

因为如果有$\boldsymbol{P}^{-1}\boldsymbol{A}\boldsymbol{P}=\boldsymbol{B}$，那么$\boldsymbol{A}=\boldsymbol{P}\boldsymbol{B}\boldsymbol{P}^{-1}=(\boldsymbol{P}^{-1})^{-1}\boldsymbol{B}\boldsymbol{P}^{-1}$.

（3）传递性：若$\boldsymbol{A}\sim\boldsymbol{B},\boldsymbol{B}\sim\boldsymbol{C}$，则$\boldsymbol{A}\sim\boldsymbol{C}$.

由于$\boldsymbol{A}\sim\boldsymbol{B},\boldsymbol{B}\sim\boldsymbol{C}$，必存在$n$阶可逆矩阵$\boldsymbol{P},\boldsymbol{Q}$,使得$\boldsymbol{P}^{-1}\boldsymbol{A}\boldsymbol{P}=\boldsymbol{B}$, $\boldsymbol{Q}^{-1}\boldsymbol{B}\boldsymbol{Q}=\boldsymbol{C}$.

于是有$\boldsymbol{C}=\boldsymbol{Q}^{-1}\boldsymbol{B}\boldsymbol{Q}=\boldsymbol{Q}^{-1}(\boldsymbol{P}^{-1}\boldsymbol{A}\boldsymbol{P})\boldsymbol{Q}=(\boldsymbol{Q}^{-1}\boldsymbol{P}^{-1})\boldsymbol{A}(\boldsymbol{P}\boldsymbol{Q})=(\boldsymbol{P}\boldsymbol{Q})^{-1}\boldsymbol{A}(\boldsymbol{P}\boldsymbol{Q})$，所以$\boldsymbol{A}\sim\boldsymbol{C}$.

相似矩阵还有下述重要性质.

性质1　若 $\boldsymbol{A} \sim \boldsymbol{B}$，则 $\boldsymbol{A}$ 、$\boldsymbol{B}$ 具有相同的特征值.

证明：只需证明 $\boldsymbol{A}$ 、$\boldsymbol{B}$ 具有相同的特征多项式即可.

实际上，由 $\boldsymbol{A} \sim \boldsymbol{B}$，必存在 n 阶可逆矩阵 $\boldsymbol{P}$，有 $\boldsymbol{P}^{-1}\boldsymbol{A}\boldsymbol{P}=\boldsymbol{B}$，于是

$$|\lambda \boldsymbol{E}-\boldsymbol{B}|=|\lambda \boldsymbol{E}-\boldsymbol{P}^{-1}\boldsymbol{A}\boldsymbol{P}|=|\lambda \boldsymbol{P}^{-1}\boldsymbol{P}-\boldsymbol{P}^{-1}\boldsymbol{A}\boldsymbol{P}|=|\boldsymbol{P}^{-1}(\lambda \boldsymbol{E}-\boldsymbol{A})\boldsymbol{P}|=|\boldsymbol{P}^{-1}|\cdot|\lambda \boldsymbol{E}-\boldsymbol{A}|\cdot|\boldsymbol{P}|=|\lambda \boldsymbol{E}-\boldsymbol{A}|$$

所以，$\boldsymbol{A}$ 和 $\boldsymbol{B}$ 具有相同的特征值.

但必须注意，有相同的特征值（或特征多项式）只是同阶矩阵相似的必要条件，而不是充分条件. 例如，下列两个矩阵

$$\boldsymbol{A}=\begin{pmatrix}1 & 1\\ 0 & 1\end{pmatrix},\quad \boldsymbol{E}=\begin{pmatrix}1 & 0\\ 0 & 1\end{pmatrix}$$

有相同的特征多项式 $(\lambda-1)^2$，但 $\boldsymbol{A}$ 、$\boldsymbol{E}$ 不相似，因为与单位矩阵相似的矩阵只能是单位矩阵（若 $\boldsymbol{P}^{-1}\boldsymbol{A}\boldsymbol{P}=\boldsymbol{E}$，则 $\boldsymbol{A}=\boldsymbol{P}\boldsymbol{E}\boldsymbol{P}^{-1}=\boldsymbol{P}\boldsymbol{P}^{-1}=\boldsymbol{E}$ ）.

性质2　若 $\boldsymbol{A} \sim \boldsymbol{B}$，则 $|\boldsymbol{A}|=|\boldsymbol{B}|$.

性质3　若 $\boldsymbol{A} \sim \boldsymbol{B}$，则 $r(\boldsymbol{A})=r(\boldsymbol{B})$.

性质4　若 $\boldsymbol{A} \sim \boldsymbol{B}$，则 $\boldsymbol{A}$ 可逆的充分必要条件为 $\boldsymbol{B}$ 可逆.

性质5　若 $\boldsymbol{A} \sim \boldsymbol{B}$，则 $\boldsymbol{A}^{-1} \sim \boldsymbol{B}^{-1}$.

性质2到性质5都可由相似矩阵的定义得证，自行证明即可.

可见相似矩阵有许多共同的性质. 因此，如果方阵 $\boldsymbol{A}$ 与一个简单方阵 $\boldsymbol{B}$ 相似，则可通过研究这个简单方阵 $\boldsymbol{B}$ 的性质，获得方阵 $\boldsymbol{A}$ 的若干性质. 最简单的矩阵是对角矩阵，下面我们来讨论方阵是否相似于对角矩阵的问题.

二、n 阶矩阵可对角化的条件

如果 n 阶矩阵 $\boldsymbol{A}$ 与一个 n 阶对角矩阵 $\boldsymbol{D}$ 相似，则称 $\boldsymbol{A}$ 可相似对角化，简称为 $\boldsymbol{A}$ 可对角化.

注意：并非所有的 n 阶矩阵都可对角化，例如矩阵

$$\boldsymbol{A}=\begin{pmatrix}1 & 1\\ 0 & 1\end{pmatrix}$$

就不能对角化. 因为假设存在可逆矩阵 $\boldsymbol{P}$，使

$$\boldsymbol{P}^{-1}\boldsymbol{A}\boldsymbol{P}=\begin{pmatrix}\lambda_1 & \\ & \lambda_2\end{pmatrix}=\boldsymbol{D}$$

由定理1可知，$\boldsymbol{A}$ 与 $\boldsymbol{D}$ 有相同的特征值. 而 $\boldsymbol{A}$ 的特征值1为二重根，显然对角矩阵 $\boldsymbol{D}$ 的特征值就是其主对角线上的元素. 因此 $\lambda_1=\lambda_2=1$，故 $\boldsymbol{D}=\boldsymbol{E}$，由此可得

$$\boldsymbol{A}=\boldsymbol{P}\boldsymbol{D}\boldsymbol{P}^{-1}=\boldsymbol{P}\boldsymbol{E}\boldsymbol{P}^{-1}=\boldsymbol{E}$$

这与 $\boldsymbol{A}\neq\boldsymbol{E}$ 矛盾，所以 $\boldsymbol{A}$ 不能对角化.

下面我们来讨论矩阵可对角化的充分必要条件.

定理2 （方阵可对角化的充分必要条件）n 阶矩阵 $\boldsymbol{A}$ 与对角矩阵 $\boldsymbol{D}$ 相似的充分必要条件是 $\boldsymbol{A}$ 有 n 个线性无关的特征向量.

证明：必要性（$\Rightarrow$）：设 $\boldsymbol{A}\sim\boldsymbol{D}$. 其中

$$\boldsymbol{D}=\begin{pmatrix}\lambda_1 & & & \\ & \lambda_2 & & \\ & & \ddots & \\ & & & \lambda_n\end{pmatrix}$$

即存在可逆矩阵 $\boldsymbol{P}$, 使得

$$\boldsymbol{P}^{-1}\boldsymbol{AP}=\begin{pmatrix}\lambda_1 & & & \\ & \lambda_2 & & \\ & & \ddots & \\ & & & \lambda_n\end{pmatrix}$$

左乘$\boldsymbol{P}$得

$$\boldsymbol{AP}=\boldsymbol{P}\begin{pmatrix}\lambda_1 & & & \\ & \lambda_2 & & \\ & & \ddots & \\ & & & \lambda_n\end{pmatrix} \tag{5.8}$$

把可逆矩阵 $\boldsymbol{P}$ 按列向量分块表示为

$$\boldsymbol{P}=(\boldsymbol{\alpha}_1,\boldsymbol{\alpha}_2,\cdots,\boldsymbol{\alpha}_n)$$

其中 $\boldsymbol{\alpha}_i$ 是矩阵 $\boldsymbol{P}$ 的第 i 个列向量($i=1,2,\cdots,n$).

则（5.8）可写成

$$\boldsymbol{A}(\boldsymbol{\alpha}_1,\boldsymbol{\alpha}_2,\cdots,\boldsymbol{\alpha}_n)=(\boldsymbol{\alpha}_1,\boldsymbol{\alpha}_2,\cdots,\boldsymbol{\alpha}_n)\begin{pmatrix}\lambda_1 & & & \\ & \lambda_2 & & \\ & & \ddots & \\ & & & \lambda_n\end{pmatrix}$$

即

$$(\boldsymbol{A\alpha}_1,\boldsymbol{A\alpha}_2,\cdots,\boldsymbol{A\alpha}_n)=(\lambda_1\boldsymbol{\alpha}_1,\lambda_2\boldsymbol{\alpha}_2,\cdots,\lambda_n\boldsymbol{\alpha}_n)$$

由此可得 $\boldsymbol{A\alpha}_j=\lambda_j\boldsymbol{\alpha}_j(j=1,2,\cdots,n)$. 因为 $\boldsymbol{P}$ 可逆，所以 $\boldsymbol{\alpha}_j\neq\boldsymbol{0}(j=1,2,\cdots,n)$.

因此，λ_j 是矩阵 $\boldsymbol{A}$ 的特征值，$\boldsymbol{\alpha}_j$ 是 $\boldsymbol{A}$ 的属于特征值 λ_j 的特征向量($j=1,2,\cdots,n$).

又由 $\boldsymbol{P}$ 可逆可知 $\boldsymbol{\alpha}_1,\boldsymbol{\alpha}_2,\cdots,\boldsymbol{\alpha}_n$ 线性无关，因此 $\boldsymbol{A}$ 有 n 个线性无关的特征向量.

充分性（$\Leftarrow$）设 $\boldsymbol{A}$ 有 n 个线性无关的特征向量 $\boldsymbol{\alpha}_1,\boldsymbol{\alpha}_2,\cdots,\boldsymbol{\alpha}_n$，它们对应的特征值依次为

λ_1，λ_2，…，λ_n，即 $\boldsymbol{A}\boldsymbol{\alpha}_j=\lambda_j\boldsymbol{\alpha}_j(j=1,2,\cdots,n)$.

令矩阵 $\boldsymbol{P}=(\boldsymbol{\alpha}_1,\boldsymbol{\alpha}_2,\cdots,\boldsymbol{\alpha}_n)$，由于 $\boldsymbol{\alpha}_1,\boldsymbol{\alpha}_2,\cdots,\boldsymbol{\alpha}_n$ 线性无关，故 $\boldsymbol{P}$ 可逆.

又由

$$(\boldsymbol{A}\boldsymbol{\alpha}_1,\boldsymbol{A}\boldsymbol{\alpha}_2,\cdots,\boldsymbol{A}\boldsymbol{\alpha}_n)=(\lambda_1\boldsymbol{\alpha}_1,\lambda_2\boldsymbol{\alpha}_2,\cdots,\lambda_n\boldsymbol{\alpha}_n)$$

可得

$$\boldsymbol{A}(\boldsymbol{\alpha}_1,\boldsymbol{\alpha}_2,\cdots,\boldsymbol{\alpha}_n)=(\boldsymbol{\alpha}_1,\boldsymbol{\alpha}_2,\cdots,\boldsymbol{\alpha}_n)\begin{pmatrix}\lambda_1&&&\\&\lambda_2&&\\&&\ddots&\\&&&\lambda_n\end{pmatrix}$$

即

$$\boldsymbol{A}\boldsymbol{P}=\boldsymbol{P}\begin{pmatrix}\lambda_1&&&\\&\lambda_2&&\\&&\ddots&\\&&&\lambda_n\end{pmatrix}$$

两边左乘 $\boldsymbol{P}^{-1}$ 得

$$\boldsymbol{P}^{-1}\boldsymbol{A}\boldsymbol{P}=\begin{pmatrix}\lambda_1&&&\\&\lambda_2&&\\&&\ddots&\\&&&\lambda_n\end{pmatrix}=\boldsymbol{D}$$

所以矩阵 $\boldsymbol{A}$ 与对角矩阵 $\boldsymbol{D}$ 相似.（证毕）

由定理2的证明可知，如果方阵$\boldsymbol{A}$有n个线性无关的特征向量，这n个线性无关的特征向量构成可逆矩阵$\boldsymbol{P}$，使得 $\boldsymbol{P}^{-1}\boldsymbol{A}\boldsymbol{P}=\boldsymbol{D}$，其中$\boldsymbol{D}$是一个对角矩阵，且$\boldsymbol{D}$的主对角线上的元素为相应的特征值. 由此可知，方阵$\boldsymbol{A}$是否可以对角化与$\boldsymbol{A}$的特征值、特征向量有关.

定理3　设 $\boldsymbol{A}$ 为 n 阶方阵，$\lambda_1,\lambda_2,\cdots,\lambda_m$ 是 $\boldsymbol{A}$ 的 m 个不同的特征值，$\boldsymbol{\alpha}_1,\boldsymbol{\alpha}_2,\cdots,\boldsymbol{\alpha}_m$ 分别是 $\boldsymbol{A}$ 的属于 $\lambda_1,\lambda_2,\cdots,\lambda_m$ 的特征向量，则 $\boldsymbol{\alpha}_1,\boldsymbol{\alpha}_2,\cdots,\boldsymbol{\alpha}_m$ 线性无关. 即属于互不相同特征值的特征向量线性无关.

证明：对特征值个数做数学归纳法.

当 $m=1$ 时，设 $\boldsymbol{A}$ 的属于特征值 λ_1 的特征向量 $\boldsymbol{\alpha}_1$，由于 $\boldsymbol{\alpha}_1\neq\boldsymbol{0}$，所以 $\boldsymbol{\alpha}_1$ 线性无关. 当 $m=1$ 时命题成立.

设 $m=s-1$ 时命题成立. 下面证明当 $m=s$ 时命题成立，即证向量组 $\boldsymbol{\alpha}_1,\boldsymbol{\alpha}_2,\cdots,\boldsymbol{\alpha}_s$ 线性无关. 设有一组数 $k_1,k_2,\cdots,k_s$ 使

$$k_1\boldsymbol{\alpha}_1+k_2\boldsymbol{\alpha}_2+\cdots+k_s\boldsymbol{\alpha}_s=\boldsymbol{0} \tag{5.9}$$

在上式两边左乘矩阵 $\boldsymbol{A}$，并注意到 $\boldsymbol{A}\boldsymbol{\alpha}_i=\lambda_i\boldsymbol{\alpha}_i\ (i=1,2,\cdots,s)$，于是有

$$k_1\lambda_1\boldsymbol{\alpha}_1+k_2\lambda_2\boldsymbol{\alpha}_2+\cdots+k_s\lambda_s\boldsymbol{\alpha}_s=\boldsymbol{0} \tag{5.10}$$

在式（5.9）两边乘λ_s，得

$$k_1\lambda_s\boldsymbol{\alpha}_1+k_2\lambda_s\boldsymbol{\alpha}_2+\cdots+k_s\lambda_s\boldsymbol{\alpha}_s=\boldsymbol{0} \tag{5.11}$$

式（5.11）减去式（5.10），得

$$k_1(\lambda_s-\lambda_1)\boldsymbol{\alpha}_1+k_2(\lambda_s-\lambda_2)\boldsymbol{\alpha}_2+\cdots+k_{s-1}(\lambda_s-\lambda_{s-1})\boldsymbol{\alpha}_{s-1}=\boldsymbol{0}$$

由归纳假设知$\boldsymbol{\alpha}_1,\boldsymbol{\alpha}_2,\cdots,\boldsymbol{\alpha}_{s-1}$线性无关．所以

$$k_i(\lambda_s-\lambda_i)=0\,(i=1,2,\cdots,s-1)$$

但$\lambda_s\neq\lambda_i\,(i=1,2,\cdots,s-1)$．所以，必有$k_1=k_2=\cdots=k_{s-1}=0$．代入式（5.9），又有$k_s\boldsymbol{\alpha}_s=\boldsymbol{0}(\boldsymbol{\alpha}_s\neq\boldsymbol{0})$．于是$k_s=0$．即式（5.9）中

$$k_1=k_2=\cdots=k_s=0$$

因此，$\boldsymbol{\alpha}_1,\boldsymbol{\alpha}_2,\cdots,\boldsymbol{\alpha}_s$线性无关．

综上所述，对任意正整数m，命题成立．（证毕）

推论　如果n阶矩阵$\boldsymbol{A}$有n个互不相同的特征值λ_1，λ_2，…，λ_n，则$\boldsymbol{A}$一定相似于一个对角矩阵．

注意：推论的逆命题不成立，由n阶矩阵$\boldsymbol{A}$可对角化，并不能断定$\boldsymbol{A}$必须有n个互不相同的特征值．例如，数量矩阵$a\boldsymbol{E}$是可对角化的，但它只有特征值a（n重根）．

利用类似的方法，可以证明以下定理．

定理4　设$\boldsymbol{A}$为n阶方阵，$\lambda_1,\lambda_2,\cdots,\lambda_m$是$\boldsymbol{A}$的$m$个不同的特征值，若$\boldsymbol{A}$的属于$\lambda_i$的线性无关的特征向量为$\boldsymbol{\alpha}_{i1},\boldsymbol{\alpha}_{i2},\cdots,\boldsymbol{\alpha}_{ik_i}\,(i=1,2,\cdots,m)$，则向量组

$$\boldsymbol{\alpha}_{11},\boldsymbol{\alpha}_{12},\cdots,\boldsymbol{\alpha}_{1k_1},\boldsymbol{\alpha}_{21},\boldsymbol{\alpha}_{22},\cdots,\boldsymbol{\alpha}_{2k_2},\cdots,\boldsymbol{\alpha}_{m1},\boldsymbol{\alpha}_{m2},\cdots,\boldsymbol{\alpha}_{mk_m}$$

也线性无关（证明略）．

例如，在本节的例2中，属于特征值2的线性无关的特征向量为$\boldsymbol{\alpha}_1,\boldsymbol{\alpha}_2$，而属于特征值1的特征向量为$\boldsymbol{\alpha}_3$，不难验证$\boldsymbol{\alpha}_1,\boldsymbol{\alpha}_2,\boldsymbol{\alpha}_3$线性无关，事实上，因为

$$\det(\boldsymbol{\alpha}_1,\boldsymbol{\alpha}_2,\boldsymbol{\alpha}_3)=\begin{vmatrix}1&0&-1\\0&-1&0\\0&1&1\end{vmatrix}=-1\neq 0$$

所以$\boldsymbol{\alpha}_1$，$\boldsymbol{\alpha}_2$，$\boldsymbol{\alpha}_3$线性无关．

根据定理2，n阶矩阵$\boldsymbol{A}$是否相似于对角矩阵，取决于$\boldsymbol{A}$是否有n个线性无关的特征向量．当$\boldsymbol{A}$有n个线性无关的特征向量时，$\boldsymbol{A}$必可对角化，这时，以这n个线性无关的特征向量为列做成可逆矩阵$\boldsymbol{P}$，则有

$$\boldsymbol{P}^{-1}\boldsymbol{AP}=diag(\lambda_1,\lambda_2,\cdots,\lambda_n)$$

其中λ_1，λ_2，…，λ_n是方阵$\boldsymbol{A}$的全部特征值．可见，求可逆矩阵$\boldsymbol{P}$实际上就是求$\boldsymbol{A}$的

n 个线性无关的特征向量，求与 $\boldsymbol{A}$ 相似的对角矩阵主对角线上的元素实际上就是求 $\boldsymbol{A}$ 的特征值.

现在利用定理2及其推论，分别来看5.1节的例2、例3及例4中的方阵$\boldsymbol{A}$是否可对角化.

例2中的三阶方阵 $\boldsymbol{A}$ 有3个线性无关的特征向量：

$$\boldsymbol{\alpha}_1=\begin{pmatrix}1\\0\\4\end{pmatrix}，\boldsymbol{\alpha}_2=\begin{pmatrix}0\\1\\-1\end{pmatrix}，\boldsymbol{\alpha}_3=\begin{pmatrix}1\\0\\1\end{pmatrix}$$

$\boldsymbol{\alpha}_1$，$\boldsymbol{\alpha}_2$，$\boldsymbol{\alpha}_3$ 分别是 $\boldsymbol{A}$ 的属于特征值 $2,2,-1$ 的特征向量，所以由定理2即知 $\boldsymbol{A}$ 可对角化. 令方阵

$$\boldsymbol{P}=(\boldsymbol{\alpha}_1,\boldsymbol{\alpha}_2,\boldsymbol{\alpha}_3)=\begin{pmatrix}1&0&1\\0&1&0\\4&-1&1\end{pmatrix}$$

则 $\boldsymbol{P}$ 可逆，且有

$$\boldsymbol{P}^{-1}\boldsymbol{AP}=\begin{pmatrix}2&&\\&2&\\&&-1\end{pmatrix}$$

但如果令矩阵 $\boldsymbol{P}=(\boldsymbol{\alpha}_1,\boldsymbol{\alpha}_3,\boldsymbol{\alpha}_2)$，则对应的对角矩阵为 $\boldsymbol{P}^{-1}\boldsymbol{AP}=\begin{pmatrix}2&&\\&-1&\\&&2\end{pmatrix}$. 可见当 A 可对角化时，可逆矩阵 $\boldsymbol{P}$ 及 $\boldsymbol{A}$ 的相似对角矩阵都不是唯一的.

再来看例3中的方阵 $\boldsymbol{A}$，其单特征值 $\lambda_1=1$ 有一个线性无关的特征向量 $\boldsymbol{\alpha}_1=(1,1,1)^{\mathrm{T}}$，其二重特征值 $\lambda_2=\lambda_3=0$ 也只有一个线性无关的特征向量 $\boldsymbol{\alpha}_2=(1,3,2)^{\mathrm{T}}$. 所以三阶方阵 $\boldsymbol{A}$ 的线性无关的特征向量只有2个，由定理2知 $\boldsymbol{A}$ 不与对角矩阵相似.

最后来看例4中的三阶方阵 $\boldsymbol{A}$，因为它有3个互不相同的特征值，由定理2的推论即知 $\boldsymbol{A}$ 相似于对角矩阵. 若令

$$\boldsymbol{P}=(\boldsymbol{\alpha}_1,\boldsymbol{\alpha}_2,\boldsymbol{\alpha}_3)=\begin{pmatrix}-1&-1&\frac{1}{2}\\-1&1&\frac{1}{2}\\1&0&1\end{pmatrix}$$

它们分别属于特征值 $0,-1,9$，则

$$\boldsymbol{P}^{-1}\boldsymbol{AP}=\begin{pmatrix}0&&\\&-1&\\&&9\end{pmatrix}$$

从以上几例可以看出，当方阵 A 的特征值都是单特征值时，A 必可对角化，这是一种简单情形. 而对有重特征值的方阵，有的可对角化（如例2），有的则不能对角化（如例3）. 当有重特征值时怎么判断呢?

定理5 n 阶方阵 A 与对角矩阵相似的充分必要条件是对于 A 的每一个 n_i 重特征值 λ_i 有 $r(\lambda_i E - A) = n - n_i$.（或者说 $n - r(\lambda_i E - A) = n_i$ ）

定理5也可以叙述为：n阶方阵 A 与对角矩阵相似的充分必要条件是对于 A 的每一个 n_i 重特征值 λ_i，对应的齐次线性方程组 $(\lambda_i E - A)x = 0$ 的基础解系中恰含有 n_i 个线性无关的特征向量.（ n_i 重特征值 λ_i 一定有 n_i 个属于它的线性无关的特征向量）

n阶方阵 A 能否与对角矩阵相似的判定几对角化的步骤如下：

（1）求出矩阵 A 的全部不同的特征值 λ_1，λ_2，$\cdots$，λ_m；

（2）对于每一个 $\lambda_i (i = 1,2,\cdots,m)$ 求相应的齐次线性方程组 $(\lambda_i E - A)x = 0$ 的基础解系 $\xi_{i1},\xi_{i2},\cdots\xi_{ir_i}$（其中 $r_i = n - r(\lambda_i E - A)$）.

（3）如果 $r_1 + r_2 + \cdots + r_m < n$，那么 A 不能对角化，如果 $r_1 + r_2 + \cdots + r_m = n$，则 A 可以对角化，此时令

$$P = (\xi_{11},\xi_{12},\cdots\xi_{1r_1},\xi_{21},\xi_{22},\cdots,\xi_{2r_2},\cdots,\xi_{m1},\xi_{m2},\cdots,\xi_{mr_m})$$

则

$$P^{-1}AP = diag(\underbrace{\lambda_1,\cdots,\lambda_1}_{r_1\text{个}},\underbrace{\lambda_2,\cdots,\lambda_2}_{r_2\text{个}},\cdots,\underbrace{\lambda_m,\cdots,\lambda_m}_{r_m\text{个}})$$

作为方阵对角化的一个应用，我们来看下面的例子.

例5 设矩阵

$$A = \begin{pmatrix} -1 & 0 & 0 \\ 2 & 1 & 2 \\ 3 & 1 & 2 \end{pmatrix}$$

判断 A 是否可相似于一个对角矩阵，并求 A^{10}.

解： A 的特征多项式为

$$\det(\lambda E - A) = \begin{vmatrix} \lambda+1 & 0 & 0 \\ -2 & \lambda-1 & -2 \\ -3 & -1 & \lambda-2 \end{vmatrix} = \lambda(\lambda+1)(\lambda-3)$$

所以，A 的特征值为 $\lambda_1 = 0, \lambda_2 = -1, \lambda_3 = 3$. 由于三阶方阵 A 有3个互不相同的特征值，故 A 可对角化. 现在来求 A 的线性无关的特征向量.

对于 $\lambda_1 = 0$，解对应的齐次线性方程组 $(-A)x = 0$，可得基础解系 $\alpha_1 = (0,2,-1)^T$.

对于 $\lambda_2 = -1$，解齐次线性方程组 $(-E - A)x = 0$，可得基础解系 $\alpha_2 = (1,0,-1)^T$.

对于 $\lambda_3 = 3$，解齐次线性方程组 $(3E - A)x = 0$，可得基础解系 $\alpha_3 = (0,1,1)^T$.

令矩阵

$$\boldsymbol{P}=(\boldsymbol{\alpha}_1,\boldsymbol{\alpha}_2,\boldsymbol{\alpha}_3)=\begin{pmatrix}0 & 1 & 0\\ 2 & 0 & 1\\ -1 & -1 & 1\end{pmatrix}$$

则有

$$\boldsymbol{P}^{-1}\boldsymbol{AP}=\begin{pmatrix}0 & & \\ & -1 & \\ & & 3\end{pmatrix}=\boldsymbol{D}$$

于是得

$$\boldsymbol{A}=\boldsymbol{PDP}^{-1}$$

所以

$$\boldsymbol{A}^{10}=\underbrace{\boldsymbol{PDP}^{-1}\boldsymbol{PDP}^{-1}\cdots\boldsymbol{PDP}^{-1}}_{10\text{个}\boldsymbol{A}\text{连乘}}=\boldsymbol{PD}^{10}\boldsymbol{P}^{-1} \tag{5.12}$$

而

$$\boldsymbol{D}^{10}=\begin{pmatrix}0 & & \\ & -1 & \\ & & 3\end{pmatrix}^{10}=\begin{pmatrix}0 & & \\ & 1 & \\ & & 3^{10}\end{pmatrix}$$

$$\boldsymbol{P}^{-1}=\frac{1}{3}\begin{pmatrix}-1 & 1 & -1\\ 3 & 0 & 0\\ 2 & 1 & 2\end{pmatrix}$$

把它们代入式（5.12），计算可得

$$\boldsymbol{A}^{10}=\begin{pmatrix}1 & 0 & 0\\ 2\times 3^9 & 3^9 & 2\times 3^9\\ 2\times 3^9-1 & 3^9 & 2\times 3^9\end{pmatrix}$$

5.3　向量的内积与正交矩阵

一、内积的基本概念

在解析几何中，我们曾定义了向量的内积，即对于两个三维向量

$$\boldsymbol{\alpha}=\begin{pmatrix}a_1\\ a_2\\ a_3\end{pmatrix},\quad \boldsymbol{\beta}=\begin{pmatrix}b_1\\ b_2\\ b_3\end{pmatrix}$$

称实数

$$\boldsymbol{\alpha}\cdot\boldsymbol{\beta}=a_1b_1+a_2b_2+a_3b_3$$

为与的内积（或数量积，或点积），现在将 R^3 中向量的内积推广到 R^n 中去.

定义4 对于两个 n 维实向量

$$\boldsymbol{\alpha}=\begin{pmatrix}a_1\\a_2\\\vdots\\a_n\end{pmatrix},\quad \boldsymbol{\beta}=\begin{pmatrix}b_1\\b_2\\\vdots\\b_n\end{pmatrix}$$

称实数 $a_1b_1+a_2b_2+\cdots+a_nb_n$ 为向量 $\boldsymbol{\alpha}$ 与 $\boldsymbol{\beta}$ 的内积，记作 $(\boldsymbol{\alpha},\boldsymbol{\beta})$，即

$$(\boldsymbol{\alpha},\boldsymbol{\beta})=a_1b_1+a_2b_2+\cdots+a_nb_n=\boldsymbol{\alpha}^{\mathrm{T}}\boldsymbol{\beta}$$

例6 设 $\boldsymbol{\alpha}=(0,1,5,-2)^{\mathrm{T}}$，$\boldsymbol{\beta}=(-2,0,-1,3)^{\mathrm{T}}$，计算 $(\boldsymbol{\alpha},\boldsymbol{\beta})$，$(\boldsymbol{\alpha},\boldsymbol{\alpha})$.

解： $(\boldsymbol{\alpha},\boldsymbol{\beta})=0\cdot(-2)+1\cdot0+5\cdot(-1)+(-2)\cdot3=-11$

$(\boldsymbol{\alpha},\boldsymbol{\alpha})=0\cdot0+1\cdot1+5\cdot5+(-2)\cdot(-2)=30$

类似于三维向量的数量积，n 维实向量的内积具有下列基本性质.

（1）对称性：$(\boldsymbol{\alpha},\boldsymbol{\beta})=(\boldsymbol{\beta},\boldsymbol{\alpha})$.

（2）线性性质：$(\boldsymbol{\alpha}+\boldsymbol{\beta},\boldsymbol{\gamma})=(\boldsymbol{\alpha},\boldsymbol{\gamma})+(\boldsymbol{\beta},\boldsymbol{\gamma})$.

$$(k\boldsymbol{\alpha},\boldsymbol{\beta})=k(\boldsymbol{\alpha},\boldsymbol{\beta})\qquad（k\text{ 为实数}）$$

（3）非负性：$(\boldsymbol{\alpha},\boldsymbol{\alpha})\geqslant0$，而且 $(\boldsymbol{\alpha},\boldsymbol{\alpha})=0$ 当且仅当 $\boldsymbol{\alpha}=\mathbf{0}$.

例如，若把向量 $\boldsymbol{\alpha}$、$\boldsymbol{\beta}$、$\boldsymbol{\gamma}$ 都写成列向量，则有

$$\begin{aligned}(\boldsymbol{\alpha}+\boldsymbol{\beta},\boldsymbol{\gamma})&=(\boldsymbol{\alpha}+\boldsymbol{\beta})^{\mathrm{T}}\boldsymbol{\gamma}=(\boldsymbol{\alpha}^{\mathrm{T}}+\boldsymbol{\beta}^{\mathrm{T}})\boldsymbol{\gamma}\\&=\boldsymbol{\alpha}^{\mathrm{T}}\boldsymbol{\gamma}+\boldsymbol{\beta}^{\mathrm{T}}\boldsymbol{\gamma}=(\boldsymbol{\alpha},\boldsymbol{\gamma})+(\boldsymbol{\beta},\boldsymbol{\gamma})\\(k\boldsymbol{\alpha},\boldsymbol{\beta})&=(k\boldsymbol{\alpha})^{\mathrm{T}}\boldsymbol{\beta}=k(\boldsymbol{\alpha}^{\mathrm{T}}\boldsymbol{\beta})=k(\boldsymbol{\alpha},\boldsymbol{\beta})\end{aligned}$$

同三维向量空间一样，可用内积定义 n 维向量的长度和夹角.

定义5 设 $\boldsymbol{\alpha}$ 为 R^n 中的向量，称非负实数 $\sqrt{(\boldsymbol{\alpha},\boldsymbol{\alpha})}$ 为 $\boldsymbol{\alpha}$ 的长度，记作 $\|\boldsymbol{\alpha}\|$. 当 $\|\boldsymbol{\alpha}\|=1$ 时，称 $\boldsymbol{\alpha}$ 为单位向量.

由内积的定义可得：

（1）如果 $\boldsymbol{\alpha}=\begin{pmatrix}a_1\\a_2\\\vdots\\a_n\end{pmatrix}$，则 $\|\boldsymbol{\alpha}\|=\sqrt{a_1^{\ 2}+a_2^{\ 2}+\cdots+a_n^{\ 2}}$；

（2）$\|\boldsymbol{\alpha}\|\geqslant0$，当且仅当 $\boldsymbol{\alpha}=\mathbf{0}$ 时才有 $\|\boldsymbol{\alpha}\|=0$；

（3）k 为任意实数，则 $\|k\boldsymbol{\alpha}\|=|k|\|\boldsymbol{\alpha}\|$；

（4）若向量 $\boldsymbol{\alpha}\neq\mathbf{0}$，则向量 $\boldsymbol{\beta}=\dfrac{\boldsymbol{\alpha}}{\|\boldsymbol{\alpha}\|}$ 是一个单位向量. 由非零向量 $\boldsymbol{\alpha}$ 得到单位向量 $\boldsymbol{\beta}$，称为把非零向量 $\boldsymbol{\alpha}$ 单位化.

定理6　（柯西-施瓦茨不等式）对任意 n 维向量 $\boldsymbol{\alpha}$ 、$\boldsymbol{\beta}$ 均有

$$|(\boldsymbol{\alpha},\boldsymbol{\beta})| \leqslant \|\boldsymbol{\alpha}\| \cdot \|\boldsymbol{\beta}\| \tag{5.13}$$

当且仅当 $\boldsymbol{\alpha}$ 与 $\boldsymbol{\beta}$ 线性相关时，等号成立.

下面我们来定义向量的夹角.

由柯西-施瓦茨不等式可知，当 $\boldsymbol{\alpha} \neq \mathbf{0}$，$\boldsymbol{\beta} \neq \mathbf{0}$ 时，就有

$$\left|\frac{(\boldsymbol{\alpha},\boldsymbol{\beta})}{\|\boldsymbol{\alpha}\| \cdot \|\boldsymbol{\beta}\|}\right| \leqslant 1$$

即

$$-1 \leqslant \frac{(\boldsymbol{\alpha},\boldsymbol{\beta})}{\|\boldsymbol{\alpha}\| \cdot \|\boldsymbol{\beta}\|} \leqslant 1$$

则令

$$\cos\theta = \frac{(\boldsymbol{\alpha},\boldsymbol{\beta})}{\|\boldsymbol{\alpha}\| \cdot \|\boldsymbol{\beta}\|} (0 \leqslant \theta \leqslant \boldsymbol{\pi}) \tag{5.14}$$

满足式（5.14）的角 θ 称为 $\boldsymbol{\alpha}$ 与 $\boldsymbol{\beta}$ 的夹角，即

$$\theta = \arccos\frac{(\boldsymbol{\alpha},\boldsymbol{\beta})}{\|\boldsymbol{\alpha}\| \cdot \|\boldsymbol{\beta}\|}, 0 \leqslant \theta \leqslant \boldsymbol{\pi}$$

当 $\boldsymbol{\alpha}$ 与 $\boldsymbol{\beta}$ 的夹角为 $\dfrac{\boldsymbol{\pi}}{2}$ 时，称 $\boldsymbol{\alpha}$ 与 $\boldsymbol{\beta}$ 正交.

定理7　$\boldsymbol{\alpha}$ 与 $\boldsymbol{\beta}$ 正交的充分必要条件为 $(\boldsymbol{\alpha},\boldsymbol{\beta}) = 0$.

由于零向量与任何向量的内积都为零，所以零向量与任何向量都是正交的.

二、正交向量组

定义6　如果一个向量组不含零向量，且其中的向量两两正交，则称这个向量组为一个正交向量组.

例如，向量组

$$\boldsymbol{\alpha}_1 = (1,0,0)^{\mathrm{T}}, \boldsymbol{\alpha}_2 = (0,1,1)^{\mathrm{T}}, \boldsymbol{\alpha}_3 = (0,1,-1)^{\mathrm{T}}$$

就是一个正交向量组.

定理8　正交向量组必是线性无关组.

证明：设 $\boldsymbol{\alpha}_1,\boldsymbol{\alpha}_2,\cdots,\boldsymbol{\alpha}_r$ 是一个正交向量组，即

$$(\boldsymbol{\alpha}_i,\boldsymbol{\alpha}_j) = \begin{cases} 0, & i \neq j \\ \|\boldsymbol{\alpha}_i\|^2 \neq 0, & i = j \end{cases} \tag{5.15}$$

设有一组数 $k_1,k_2,\cdots,k_r$，使得

$$k_1\boldsymbol{\alpha}_1+k_2\boldsymbol{\alpha}_2+\cdots+k_r\boldsymbol{\alpha}_r=\mathbf{0}$$

上式两边与$\boldsymbol{\alpha}_i$做内积$(i=1,2,\cdots,r)$，并由式（5.15）得

$$k_i(\boldsymbol{\alpha}_i,\boldsymbol{\alpha}_i)=0$$

因$\boldsymbol{\alpha}_i\neq\mathbf{0}$，故$(\boldsymbol{\alpha}_i,\boldsymbol{\alpha}_i)>0$，从而$k_i=0,i=1,2,\cdots,r$，于是$\boldsymbol{\alpha}_1,\boldsymbol{\alpha}_2,\cdots,\boldsymbol{\alpha}_r$线性无关.

如果一个正交向量组中的每一个向量都是单位向量，则称它为一个标准正交向量组，简称标准正交组.

例如，向量组

$$\boldsymbol{\beta}_1=(1,0,0)^{\mathrm{T}},\boldsymbol{\beta}_2=\left(0,\frac{1}{\sqrt{2}},\frac{1}{\sqrt{2}}\right)^{\mathrm{T}},\boldsymbol{\beta}_3=\left(0,\frac{1}{\sqrt{2}},-\frac{1}{\sqrt{2}}\right)^{\mathrm{T}}$$

就是一个标准正交向量组.

对于一个正交向量组$\boldsymbol{\alpha}_1,\boldsymbol{\alpha}_2,\cdots,\boldsymbol{\alpha}_r$，只要把其中的每一个向量单位化，即可得到标准正交向量组：

$$\boldsymbol{\beta}_1=\frac{1}{\|\boldsymbol{\alpha}_1\|}\boldsymbol{\alpha}_1,\boldsymbol{\beta}_2=\frac{1}{\|\boldsymbol{\alpha}_2\|}\boldsymbol{\alpha}_2,\cdots,\boldsymbol{\beta}_r=\frac{1}{\|\boldsymbol{\alpha}_r\|}\boldsymbol{\alpha}_r$$

三、施密特正交化方法

我们知道，正交向量组线性无关，但是线性无关的向量组未必是正交向量组，那么对于一个线性无关的向量组$\boldsymbol{\alpha}_1,\boldsymbol{\alpha}_2,\cdots,\boldsymbol{\alpha}_r$，能否从它得到一个与其等价的标准正交向量组$\boldsymbol{\gamma}_1,\boldsymbol{\gamma}_2,\cdots,\boldsymbol{\gamma}_r$呢?

施密特正交化方法是将一组线性无关的向量组$\boldsymbol{\alpha}_1,\boldsymbol{\alpha}_2,\cdots,\boldsymbol{\alpha}_r$，做如下的变换，化为一组与之等价的正交向量组$\boldsymbol{\beta}_1,\boldsymbol{\beta}_2,\cdots,\boldsymbol{\beta}_r$的方法.

令$\boldsymbol{\beta}_1=\boldsymbol{\alpha}_1$

$$\boldsymbol{\beta}_2=\boldsymbol{\alpha}_2-\frac{(\boldsymbol{\alpha}_2,\boldsymbol{\beta}_1)}{(\boldsymbol{\beta}_1,\boldsymbol{\beta}_1)}\boldsymbol{\beta}_1$$

$$\boldsymbol{\beta}_3=\boldsymbol{\alpha}_3-\frac{(\boldsymbol{\alpha}_3,\boldsymbol{\beta}_1)}{(\boldsymbol{\beta}_1,\boldsymbol{\beta}_1)}\boldsymbol{\beta}_1-\frac{(\boldsymbol{\alpha}_3,\boldsymbol{\beta}_2)}{(\boldsymbol{\beta}_2,\boldsymbol{\beta}_2)}\boldsymbol{\beta}_2$$

$$\cdots$$

$$\boldsymbol{\beta}_r=\boldsymbol{\alpha}_r-\frac{(\boldsymbol{\alpha}_r,\boldsymbol{\beta}_1)}{(\boldsymbol{\beta}_1,\boldsymbol{\beta}_1)}\boldsymbol{\beta}_1-\frac{(\boldsymbol{\alpha}_r,\boldsymbol{\beta}_2)}{(\boldsymbol{\beta}_2,\boldsymbol{\beta}_2)}\boldsymbol{\beta}_2-\cdots-\frac{(\boldsymbol{\alpha}_r,\boldsymbol{\beta}_{r-1})}{(\boldsymbol{\beta}_{r-1},\boldsymbol{\beta}_{r-1})}\boldsymbol{\beta}_{r-1}$$

可以证明$\boldsymbol{\beta}_1,\boldsymbol{\beta}_2,\cdots,\boldsymbol{\beta}_r$两两正交，并且向量组$\boldsymbol{\beta}_1,\boldsymbol{\beta}_2,\cdots,\boldsymbol{\beta}_r$与向量组$\boldsymbol{\alpha}_1,\boldsymbol{\alpha}_2,\cdots,\boldsymbol{\alpha}_r$等价. 再将$\boldsymbol{\beta}_1,\boldsymbol{\beta}_2,\cdots,\boldsymbol{\beta}_r$单位化，即得满足要求的标准正交向量组：

$$\boldsymbol{\gamma}_1=\frac{1}{\|\boldsymbol{\beta}_1\|}\boldsymbol{\beta}_1,\ \boldsymbol{\gamma}_2=\frac{1}{\|\boldsymbol{\beta}_2\|}\boldsymbol{\beta}_2,\cdots,\boldsymbol{\gamma}_r=\frac{1}{\|\boldsymbol{\beta}_r\|}\boldsymbol{\beta}_r$$

例7 用施密特正交化方法把向量组

$$\boldsymbol{\alpha}_1=\begin{pmatrix}1\\0\\-1\\1\end{pmatrix},\boldsymbol{\alpha}_2=\begin{pmatrix}1\\-1\\0\\1\end{pmatrix},\boldsymbol{\alpha}_3=\begin{pmatrix}-1\\1\\1\\0\end{pmatrix}$$

化为正交单位向量组.

解：先将 $\boldsymbol{\alpha}_1,\boldsymbol{\alpha}_2,\boldsymbol{\alpha}_3$ 正交化，得

$$\boldsymbol{\beta}_1=\boldsymbol{\alpha}_1=\begin{pmatrix}1\\0\\-1\\1\end{pmatrix}$$

$$\boldsymbol{\beta}_2=\boldsymbol{\alpha}_2-\frac{(\boldsymbol{\alpha}_2,\boldsymbol{\beta}_1)}{(\boldsymbol{\beta}_1,\boldsymbol{\beta}_1)}\boldsymbol{\beta}_1=\begin{pmatrix}1\\-1\\0\\1\end{pmatrix}-\frac{2}{3}\begin{pmatrix}1\\0\\-1\\1\end{pmatrix}=\frac{1}{3}\begin{pmatrix}1\\-3\\2\\1\end{pmatrix}$$

$$\boldsymbol{\beta}_3=\boldsymbol{\alpha}_3-\frac{(\boldsymbol{\alpha}_3,\boldsymbol{\beta}_1)}{(\boldsymbol{\beta}_1,\boldsymbol{\beta}_1)}\boldsymbol{\beta}_1-\frac{(\boldsymbol{\alpha}_3,\boldsymbol{\beta}_2)}{(\boldsymbol{\beta}_2,\boldsymbol{\beta}_2)}\boldsymbol{\beta}_2=\frac{1}{5}\begin{pmatrix}-1\\3\\3\\4\end{pmatrix}$$

再单位化，即得所求的正交单位向量组

$$\boldsymbol{\gamma}_1=\frac{1}{\sqrt{3}}\begin{pmatrix}1\\0\\-1\\1\end{pmatrix},\boldsymbol{\gamma}_2=\frac{1}{\sqrt{15}}\begin{pmatrix}1\\-3\\2\\1\end{pmatrix},\boldsymbol{\gamma}_3=\frac{1}{\sqrt{35}}\begin{pmatrix}-1\\3\\3\\4\end{pmatrix}$$

四、正交矩阵

下面介绍在应用中很重要的正交矩阵.

定义7　如果实方阵 $\boldsymbol{A}$ 满足

$$\boldsymbol{A}\boldsymbol{A}^{\mathrm{T}}=\boldsymbol{A}^{\mathrm{T}}\boldsymbol{A}=\boldsymbol{E}\ （或\ \boldsymbol{A}^{-1}=\boldsymbol{A}^{\mathrm{T}}\ ）$$

则称方阵 $\boldsymbol{A}$ 为正交矩阵.

例如，矩阵

$$\begin{pmatrix}1&0\\0&1\end{pmatrix},\ \begin{pmatrix}\cos\theta&-\sin\theta\\\sin\theta&\cos\theta\end{pmatrix},\ \begin{pmatrix}1&0&0\\0&\frac{1}{\sqrt{2}}&-\frac{1}{\sqrt{2}}\\0&\frac{1}{\sqrt{2}}&\frac{1}{\sqrt{2}}\end{pmatrix}$$

都是正交矩阵.

正交矩阵具有下列性质.

性质1 设 $\boldsymbol{A}$ 为正交矩阵，则 $\det\boldsymbol{A}=\pm1$.

性质2 设 $\boldsymbol{A}$ 为正交矩阵，则 $\boldsymbol{A}$ 可逆且 $\boldsymbol{A}^{-1}=\boldsymbol{A}^{\mathrm{T}}$.

性质3 设 $\boldsymbol{A}$ 为正交矩阵，则 $\boldsymbol{A}^{\mathrm{T}}$、$\boldsymbol{A}^{-1}$ 也都是正交矩阵.

性质4 设 $\boldsymbol{A}$、$\boldsymbol{B}$ 为同阶正交矩阵，则 $\boldsymbol{AB}$ 也是正交矩阵.

性质5 $\boldsymbol{A}$ 为正交矩阵的充分必要条件是 $\boldsymbol{A}$ 的列（行）向量组为标准正交向量组.

证明：性质1到性质3自行证明即可，下面只证明性质4和性质5.

（证明性质4）因为 $\boldsymbol{A}$、$\boldsymbol{B}$ 为正交矩阵，所以有

$$\boldsymbol{AA}^{\mathrm{T}}=\boldsymbol{E},\ \boldsymbol{B}^{\mathrm{T}}\boldsymbol{B}=\boldsymbol{E}$$

从而有

$$(\boldsymbol{AB})^{\mathrm{T}}(\boldsymbol{AB})=\boldsymbol{B}^{\mathrm{T}}\left(\boldsymbol{A}^{\mathrm{T}}\boldsymbol{A}\right)\boldsymbol{B}=\boldsymbol{B}^{\mathrm{T}}\boldsymbol{EB}=\boldsymbol{B}^{\mathrm{T}}\boldsymbol{B}=\boldsymbol{E}$$

所以 $\boldsymbol{AB}$ 也是正交矩阵.

（证明性质5）设方阵 $\boldsymbol{A}$ 按列向量分块为

$$\boldsymbol{A}=(\boldsymbol{\alpha}_1,\boldsymbol{\alpha}_2,\cdots,\boldsymbol{\alpha}_n)$$

先证明必要性：设 $\boldsymbol{A}$ 为正交矩阵，则有

$$\boldsymbol{A}^{\mathrm{T}}\boldsymbol{A}=\boldsymbol{E}$$

即

$$\begin{pmatrix}\boldsymbol{\alpha}_1^{\mathrm{T}}\\ \boldsymbol{\alpha}_2^{\mathrm{T}}\\ \vdots\\ \boldsymbol{\alpha}_n^{\mathrm{T}}\end{pmatrix}(\boldsymbol{\alpha}_1\ \boldsymbol{\alpha}_2\ \cdots\boldsymbol{\alpha}_n)=\boldsymbol{E}$$

亦即

$$\begin{pmatrix}\boldsymbol{\alpha}_1^{\mathrm{T}}\boldsymbol{\alpha}_1 & \boldsymbol{\alpha}_1^{\mathrm{T}}\boldsymbol{\alpha}_2 & \cdots & \boldsymbol{\alpha}_1^{\mathrm{T}}\boldsymbol{\alpha}_n\\ \boldsymbol{\alpha}_2^{\mathrm{T}}\boldsymbol{\alpha}_1 & \boldsymbol{\alpha}_2^{\mathrm{T}}\boldsymbol{\alpha}_2 & \cdots & \boldsymbol{\alpha}_2^{\mathrm{T}}\boldsymbol{\alpha}_n\\ \cdots & \cdots & \cdots & \cdots\\ \boldsymbol{\alpha}_n^{\mathrm{T}}\boldsymbol{\alpha}_1 & \boldsymbol{\alpha}_n^{\mathrm{T}}\boldsymbol{\alpha}_2 & \cdots & \boldsymbol{\alpha}_n^{\mathrm{T}}\boldsymbol{\alpha}_n\end{pmatrix}=\begin{pmatrix}1 & & & \\ & 1 & & \\ & & \ddots & \\ & & & 1\end{pmatrix}$$

所以

$$\boldsymbol{\alpha}_i^{\mathrm{T}}\boldsymbol{\alpha}_j=\begin{cases}1, & 当i=j\\ 0, & 当i\neq j\end{cases}\quad (i,j=1,2,\cdots,n)$$

即

$$(\boldsymbol{\alpha}_i,\boldsymbol{\alpha}_j)=\begin{cases}1, & 当i=j\\ 0, & 当i\neq j\end{cases}\quad (i,j=1,2,\cdots,n)$$

所以 $\boldsymbol{A}$ 的列向量组 $\boldsymbol{\alpha}_1, \boldsymbol{\alpha}_2, \cdots, \boldsymbol{\alpha}_n$ 为标准正交向量组.

把以上证明倒推上去步步可逆，即得到充分性的证明.

当 $\boldsymbol{A}$ 为正交矩阵时，$\boldsymbol{A}^{\mathrm{T}}$ 也是正交矩阵. 因此，由证明的结果知 $\boldsymbol{A}^{\mathrm{T}}$ 的列向量组，即 $\boldsymbol{A}$ 的行向量组也是标准正交向量组.（证毕）

利用性质5，容易验证方阵是否为正交矩阵. 例如，对于矩阵

$$\boldsymbol{A}=\begin{pmatrix} \frac{1}{\sqrt{3}} & \frac{1}{\sqrt{2}} & \frac{1}{\sqrt{6}} \\ \frac{1}{\sqrt{3}} & 0 & -\frac{2}{\sqrt{6}} \\ \frac{1}{\sqrt{3}} & -\frac{1}{\sqrt{2}} & \frac{1}{\sqrt{6}} \end{pmatrix}$$

不难看出 $\boldsymbol{A}$ 的列向量组为标准正交组，所以由性质5可知 $\boldsymbol{A}$ 为正交矩阵.

5.4　对称矩阵的对角化

矩阵中的元素都是实数的对称矩阵称为实对称矩阵. 由5.2节可知 n 阶矩阵不一定可对角化，但实对称矩阵一定可对角化，并且对于实对称矩阵 $\boldsymbol{A}$ 不仅能找到可逆矩阵 $\boldsymbol{P}$，使得 $\boldsymbol{P}^{-1}\boldsymbol{AP}$ 为对角矩阵，而且能找到一个正交矩阵 $\boldsymbol{U}$，使得 $\boldsymbol{U}^{-1}\boldsymbol{AU}$ 为对角矩阵. 本节研究的就是如何用正交矩阵，将实对称矩阵对角化.

对矩阵 $\boldsymbol{A}=\left(a_{ij}\right)_{m\times n}$，把它的每个元素 a_{ij} 变成其共轭复数 $\overline{a}_{ij}$，称这样得到的矩阵为 $\boldsymbol{A}$ 的共轭矩阵，记作 $\overline{\boldsymbol{A}}$，即

$$\overline{\boldsymbol{A}}=\left(\overline{a}_{ij}\right)_{m\times n},\quad \overline{a}_{ij} \text{ 为 } a_{ij} \text{ 的共轭复数}$$

因此，矩阵 $\boldsymbol{A}$ 为实矩阵当且仅当 $\overline{\boldsymbol{A}}=\boldsymbol{A}$. 由复数的运算及矩阵的运算容易验证：对任意矩阵 $\boldsymbol{A}$、$\boldsymbol{B}$ 及任意的数 λ，都有

$$\overline{\boldsymbol{AB}}=\overline{\boldsymbol{A}}\,\overline{\boldsymbol{B}},\quad \overline{\lambda\boldsymbol{A}}=\lambda\overline{\boldsymbol{A}}$$

先看看实对称矩阵的特征值和特征向量的性质.

一、实对称矩阵特征值的性质

定理9　实对称矩阵的特征值都是实数.

证明： 设 $\boldsymbol{A}$ 是 n 阶实对称矩阵，λ 是 $\boldsymbol{A}$ 在复数域上的任一特征值，$\boldsymbol{\alpha}$ 为 $\boldsymbol{A}$ 的属于 λ 的特征向量，即 $\boldsymbol{A\alpha}=\lambda\boldsymbol{\alpha}$.

两边同时左乘 $\overline{\boldsymbol{\alpha}^{\mathrm{T}}}$ 得

$$\overline{\boldsymbol{\alpha}^{\mathrm{T}}}\boldsymbol{A\alpha}=\lambda\overline{\boldsymbol{\alpha}^{\mathrm{T}}}\boldsymbol{\alpha}$$

又根据$\boldsymbol{A}$为实对称矩阵可得

$$\overline{\alpha}^{\mathrm{T}} A\alpha = \overline{\alpha}^{\mathrm{T}} \overline{A}^{T} \alpha = \overline{\alpha^{\mathrm{T}} A^{\mathrm{T}}} \alpha = \overline{(A\alpha)}^{\mathrm{T}} \alpha = \overline{(\lambda\alpha)}^{\mathrm{T}} \alpha = \overline{\lambda\alpha}^{\mathrm{T}} \alpha$$

所以

$$\lambda\overline{\alpha}^{\mathrm{T}}\alpha = \overline{\lambda}\overline{\alpha}^{\mathrm{T}}\alpha$$

于是得

$$\lambda\overline{\alpha}^{\mathrm{T}}\alpha = \overline{\lambda}\overline{\alpha}^{\mathrm{T}}\alpha$$

即

$$\left(\lambda - \overline{\lambda}\right)\overline{\boldsymbol{\alpha}}^{\mathrm{T}}\boldsymbol{\alpha} = 0 \tag{5.16}$$

由于特征向量$\boldsymbol{\alpha} \neq \mathbf{0}$，所以$\overline{\boldsymbol{\alpha}}^{\mathrm{T}}\boldsymbol{\alpha} \neq 0$，于是由式（5.16）可得$\lambda - \overline{\lambda} = 0$，即$\lambda = \overline{\lambda}$. 故$\lambda$为实数.

既然实对称矩阵$\boldsymbol{A}$的任一特征值λ_i都是实数，所以方程组$\left(\lambda_i\boldsymbol{E} - \boldsymbol{A}\right)\boldsymbol{x} = \mathbf{0}$的系数矩阵$\lambda_i\boldsymbol{E} - \boldsymbol{A}$是实矩阵，因而该方程的非零解——即对应于特征值$\lambda_i$的特征向量都可以取为实向量. 所以我们在讨论实对称矩阵的对角化问题时，所有的特征值均为实数及特征向量都是实向量.

定理10 实对称矩阵的属于不同特征值的特征向量相互正交.

证明： 设λ_1和λ_2是$\boldsymbol{A}$的不同特征值. $\boldsymbol{\alpha}_1, \boldsymbol{\alpha}_2$分别为$\boldsymbol{A}$的属于特征值$\lambda_1$和$\lambda_2$的特征向量. 由$\boldsymbol{A}\boldsymbol{\alpha}_1 = \lambda_1\boldsymbol{\alpha}_1$取转置及$\boldsymbol{A}^{\mathrm{T}} = \boldsymbol{A}$得

$$\boldsymbol{\alpha}_1^{\mathrm{T}}\boldsymbol{A} = \lambda_1\boldsymbol{\alpha}_1^{\mathrm{T}}$$

上式两边右乘$\boldsymbol{\alpha}_2$，得

$$\boldsymbol{\alpha}_1^{\mathrm{T}}\boldsymbol{A}\boldsymbol{\alpha}_2 = \lambda_1\boldsymbol{\alpha}_1^{\mathrm{T}}\boldsymbol{\alpha}_2$$

由于$\boldsymbol{A}\boldsymbol{\alpha}_2 = \lambda_2\boldsymbol{\alpha}_2$，于是$\lambda_2\boldsymbol{\alpha}_1^{\mathrm{T}}\boldsymbol{\alpha}_2 = \lambda_1\boldsymbol{\alpha}_1^{\mathrm{T}}\boldsymbol{\alpha}_2$，即

$$\left(\lambda_2 - \lambda_1\right)\boldsymbol{\alpha}_1^{\mathrm{T}}\boldsymbol{\alpha}_2 = 0$$

因为$\lambda_1 \neq \lambda_2$，所以由上式即得

$$\boldsymbol{\alpha}_1^{\mathrm{T}}\boldsymbol{\alpha}_2 = 0$$

这就是说$\boldsymbol{\alpha}_1$与$\boldsymbol{\alpha}_2$是正交的.

定理11 任一实对称矩阵$\boldsymbol{A}$，必存在正交矩阵$\boldsymbol{U}$，使得$\boldsymbol{U}^{-1}\boldsymbol{A}\boldsymbol{U}$为对角矩阵.

（证明略）

定理11说明n阶实对称矩阵$\boldsymbol{A}$一定有n个线性无关的特征向量. 或者说明$\boldsymbol{A}$的任一特征值的重数恰好与属于它的线性无关的特征向量的个数一致.

二、实对称矩阵的对角化

对于实对称矩阵$\boldsymbol{A}$，如何确定一个正交矩阵$\boldsymbol{U}$，使得$\boldsymbol{U}^{-1}\boldsymbol{A}\boldsymbol{U}$为对角矩阵?

首先，由$\boldsymbol{U}^{-1}\boldsymbol{A}\boldsymbol{U}$为对角矩阵可知，$\boldsymbol{U}$的每个列向量都是$\boldsymbol{A}$的特征向量，其次，由$\boldsymbol{U}$为

正交矩阵可知，$\boldsymbol{U}$ 的列向量是标准正交向量组．因此，先求出 $\boldsymbol{A}$ 的 n 个线性无关的特征向量，再对这 n 个线性无关的特征向量用施密特正交化法进行正交化、单位化．

由以上分析，正交矩阵 $\boldsymbol{U}$ 的求法步骤如下：

（1）求出 $\boldsymbol{A}$ 的特征方程 $|\lambda\boldsymbol{E}-\boldsymbol{A}|=0$ 的全部根，即得到 $\boldsymbol{A}$ 的全部不同的特征值 $\lambda_1,\lambda_2,\cdots,\lambda_t$，重数分别为 $\gamma_1,\gamma_2,\cdots,\gamma_t$．

（2）对每一个特征值 λ_i，求相应的齐次线性方程组 $(\lambda_i\boldsymbol{E}-\boldsymbol{A})\boldsymbol{x}=\boldsymbol{0}$ 的基础解系 $\boldsymbol{\xi}_{i1},\boldsymbol{\xi}_{i2},\cdots,\boldsymbol{\xi}_{ir_i}$，再将其正交化、单位化得 $\boldsymbol{\gamma}_{i1},\boldsymbol{\gamma}_{i2},\cdots,\boldsymbol{\gamma}_{ir_i}$ $(i=1,2,\cdots,m)$．

（3）令 $\boldsymbol{U}=(\boldsymbol{\gamma}_{11},\boldsymbol{\gamma}_{12},\cdots,\boldsymbol{\gamma}_{1r_1},\boldsymbol{\gamma}_{21},\boldsymbol{\gamma}_{22},\cdots,\boldsymbol{\gamma}_{2r_2},\cdots,\boldsymbol{\gamma}_{m1},\boldsymbol{\gamma}_{m2},\cdots,\boldsymbol{\gamma}_{mr_m})$，则 $\boldsymbol{U}$ 即为所求的正交矩阵．

$$\boldsymbol{U}^{-1}\boldsymbol{A}\boldsymbol{U}=diag(\underbrace{\lambda_1,\cdots,\lambda_1}_{r_1\text{个}},\underbrace{\lambda_2,\cdots,\lambda_2}_{r_2\text{个}},\cdots\underbrace{\lambda_m,\cdots,\lambda_m}_{r_m\text{个}})$$

例8　设有实对称矩阵

$$\boldsymbol{A}=\begin{pmatrix}2&-2&0\\-2&1&-2\\0&-2&0\end{pmatrix}$$

求一个正交矩阵 $\boldsymbol{U}$，使 $\boldsymbol{U}^{-1}\boldsymbol{A}\boldsymbol{U}$ 为对角矩阵．

解：先求 $\boldsymbol{A}$ 的全部特征值，由特征方程

$$\det(\lambda\boldsymbol{E}-\boldsymbol{A})=\begin{vmatrix}\lambda-2&2&0\\2&\lambda-1&2\\0&2&\lambda\end{vmatrix}=(\lambda+2)(\lambda-4)(\lambda-1)=0$$

解得 $\boldsymbol{A}$ 的特征值 $\lambda_1=-2,\lambda_2=4,\lambda_3=1$．

对于 $\lambda_1=-2$，解齐次线性方程组 $(-2\boldsymbol{E}-\boldsymbol{A})\boldsymbol{x}=\boldsymbol{0}$，由

$$-2\boldsymbol{E}-\boldsymbol{A}=\begin{pmatrix}-4&2&0\\2&-3&2\\0&2&-2\end{pmatrix}\to\begin{pmatrix}1&0&-\frac{1}{2}\\0&1&-1\\0&0&0\end{pmatrix}$$

可得方程组的一个基础解系：$\boldsymbol{\alpha}_1=(1,2,2)^{\mathrm{T}}$，把 $\boldsymbol{\alpha}_1$ 单位化，得属于 $\lambda_1=-2$ 的单位特征向量 $\boldsymbol{\gamma}_1=\left(\frac{1}{3},\frac{2}{3},\frac{2}{3}\right)^{\mathrm{T}}$．

对于 $\lambda_2=4$，解齐次线性方程组 $(4\boldsymbol{E}-\boldsymbol{A})\boldsymbol{x}=\boldsymbol{0}$，由

$$4\boldsymbol{E}-\boldsymbol{A}=\begin{pmatrix}2&2&0\\2&3&2\\0&2&4\end{pmatrix}\to\begin{pmatrix}1&0&-2\\0&1&2\\0&0&0\end{pmatrix}$$

可得方程组的一个基础解系 $\boldsymbol{\alpha}_2=(2,-2,1)^{\mathrm{T}}$，把 $\boldsymbol{\alpha}_2$ 单位化，得属于 $\lambda_1=4$ 的单位特征向

量$\gamma_2=\left(\frac{2}{3},-\frac{2}{3},\frac{1}{3}\right)^{\mathrm{T}}$.

对于$\lambda_3=1$，解齐次线性方程组$(\boldsymbol{E}-\boldsymbol{A})\boldsymbol{x}=\boldsymbol{0}$，由

$$\boldsymbol{E}-\boldsymbol{A}=\begin{pmatrix}-1&2&0\\2&0&2\\0&2&1\end{pmatrix}\to\begin{pmatrix}1&0&1\\0&1&\frac{1}{2}\\0&0&0\end{pmatrix}$$

可得方程组的一个基础解系$\boldsymbol{\alpha}_3=(2,1,-2)^{\mathrm{T}}$，把$\boldsymbol{\alpha}_3$单位化，得属于$\lambda_3=1$的单位特征向量$\gamma_3=\left(\frac{2}{3},\frac{1}{3},-\frac{2}{3}\right)^{\mathrm{T}}$.

由于$\lambda_1=-2,\lambda_2=4,\lambda_3=1$是实对称矩阵$\boldsymbol{A}$的互不相同的特征值，根据定理10可知对应的特征向量$\gamma_1,\gamma_2,\gamma_3$两两正交．故$\gamma_1,\gamma_2,\gamma_3$就是$\boldsymbol{A}$的3个正交化、单位化的特征向量．令

$$\boldsymbol{U}=(\gamma_1,\gamma_2,\gamma_3)=\begin{pmatrix}\frac{1}{3}&\frac{2}{3}&\frac{2}{3}\\\frac{2}{3}&-\frac{2}{3}&\frac{1}{3}\\\frac{2}{3}&\frac{1}{3}&-\frac{2}{3}\end{pmatrix}$$

则$\boldsymbol{U}$就是所求的正交矩阵，且有

$$\boldsymbol{U}^{-1}\boldsymbol{A}\boldsymbol{U}=\begin{pmatrix}-2&0&0\\0&4&0\\0&0&1\end{pmatrix}$$

例9　设有实对称矩阵

$$\boldsymbol{A}=\begin{pmatrix}2&2&-2\\2&5&-4\\-2&-4&5\end{pmatrix}$$

求一个正交矩阵$\boldsymbol{U}$，使$\boldsymbol{U}^{-1}\boldsymbol{A}\boldsymbol{U}$为对角矩阵.

解：由$\boldsymbol{A}$的特征方程

$$\det(\lambda\boldsymbol{E}-\boldsymbol{A})=\begin{vmatrix}\lambda-2&-2&2\\-2&\lambda-5&4\\2&4&\lambda-5\end{vmatrix}=(\lambda-10)(\lambda-1)^2=0$$

解得$\boldsymbol{A}$的特征值为$\lambda_1=\lambda_2=1$，$\lambda_3=10$.

对于$\lambda_1=\lambda_2=1$，解齐次线性方程组$(\boldsymbol{E}-\boldsymbol{A})\boldsymbol{x}=\boldsymbol{0}$，由

$$E-A=\begin{pmatrix}-1&-2&2\\-2&-4&4\\2&4&-4\end{pmatrix}\to\begin{pmatrix}1&2&-2\\0&0&0\\0&0&0\end{pmatrix}$$

得同解方程组为 $x_1+2x_2-2x_3=0$. 令自由未知量 x_2,x_3 分别取

$$\begin{pmatrix}x_1\\x_2\end{pmatrix}=\begin{pmatrix}1\\1\end{pmatrix},\begin{pmatrix}-1\\1\end{pmatrix}$$

可得方程组的一个基础解系：

$$\boldsymbol{\xi}_1=\begin{pmatrix}0\\1\\1\end{pmatrix},\boldsymbol{\xi}_2=\begin{pmatrix}4\\-1\\1\end{pmatrix}$$

$\boldsymbol{\xi}_1$ 与 $\boldsymbol{\xi}_2$ 已是正交的，再把它们单位化，则得属于二重特征值 $\lambda_1=\lambda_2=1$ 的正交化、单位化的特征向量

$$\boldsymbol{\gamma}_1=\begin{pmatrix}0\\\frac{1}{\sqrt{2}}\\\frac{1}{\sqrt{2}}\end{pmatrix},\boldsymbol{\gamma}_2=\begin{pmatrix}\frac{4}{3\sqrt{2}}\\-\frac{1}{3\sqrt{2}}\\\frac{1}{3\sqrt{2}}\end{pmatrix}$$

对于 $\lambda_3=10$，解齐次线性方程组 $(10\boldsymbol{E}-\boldsymbol{A})\boldsymbol{x}=\boldsymbol{0}$，由

$$10\boldsymbol{E}-\boldsymbol{A}=\begin{pmatrix}8&-2&2\\-2&5&4\\2&4&5\end{pmatrix}\to\begin{pmatrix}1&0&\frac{1}{2}\\0&1&1\\0&0&0\end{pmatrix}$$

可得方程组的一个基础解系 $\boldsymbol{\xi}_3=(1,2,-2)^{\mathrm{T}}$，把 $\boldsymbol{\xi}_3$ 单位化，得属于 $\lambda_3=10$ 的单位特征向量 $\boldsymbol{\gamma}_3=\left(\frac{1}{3},\frac{2}{3},-\frac{2}{3}\right)^{\mathrm{T}}$.

所求的正交矩阵为

$$\boldsymbol{U}=(\boldsymbol{\gamma}_1,\boldsymbol{\gamma}_2,\boldsymbol{\gamma}_3)=\begin{pmatrix}0&\frac{4}{3\sqrt{2}}&\frac{1}{3}\\\frac{1}{\sqrt{2}}&-\frac{1}{3\sqrt{2}}&\frac{2}{3}\\\frac{1}{\sqrt{2}}&\frac{1}{3\sqrt{2}}&-\frac{2}{3}\end{pmatrix}$$

且有

$$U^{-1}AU=\begin{pmatrix}1&0&0\\0&1&0\\0&0&10\end{pmatrix}$$

在例9中，如果取属于特征值$\lambda_1=\lambda_2=1$的特征向量为

$$\boldsymbol{\alpha}_1=\begin{pmatrix}-2\\1\\0\end{pmatrix},\boldsymbol{\alpha}_2=\begin{pmatrix}2\\0\\1\end{pmatrix}$$

则$\boldsymbol{\alpha}_1$与$\boldsymbol{\alpha}_2$不正交，为了得到正交化的特征向量，就要利用施密特正交化方法将$\boldsymbol{\alpha}_1$、$\boldsymbol{\alpha}_2$正交化，即令

$$\boldsymbol{\beta}_1=\boldsymbol{\alpha}_1=\begin{pmatrix}-2\\1\\0\end{pmatrix}$$

$$\boldsymbol{\beta}_2=\boldsymbol{\alpha}_2-\frac{(\boldsymbol{\alpha}_2,\boldsymbol{\beta}_1)}{(\boldsymbol{\beta}_1,\boldsymbol{\beta}_1)}\boldsymbol{\beta}_1=\begin{pmatrix}\frac{2}{5}\\\frac{4}{5}\\1\end{pmatrix}$$

再将$\boldsymbol{\beta}_1$与$\boldsymbol{\beta}_2$单位化，就得到属于$\lambda_1=\lambda_2=1$的正交化、单位化的特征向量

$$\boldsymbol{\eta}_1=\begin{pmatrix}-\frac{2}{\sqrt{5}}\\\frac{1}{\sqrt{5}}\\0\end{pmatrix},\boldsymbol{\eta}_2=\begin{pmatrix}\frac{2}{3\sqrt{5}}\\\frac{4}{3\sqrt{5}}\\\frac{5}{3\sqrt{5}}\end{pmatrix}$$

这时，求得的正交矩阵就是

$$\boldsymbol{U}=(\boldsymbol{\eta}_1,\boldsymbol{\eta}_2,\boldsymbol{\gamma}_3)=\begin{pmatrix}\frac{-2}{\sqrt{5}}&\frac{2}{3\sqrt{5}}&\frac{1}{3}\\\frac{1}{\sqrt{5}}&\frac{4}{3\sqrt{5}}&\frac{2}{3}\\0&\frac{5}{3\sqrt{5}}&-\frac{2}{3}\end{pmatrix}$$

可见所求的正交矩阵不是唯一的．另外从以上运算可见，如果能在求方程组$(\lambda_i\boldsymbol{E}-\boldsymbol{A})\boldsymbol{x}=\boldsymbol{0}$的基础解系时，直接求得属于重特征值$\lambda_i$的正交化的特征向量，就可免去施密特正交化的过程，从而使运算量减少．

习 题 五

1．求下列矩阵的特征值和特征向量．

（1）$\boldsymbol{A}=\begin{pmatrix}2 & 1 & 1\\ 0 & 2 & 0\\ 0 & -1 & 1\end{pmatrix}$　　（2）$\boldsymbol{A}=\begin{pmatrix}1 & -3 & 3\\ 3 & -5 & 3\\ 6 & -6 & 4\end{pmatrix}$

2．求下列矩阵$\boldsymbol{A}$的特征值和特征向量．

（1）$\boldsymbol{A}$是n阶零矩阵　　（2）$\boldsymbol{A}$是n阶数量矩阵

3．设三阶矩阵$\boldsymbol{A}$的特征值为$\lambda_1=\lambda_2=-1$，$\lambda_3=4$，试求$\det\boldsymbol{A}$和$\operatorname{tr}\boldsymbol{A}$．

4．如果向量$\boldsymbol{\alpha}=(1,\ k)^{\mathrm{T}}$是矩阵$\boldsymbol{A}=\begin{pmatrix}3 & 1\\ 5 & -1\end{pmatrix}$的逆矩阵$\boldsymbol{A}^{-1}$的特征向量，求常数$k$的值．

5．设λ_0是n阶矩阵$\boldsymbol{A}$的一个特征值，试证：

（1）$k\lambda_0$是$k\boldsymbol{A}$的一个特征值（k为常数）；

（2）λ_0^m是$\boldsymbol{A}^m$的一个特征值（m为正整数）；

（3）若$\boldsymbol{A}$可逆，则$\dfrac{1}{\lambda_0}$是$\boldsymbol{A}^{-1}$的一个特征值；

（4）若$\boldsymbol{A}$可逆，则$\dfrac{\det\boldsymbol{A}}{\lambda_0}$是$\boldsymbol{A}^*$的一个特征值；

（5）对任意数k，$k-\lambda_0$是矩阵$k\boldsymbol{E}-\boldsymbol{A}$的一个特征值．

6．设矩阵$\boldsymbol{A}$满足$\boldsymbol{A}^2-3\boldsymbol{A}-10\boldsymbol{E}=\boldsymbol{0}$，证明$\boldsymbol{A}$的特征值只能为5或−2．

7．$\boldsymbol{A}$为三阶矩阵，$\boldsymbol{A}$的特征值为1，3，5．试求行列式$\det(\boldsymbol{A}^*-2\boldsymbol{E})$的值，其中$\boldsymbol{A}^*$是$\boldsymbol{A}$的伴随矩阵．

8．证明相似矩阵的下述性质．

（1）如果矩阵$\boldsymbol{A}$与$\boldsymbol{B}$相似，则$\det\boldsymbol{A}=\det\boldsymbol{B}$；

（2）如果矩阵$\boldsymbol{A}$与$\boldsymbol{B}$相似，则$r(\boldsymbol{A})=r(\boldsymbol{B})$；

（3）如果矩阵$\boldsymbol{A}$与$\boldsymbol{B}$相似，则$\boldsymbol{A}^{\mathrm{T}}\sim\boldsymbol{B}^{\mathrm{T}}$；

（4）如果矩阵$\boldsymbol{A}$与$\boldsymbol{B}$相似，且$\boldsymbol{A}$与$\boldsymbol{B}$都可逆，则$\boldsymbol{A}^{-1}\sim\boldsymbol{B}^{-1}$．

9．设n阶矩阵$\boldsymbol{A}$与$\boldsymbol{B}$相似，m阶矩阵$\boldsymbol{C}$与$\boldsymbol{D}$相似，证明分块矩阵$\begin{pmatrix}\boldsymbol{A} & \boldsymbol{O}\\ \boldsymbol{O} & \boldsymbol{C}\end{pmatrix}$与$\begin{pmatrix}\boldsymbol{B} & \boldsymbol{O}\\ \boldsymbol{O} & \boldsymbol{D}\end{pmatrix}$相似．

10．下列矩阵是否可对角化？若可对角化，试求可逆矩阵$\boldsymbol{P}$，使$\boldsymbol{P}^{-1}\boldsymbol{A}\boldsymbol{P}$为对角矩阵．

（1）$\boldsymbol{A}=\begin{pmatrix}4 & 2 & 3\\ 2 & 1 & 2\\ -1 & -2 & 0\end{pmatrix}$　　（2）$\boldsymbol{A}=\begin{pmatrix}1 & -1 & 1\\ 2 & 4 & -2\\ -3 & -3 & 5\end{pmatrix}$

11．已知 $\boldsymbol{\alpha}=(1,1,-1)^{\mathrm{T}}$ 是矩阵 $\boldsymbol{A}=\begin{pmatrix}2&-1&2\\5&a&3\\-1&b&-2\end{pmatrix}$ 的一个特征向量．试确定 a，b 值和 α 所对应的特征值，并判断 $\boldsymbol{A}$ 是否可对角化？

12．已知矩阵 $\boldsymbol{A}=\begin{pmatrix}2&0&0\\0&0&1\\0&1&x\end{pmatrix}$ 与 $\boldsymbol{B}=\begin{pmatrix}2&0&0\\0&y&0\\0&0&-1\end{pmatrix}$ 相似．（1）求 x，y 的值；（2）求矩阵 $\boldsymbol{P}$，使得 $\boldsymbol{P}^{-1}\boldsymbol{A}\boldsymbol{P}=\boldsymbol{B}$．

13．设三阶矩阵 $\boldsymbol{A}=\begin{pmatrix}2&1&1\\0&2&0\\0&-1&1\end{pmatrix}$，求 $\boldsymbol{A}^n$（n 为正整数）.

14．设三阶实对称矩阵 $\boldsymbol{A}$ 的特征值为1，2，3，对应的特征向量分别为 $\boldsymbol{\alpha}_1=(1,1,1)^{\mathrm{T}}$，$\boldsymbol{\alpha}_2=(1,0,1)^{\mathrm{T}}$，$\boldsymbol{\alpha}_3=(0,1,1)^{\mathrm{T}}$，求矩阵 $\boldsymbol{A}$ 和 $\boldsymbol{A}^3$.

15．计算向量 $\boldsymbol{\alpha}$ 与 $\boldsymbol{\beta}$ 的内积，并判断它们是否正交.

（1）$\boldsymbol{\alpha}=(-1,0,3,5)^{\mathrm{T}}$，$\boldsymbol{\beta}=(4,-2,0,-1)^{\mathrm{T}}$

（2）$\boldsymbol{\alpha}=(\frac{\sqrt{3}}{2},-\frac{1}{3},\frac{\sqrt{3}}{4},-1)^{\mathrm{T}}$，$\boldsymbol{\beta}=(-\frac{\sqrt{3}}{2},-2,\sqrt{3},\frac{2}{3})^{\mathrm{T}}$

16．将下列向量单位化.

（1）$\boldsymbol{\alpha}=(1,-1,-1,1)^{\mathrm{T}}$　　（2）$\boldsymbol{\beta}=(\frac{1}{2},-2,0,1)^{\mathrm{T}}$

17．如果向量 $\boldsymbol{\beta}$ 与向量组 $\boldsymbol{\alpha}_1,\boldsymbol{\alpha}_2,\cdots,\boldsymbol{\alpha}_s$ 的每个向量都正交，求证：$\boldsymbol{\beta}$ 与 $\boldsymbol{\alpha}_1,\boldsymbol{\alpha}_2,\cdots,\boldsymbol{\alpha}_s$ 的任意线性组合也正交.

18．利用施密特正交化方法，将下列各向量组化为正交的单位向量组.

（1）$\boldsymbol{\alpha}_1=(0,1,1)^{\mathrm{T}},\boldsymbol{\alpha}_2=(1,1,0)^{\mathrm{T}},\boldsymbol{\alpha}_3=(1,0,1)^{\mathrm{T}}$

（2）$\boldsymbol{\alpha}_1=(1,-2,2)^{\mathrm{T}},\boldsymbol{\alpha}_2=(-1,0,-1)^{\mathrm{T}},\boldsymbol{\alpha}_3=(5,-3,-7)^{\mathrm{T}}$

（3）$\boldsymbol{\alpha}_1=(1,1,1,1)^{\mathrm{T}},\boldsymbol{\alpha}_2=(3,3,-1,-1)^{\mathrm{T}},\boldsymbol{\alpha}_3=(-2,0,6,8)^{\mathrm{T}}$

19．设 $\boldsymbol{A}$ 为正交矩阵，证明：$\det\boldsymbol{A}=1$ 或 -1.

20．证明：如果 $\boldsymbol{A}$ 为 n 阶正交矩阵，则其逆矩阵 $\boldsymbol{A}^{-1}$ 与其伴随矩阵 $\boldsymbol{A}^*$ 也都是正交矩阵.

21．如果 $\boldsymbol{A}$，$\boldsymbol{B}$ 为 n 阶正交矩阵，求证 $\boldsymbol{AB}$ 也是正交矩阵.

22．对下列实对称矩阵 $\boldsymbol{A}$，求正交矩阵 $\boldsymbol{Q}$，使 $\boldsymbol{Q}^{-1}\boldsymbol{A}\boldsymbol{Q}$ 为对角矩阵.

（1）$\boldsymbol{A}=\begin{pmatrix}1&1&1\\1&1&1\\1&1&1\end{pmatrix}$　　（2）$\boldsymbol{A}=\begin{pmatrix}1&-2&0\\-2&2&-2\\0&-2&3\end{pmatrix}$

23．设三阶实对称矩阵 $\boldsymbol{A}$ 的特征值为 $\lambda_1=-1$，$\lambda_2=1$（二重），对应于 λ_1 的特征向量 $\boldsymbol{\alpha}_1=(0,1,1)^{\mathrm{T}}$.

（1）求 $\boldsymbol{A}$ 对应于特征值1的特征向量；

（2）求矩阵$\boldsymbol{A}$.

24．设$\boldsymbol{A}=\begin{pmatrix}2&1&2\\1&2&2\\2&2&1\end{pmatrix}$，求$f(\boldsymbol{A})=\boldsymbol{A}^{10}-6\boldsymbol{A}^{9}+5\boldsymbol{A}^{8}$.

自 测 题 五

一、填空题.

1．若$\lambda=0$是方阵$\boldsymbol{A}$的一个特征值，则$\det\boldsymbol{A}=$________.

2．若$\lambda=2$是可逆方阵$\boldsymbol{A}$的一个特征值，则方阵$\left(\frac{1}{2}\boldsymbol{A}^2\right)^{-1}$必有一个特征值为_______.

3．设$\boldsymbol{A}=\begin{pmatrix}1&-1&0\\2&x&0\\4&2&1\end{pmatrix}$，求$\boldsymbol{A}$的特征值为1，2，3，则$x$=________.

4．$\boldsymbol{A}$满足$\boldsymbol{A}^2+2\boldsymbol{A}+\boldsymbol{E}=\boldsymbol{O}$，则$\boldsymbol{A}$有特征值________.

5．若$\boldsymbol{A}=\begin{pmatrix}2&0&0\\0&0&1\\0&1&x\end{pmatrix}$与$\boldsymbol{B}=\begin{pmatrix}2&&\\&y&\\&&-1\end{pmatrix}$相似，则$x=$_______，$y=$________.

6. 设$\boldsymbol{A}$为实对称矩阵，$\boldsymbol{\alpha}_1=(1,1,3)^{\mathrm{T}}$与$\boldsymbol{\alpha}_2=(4,5,a)^{\mathrm{T}}$分别是属于$\boldsymbol{A}$的相异特征值$\lambda_1$与$\lambda_2$的特征向量，则$a=$________.

二、单项选择题.

1．设$\boldsymbol{A}=\begin{pmatrix}1&1&0\\1&0&1\\0&1&1\end{pmatrix}$，则$\boldsymbol{A}$的特征值为（　　）.

A．1，0，1　　　　B．1，1，2

C．−1，1，2　　　　D．−1，1，1

2．已知$\boldsymbol{\alpha}_1,\boldsymbol{\alpha}_2$为方程组$(\lambda\boldsymbol{E}-\boldsymbol{A})\boldsymbol{X}=\boldsymbol{0}$的两个不同的解向量，则下列向量中必为$\boldsymbol{A}$的属于$\lambda$的特征向量是（　　）.

A．$\boldsymbol{\alpha}_1$　　　　B．$\boldsymbol{\alpha}_2$

C．$\boldsymbol{\alpha}_1-\boldsymbol{\alpha}_2$　　　　D．$\boldsymbol{\alpha}_1+\boldsymbol{\alpha}_2$

3．设$\boldsymbol{A}$为n阶方阵，则（　　）.

A．$\boldsymbol{A}$的特征值一定是实数

B．$\boldsymbol{A}$必有n个线性无关的特征向量

C．$\boldsymbol{A}$可能有$n+1$个线性无关的特征向量

D．$\boldsymbol{A}$最多有n个线性无关的特征向量

4．n阶方阵$\boldsymbol{A}$有n个线性无关的特征向量是$\boldsymbol{A}$与对角矩阵相似的（　　）.

A．充分必要条件　　B．充分非必要条件

C．必要非充分条件　　D．既非充分也非必要条件

5．n 阶方阵 $\boldsymbol{A}$ 与某对角矩阵相似，则（　　）.

A．$\boldsymbol{A}$ 的秩为 n　　B．$\boldsymbol{A}$ 有 n 个不同的特征向量

C．$\boldsymbol{A}$ 是实对称矩阵　　D．$\boldsymbol{A}$ 有 n 个线性无关的特征向量

6．同阶方阵 $\boldsymbol{A}$ 与 $\boldsymbol{B}$ 相似的充分必要条件是（　　）.

A．存在两个可逆矩阵 $\boldsymbol{P}$ 与 $\boldsymbol{Q}$，使 $\boldsymbol{PAQ}=\boldsymbol{B}$

B．存在可逆矩阵 $\boldsymbol{P}$，使 $\boldsymbol{A}=\boldsymbol{P}^{-1}\boldsymbol{BP}$

C．存在可逆矩阵 $\boldsymbol{P}$，使 $\boldsymbol{P}^{\mathrm{T}}\boldsymbol{AP}=\boldsymbol{B}$

D．$r(\boldsymbol{A})=r(\boldsymbol{B})$

7．如果方阵 $\boldsymbol{A}$ 与对角矩阵 $\boldsymbol{D}=\begin{pmatrix}1&&\\&1&\\&&-1\end{pmatrix}$ 相似，则 $\boldsymbol{A}^{10}=$（　　）.

A．$\boldsymbol{E}$　　B．$\boldsymbol{A}$　　C．$-\boldsymbol{E}$　　D．$10\boldsymbol{E}$

8．下列矩阵不是正交矩阵的是（　　）.

A．$\begin{pmatrix}0&-1\\1&0\end{pmatrix}$　　B．$\begin{pmatrix}\cos\theta&\sin\theta&0\\-\sin\theta&\cos\theta&0\\0&0&-1\end{pmatrix}$

C．$\dfrac{1}{6}\begin{pmatrix}1&5&\sqrt{10}\\5&1&-\sqrt{10}\\\sqrt{10}&-\sqrt{10}&4\end{pmatrix}$　　D．$\begin{pmatrix}\sqrt{3}+1&\sqrt{3}-1\\\sqrt{3}-1&-\sqrt{3}-1\end{pmatrix}$

三、计算题.

1．求方阵 $\boldsymbol{A}=\begin{pmatrix}2&-1&2\\5&-3&3\\-1&0&-2\end{pmatrix}$ 的特征值与特征向量，并指出 $\boldsymbol{A}$ 能否相似于对角矩阵.

2．设矩阵 $\boldsymbol{A}=\begin{pmatrix}2&1&1\\1&2&1\\1&1&2\end{pmatrix}$，$\boldsymbol{\alpha}=\begin{pmatrix}1\\b\\1\end{pmatrix}$ 是 $\boldsymbol{A}^*$ 的属于非零特征值 λ 的特征向量，求 b,λ.

3．设矩阵

$$\boldsymbol{A}=\begin{pmatrix}1&0&2\\0&-1&0\\3&0&2\end{pmatrix}$$

求一个正交矩阵 $\boldsymbol{U}$，使 $\boldsymbol{U}^{-1}\boldsymbol{AU}$ 成为对角矩阵，并写出相应的对角矩阵.

4．设二阶矩阵 $\boldsymbol{A}$ 的特征值为 $\lambda_1=-1,\lambda_2=2$，对应的特征向量分别为 $\boldsymbol{\xi}_1=(1,2)^{\mathrm{T}}$，$\boldsymbol{\xi}_2=(2,5)^{\mathrm{T}}$，求方阵 $\boldsymbol{A}$.

四、证明题.

若n阶非零方阵$\boldsymbol{A}$满足$\boldsymbol{A}^k=\boldsymbol{O}$（$k$为正整数），证明$\boldsymbol{A}$不与对角阵相似.

第6章　二 次 型

二次型的问题起源于解析几何中曲线的形状研究及曲线分类的研究的需要．例如，在平面解析几何中，研究二次曲线 $x^2+xy+y^2=1$ 在平面上的形状是怎样的？一般要通过坐标的旋转变换

$$\begin{cases} x = x_1\cos\dfrac{\pi}{4} - y_1\sin\dfrac{\pi}{4} \\ y = x_1\sin\dfrac{\pi}{4} + y_1\cos\dfrac{\pi}{4} \end{cases}$$

将曲线方程化为

$$\frac{3}{2}x_1 + \frac{1}{2}y_1 = 1$$

由此可以判别曲线的类型为椭圆．此问题的实质就是把二次型化为只含平方项的二次型．

科学技术和经济管理领域中的许多数学模型也经常遇到类似的问题，这就是二次型研究的内容：实二次型定义及其和对称矩阵的关系、如何求实二次型的标准形和规范形及二次型的正定性．

6.1　二次型的基本概念

一、二次型及其矩阵

定义1　含有n个变量 $x_1,x_2,\cdots,x_n$ 的二次齐次多项式

$$\begin{aligned} f(x_1,x_2,\cdots,x_n) = a_{11}x_1^2 &+ 2a_{12}x_1x_2 + 2a_{13}x_1x_3 + \cdots + 2a_{1n}x_1x_n \\ &+ a_{22}x_2^2 + 2a_{23}x_2x_3 + \cdots + 2a_{2n}x_2x_n \\ &+ \cdots + a_{nn}x_n^2 \end{aligned} \tag{6.1}$$

称为n元二次型，简称为二次型．当二次型的各项系数为实数时，称它为实二次型．当二次型的各项系数为复数时，称它为复二次型．本章主要讨论实二次型．

例如，下面就是两个实二次型．

（1）$f(x_1,x_2,x_3) = x_1^2 + 2x_1x_2 - x_2^2 + x_1x_3 + x_3^2$

（2）$f(x_1,x_2,x_3) = 2x_1^2 + 5x_2^2 + 5x_3^2 + 4x_1x_2 - 4x_1x_3 - 8x_2x_3$

由于二次型中 $x_ix_j = x_jx_i$，再令 $a_{ij} = a_{ji}$，从而有

$$2a_{ij}x_ix_j = a_{ij}x_ix_j + a_{ji}x_jx_i$$

因此二次型（6.1）可以写成

$$\begin{aligned} f(x_1,x_2,\cdots,x_n) &= a_{11}x_1x_1 + a_{12}x_1x_2 + a_{13}x_1x_3 + \cdots + a_{1n}x_1x_n \\ &+a_{21}x_2x_1 + a_{22}x_2x_2 + a_{23}x_2x_3 + \cdots + a_{2n}x_2x_n \\ &+\cdots +a_{n1}x_nx_1 + a_{n2}x_nx_2 + a_{n3}x_nx_3 + \cdots + a_{nn}x_nx_n = \sum_{i=1}^{n}\sum_{j=1}^{n} a_{ij}x_ix_j \end{aligned} \tag{6.2}$$

由矩阵的乘法，式（6.2）还可以用矩阵表示为

$$\begin{aligned} f(x_1,x_2,\cdots,x_n) &= x_1(a_{11}x_1 + a_{12}x_2 + a_{13}x_3 + \cdots + a_{1n}x_n) \\ &+x_2(a_{21}x_1 + a_{22}x_2 + a_{23}x_3 + \cdots + a_{2n}x_n) \\ &+\cdots +x_n(a_{n1}x_1 + a_{n2}x_2 + a_{n3}x_3 + \cdots + a_{nn}x_n) \\ &= (x_1,x_2,\cdots,x_n)\begin{pmatrix} a_{11}x_1 + a_{12}x_2 + \cdots + a_{1n}x_n \\ a_{21}x_1 + a_{22}x_2 + \cdots + a_{2n}x_n \\ \cdots\cdots \\ a_{n1}x_1 + a_{n2}x_2 + \cdots + a_{nn}x_n \end{pmatrix} \\ &= (x_1,x_2,\cdots,x_n)\begin{pmatrix} a_{11} & a_{12} & \cdots & a_{1n} \\ a_{21} & a_{22} & \cdots & a_{2n} \\ \vdots & \vdots & & \vdots \\ a_{n1} & a_{n2} & \cdots & a_{nn} \end{pmatrix}\begin{pmatrix} x_1 \\ x_2 \\ \vdots \\ x_n \end{pmatrix} \end{aligned}$$

如果记

$$\boldsymbol{A} = \begin{pmatrix} a_{11} & a_{12} & \cdots & a_{1n} \\ a_{21} & a_{22} & \cdots & a_{2n} \\ \vdots & \vdots & & \vdots \\ a_{n1} & a_{n2} & \cdots & a_{nn} \end{pmatrix}, \quad \boldsymbol{X} = \begin{pmatrix} x_1 \\ x_2 \\ \vdots \\ x_n \end{pmatrix}$$

则二次型（6.2）可写成

$$f(x_1,x_2,\cdots,x_n) = \boldsymbol{X}^{\mathrm{T}}\boldsymbol{A}\boldsymbol{X} \tag{6.3}$$

其中 $\boldsymbol{A}$ 为对称矩阵，式（6.3）称为二次型的矩阵形式，矩阵 $\boldsymbol{A}$ 称为二次型的矩阵，矩阵 $\boldsymbol{A}$ 的秩 $r(\boldsymbol{A})$ 称为该二次型的秩．二次型的秩记作 $r(f)$．

由上面的分析过程可知，每一个二次型（6.1）都有唯一的 n 阶对称矩阵 $\boldsymbol{A}$ 与之对应；反之，如果给定一个 n 阶对称矩阵 $\boldsymbol{A}$，就可以唯一确定一个 n 元二次型 $\boldsymbol{X}^{\mathrm{T}}\boldsymbol{A}\boldsymbol{X}$，该二次型的矩阵就是 $\boldsymbol{A}$．可见 n 元二次型与 n 阶对称矩阵之间有着一一对应的关系．因此，对二次型的讨论就可以归结为对其矩阵进行讨论．

例1 求二次型 $f(x_1,x_2,x_3) = 2x_1^2 + 5x_2^2 + 5x_3^2 + 4x_1x_2 - 4x_1x_3 - 8x_2x_3$ 的矩阵，并求此二次型的秩．

解： $f(x_1,x_2,x_3) = 2x_1^2 + 2x_1x_2 - 2x_1x_3 + 2x_2x_1 + 5x_2^2 - 4x_2x_3 - 2x_3x_1 - 4x_3x_2 + 5x_3^2$

$$=x_1(2x_1+2x_2-2x_3)+x_2(2x_1+5x_2-4x_3)-x_3(2x_1-4x_2+5x_3)$$

$$=(x_1\ x_2\ x_3)\begin{pmatrix}2&2&-2\\2&5&-4\\-2&-4&5\end{pmatrix}\begin{pmatrix}x_1\\x_2\\x_3\end{pmatrix}$$

所以此二次型的矩阵为

$$\boldsymbol{A}=\begin{pmatrix}2&2&-2\\2&5&-4\\-2&-4&5\end{pmatrix}$$

$$\boldsymbol{A}=\begin{pmatrix}2&2&-2\\2&5&-4\\-2&-4&5\end{pmatrix}\to\begin{pmatrix}2&2&-2\\0&3&-2\\0&0&\dfrac{5}{3}\end{pmatrix},\quad r(f)=r(\boldsymbol{A})=3$$

例2 求以对称矩阵 $\boldsymbol{A}=\begin{pmatrix}5&0&3\\0&0&-3\\3&-3&1\end{pmatrix}$ 为矩阵的二次型.

解： $f(x_1,x_2,x_3)=\boldsymbol{X}^{\mathrm{T}}\boldsymbol{AX}=(x_1\ x_2\ x_3)\begin{pmatrix}5&0&3\\0&0&-3\\3&-3&1\end{pmatrix}\begin{pmatrix}x_1\\x_2\\x_3\end{pmatrix}=5x_1^2+6x_1x_3-6x_2x_3+x_3^2$

为了对 n 元二次型进行深入的研究，下面引入线性替换的概念.

二、线性替换

定义2 设两组变量 $x_1,x_2,\cdots,x_n$ 与 $y_1,y_2,\cdots,y_n$ ，称关系式

$$\begin{cases}x_1=c_{11}y_1+c_{12}y_2+\cdots+c_{1n}y_n\\x_2=c_{21}y_1+c_{22}y_2+\cdots+c_{2n}y_n\\\qquad\cdots\\x_n=c_{n1}y_1+c_{n2}y_2+\cdots+c_{nn}y_n\end{cases}\tag{6.4}$$

为由变量 $x_1,x_2,\cdots,x_n$ 到变量 $y_1,y_2,\cdots,y_n$ 的一个线性替换.

如果记

$$\boldsymbol{C}=\begin{pmatrix}c_{11}&c_{12}&\cdots&c_{1n}\\c_{21}&c_{22}&\cdots&c_{2n}\\\vdots&\vdots&&\vdots\\c_{n1}&c_{n2}&\cdots&c_{nn}\end{pmatrix},\quad\boldsymbol{X}=\begin{pmatrix}x_1\\x_2\\\vdots\\x_n\end{pmatrix},\quad\boldsymbol{Y}=\begin{pmatrix}y_1\\y_2\\\vdots\\y_n\end{pmatrix}$$

则式（6.4）所表示的线性替换可写成矩阵形式

$$\boldsymbol{X}=\boldsymbol{CY}\tag{6.5}$$

矩阵$\boldsymbol{C}$称为线性替换（6.4）的矩阵. 当$\det\boldsymbol{C}\neq 0$时，称（6.4）为非退化的线性替换或可逆线性替换.

定义3 设$\boldsymbol{A}$，$\boldsymbol{B}$为两个n阶矩阵，如果存在可逆矩阵$\boldsymbol{C}$，使得

$$\boldsymbol{B}=\boldsymbol{C}^{\mathrm{T}}\boldsymbol{A}\boldsymbol{C}$$

则称矩阵$\boldsymbol{A}$与$\boldsymbol{B}$合同. 记作：$\boldsymbol{A}\simeq\boldsymbol{B}$.

矩阵的合同关系具有下述性质：

（1）**反身性** 对任一n阶矩阵，有$\boldsymbol{A}\simeq\boldsymbol{A}$. 因为$\boldsymbol{E}^{\mathrm{T}}\boldsymbol{A}\boldsymbol{E}=\boldsymbol{A}$.

（2）**对称性** 如果$\boldsymbol{A}\simeq\boldsymbol{B}$，则$\boldsymbol{B}\simeq\boldsymbol{A}$. 这是因为$\boldsymbol{B}=\boldsymbol{C}^{\mathrm{T}}\boldsymbol{A}\boldsymbol{C}$，则

$$\boldsymbol{A}=(\boldsymbol{C}^{\mathrm{T}})^{-1}\boldsymbol{B}(\boldsymbol{C}^{\mathrm{T}})=(\boldsymbol{C}^{-1})^{\mathrm{T}}\boldsymbol{B}(\boldsymbol{C}^{-1})$$

（3）**传递性** 如果$\boldsymbol{A}\simeq\boldsymbol{B}$，$\boldsymbol{B}\simeq\boldsymbol{C}$，则$\boldsymbol{A}\simeq\boldsymbol{C}$. 由于$\boldsymbol{B}=\boldsymbol{C}_1^{\mathrm{T}}\boldsymbol{A}\boldsymbol{C}_1$，$\boldsymbol{C}=\boldsymbol{C}_2^{\mathrm{T}}\boldsymbol{B}\boldsymbol{C}_2$，可得

$$\boldsymbol{C}=\boldsymbol{C}_2^{\mathrm{T}}\boldsymbol{C}_1^{\mathrm{T}}\boldsymbol{A}\boldsymbol{C}_1\boldsymbol{C}_2=(\boldsymbol{C}_1\boldsymbol{C}_2)^{\mathrm{T}}\boldsymbol{A}\boldsymbol{C}_1\boldsymbol{C}_2$$

显然，如果矩阵$\boldsymbol{A}$与矩阵$\boldsymbol{B}$合同，那么$r(\boldsymbol{A})=r(\boldsymbol{B})$.

如果对二次型$f(x_1,x_2,\cdots,x_n)=\boldsymbol{X}^{\mathrm{T}}\boldsymbol{A}\boldsymbol{X}$（其中$\boldsymbol{A}^{\mathrm{T}}=\boldsymbol{A}$）做可逆线性替换$\boldsymbol{X}=\boldsymbol{C}\boldsymbol{Y}$.

则

$$f(x_1,x_2,\cdots,x_n)=\boldsymbol{X}^{\mathrm{T}}\boldsymbol{A}\boldsymbol{X}=(\boldsymbol{C}\boldsymbol{Y})^{\mathrm{T}}\boldsymbol{A}(\boldsymbol{C}\boldsymbol{Y})=\boldsymbol{Y}^{\mathrm{T}}(\boldsymbol{C}^{\mathrm{T}}\boldsymbol{A}\boldsymbol{C})\boldsymbol{Y}=\boldsymbol{Y}^{\mathrm{T}}\boldsymbol{B}\boldsymbol{Y}=g(y_1,y_2,\cdots,y_n)$$

其中$\boldsymbol{B}=\boldsymbol{C}^{\mathrm{T}}\boldsymbol{A}\boldsymbol{C}$. 由于$\boldsymbol{B}^{\mathrm{T}}=(\boldsymbol{C}^{\mathrm{T}}\boldsymbol{A}\boldsymbol{C})^{\mathrm{T}}=\boldsymbol{C}^{\mathrm{T}}\boldsymbol{A}^{\mathrm{T}}(\boldsymbol{C}^{\mathrm{T}})^{\mathrm{T}}=\boldsymbol{C}^{\mathrm{T}}\boldsymbol{A}\boldsymbol{C}=\boldsymbol{B}$. 于是，$\boldsymbol{B}$仍为对称矩阵，从而$g(y_1,y_2,\cdots,y_n)$是以$\boldsymbol{B}$为矩阵的一个$n$元二次型. 因此有以下定理：

定理1 二次型$f(x_1,x_2,\cdots,x_n)=\boldsymbol{X}^{\mathrm{T}}\boldsymbol{A}\boldsymbol{X}$（其中$\boldsymbol{A}^{\mathrm{T}}=\boldsymbol{A}$）经过可逆线性替换$\boldsymbol{X}=\boldsymbol{C}\boldsymbol{Y}$，得到$n$元二次型$g(y_1,y_2,\cdots,y_n)=\boldsymbol{Y}^{\mathrm{T}}\boldsymbol{B}\boldsymbol{Y}$，其中$\boldsymbol{B}=\boldsymbol{C}^{\mathrm{T}}\boldsymbol{A}\boldsymbol{C}$.

定理2 经过可逆线性替换$\boldsymbol{X}=\boldsymbol{C}\boldsymbol{Y}$，原二次型$f(x_1,x_2,\cdots,x_n)=\boldsymbol{X}^{\mathrm{T}}\boldsymbol{A}\boldsymbol{X}$的矩阵$\boldsymbol{A}$与替换后的二次型$g(y_1,y_2,\cdots,y_n)=\boldsymbol{Y}^{\mathrm{T}}\boldsymbol{B}\boldsymbol{Y}$的矩阵$\boldsymbol{B}$合同.

例3 设二次型$f(x_1,x_2,x_3)=2x_1^2+x_2^2-4x_1x_2-4x_2x_3$，做可逆的线性替换

$$\begin{pmatrix}x_1\\x_2\\x_3\end{pmatrix}=\begin{pmatrix}1&1&-2\\0&1&-2\\0&0&1\end{pmatrix}\begin{pmatrix}y_1\\y_2\\y_3\end{pmatrix}$$

求替换后的二次型及其矩阵.

解：
$$f(x_1,x_2,x_3)=(x_1,x_2,x_3)\begin{pmatrix}2&-2&0\\-2&1&-2\\0&-2&0\end{pmatrix}\begin{pmatrix}x_1\\x_2\\x_3\end{pmatrix}$$

$$=(y_1,y_2,y_3)\begin{pmatrix}1&1&-2\\0&1&-2\\0&0&1\end{pmatrix}^{\mathrm{T}}\begin{pmatrix}2&-2&0\\-2&1&-2\\0&-2&0\end{pmatrix}\begin{pmatrix}1&1&-2\\0&1&-2\\0&0&1\end{pmatrix}\begin{pmatrix}y_1\\y_2\\y_3\end{pmatrix}$$

$$=(y_1,y_2,y_3)\begin{pmatrix}2&0&0\\0&-1&0\\0&0&4\end{pmatrix}\begin{pmatrix}y_1\\y_2\\y_3\end{pmatrix}=2{y_1}^2-{y_2}^2+4{y_3}^2\triangleq g(y_1,y_2,y_3)$$

新二次型的矩阵为 $\boldsymbol{B}=\begin{pmatrix}2&0&0\\0&-1&0\\0&0&4\end{pmatrix}$.

6.2 二次型的标准形与规范形

一、二次型的标准形

如果二次型 $f(x_1,x_2,\cdots,x_n)=\boldsymbol{X}^{\mathrm{T}}\boldsymbol{A}\boldsymbol{X}$（其中 $\boldsymbol{A}^{\mathrm{T}}=\boldsymbol{A}$）通过可逆线性替换 $\boldsymbol{X}=\boldsymbol{C}\boldsymbol{Y}$ 化成二次型 $\boldsymbol{Y}^{\mathrm{T}}\boldsymbol{B}\boldsymbol{Y}$，且 $\boldsymbol{Y}^{\mathrm{T}}\boldsymbol{B}\boldsymbol{Y}$ 仅含平方项. 即

$$\boldsymbol{Y}^{\mathrm{T}}\boldsymbol{B}\boldsymbol{Y}=d_1y_1^2+d_2y_2^2+\cdots+d_ny_n^2 \tag{6.5}$$

则称二次型（6.5）为原二次型 $\boldsymbol{X}^{\mathrm{T}}\boldsymbol{A}\boldsymbol{X}$ 的标准形.

不难看出，二次型（6.5）的矩阵

$$\boldsymbol{B}=\begin{pmatrix}d_1&&&\\&d_2&&\\&&\ddots&\\&&&d_n\end{pmatrix}$$

$\boldsymbol{B}$为对角矩阵且$\boldsymbol{B}=\boldsymbol{C}^{\mathrm{T}}\boldsymbol{A}\boldsymbol{C}$.

定理3 对于二次型 $f(x_1,x_2,\cdots,x_n)=\boldsymbol{X}^{\mathrm{T}}\boldsymbol{A}\boldsymbol{X}$，其中 $\boldsymbol{A}^{\mathrm{T}}=\boldsymbol{A}$，一定存在可逆线性替换 $\boldsymbol{X}=\boldsymbol{C}\boldsymbol{Y}$ $(\det\boldsymbol{C}\neq 0)$ 将其化为标准形. 即一定存在可逆矩阵$\boldsymbol{C}$，使$\boldsymbol{C}^{\mathrm{T}}\boldsymbol{A}\boldsymbol{C}$为对角阵.

下面讨论二次型的基本问题，如何化一般的二次型为标准形，我们介绍三种方法.

二、用配方法化二次型为标准形

例4 化二次型 $f(x_1,x_2,x_3)=x_1^2+2x_2^2+5x_3^2+2x_1x_2+2x_1x_3+6x_2x_3$ 为标准形，并求出所用线性替换的矩阵.

解：由于f 中含有变量 x_1 的平方项，故把含 x_1 的项归到一起来配方得

$$\begin{aligned}f(x_1,x_2,x_3)&=(x_1^2+2x_1x_2+2x_1x_3)+2x_2^2+5x_3^2+6x_2x_3\\&=(x_1+x_2+x_3)^2-{x_2}^2-{x_3}^2-2x_2x_3+2x_2^2+5x_3^2+6x_2x_3\\&=(x_1+x_2+x_3)^2+x_2^2+4x_3^2+4x_2x_3\end{aligned}$$

此时，第一项括号外面已不再含 x_1，继续把含有 x_2 的项合起来配方，得到

$$f(x_1,x_2,x_3)=(x_1+x_2+x_3)^2+(x_2+2x_3)^2$$

令

$$\begin{cases} y_1 = x_1 + x_2 + x_3 \\ y_2 = x_2 + 2x_3 \\ y_3 = x_3 \end{cases}$$

即

$$\begin{cases} x_1 = y_1 - y_2 + y_3 \\ x_2 = y_2 - 2y_3 \\ x_3 = y_3 \end{cases}$$

将二次型化为标准形 $f = y_1^2 + y_2^2$.

所做的线性替换矩阵为 $\boldsymbol{C} = \begin{pmatrix} 1 & -1 & 1 \\ 0 & 1 & -2 \\ 0 & 0 & 1 \end{pmatrix}$. 显然$\boldsymbol{C}$是一个可逆矩阵.

例5 化二次型

$$f(x_1, x_2, x_3) = 2x_1x_2 + 2x_1x_3 - 6x_2x_3$$

为标准形，并指出所用的线性替换的矩阵.

解: f 中不含平方项，由于含 x_1x_2 项，故先令

$$\begin{cases} x_1 = y_1 + y_2 \\ x_2 = y_1 - y_2 \\ x_3 = y_3 \end{cases}，即 \begin{pmatrix} x_1 \\ x_2 \\ x_3 \end{pmatrix} = \begin{pmatrix} 1 & 1 & 0 \\ 1 & -1 & 0 \\ 0 & 0 & 1 \end{pmatrix} \begin{pmatrix} y_1 \\ y_2 \\ y_3 \end{pmatrix}$$

可得 $f = 2y_1^2 - 2y_2^2 - 4y_1y_3 + 8y_2y_3$.

再配方得 $f = 2(y_1 - y_3)^2 - 2(y_2 - 2y_3)^2 + 6y_3^2$.

令

$$\begin{cases} z_1 = y_1 - y_3 \\ z_2 = y_2 - 2y_3 \\ z_3 = y_3 \end{cases}，即 \begin{pmatrix} z_1 \\ z_2 \\ z_3 \end{pmatrix} = \begin{pmatrix} 1 & 0 & -1 \\ 0 & 1 & -2 \\ 0 & 0 & 1 \end{pmatrix} \begin{pmatrix} y_1 \\ y_2 \\ y_3 \end{pmatrix}$$

得到f 的标准形为 $2z_1^2 - 2z_2^2 + 6z_3^2$，所用线性替换 $\boldsymbol{X} = \boldsymbol{CZ}$ 的矩阵为

$$\boldsymbol{C} = \begin{pmatrix} 1 & 1 & 0 \\ 1 & -1 & 0 \\ 0 & 0 & 1 \end{pmatrix} \begin{pmatrix} 1 & 0 & -1 \\ 0 & 1 & -2 \\ 0 & 0 & 1 \end{pmatrix}^{-1} = \begin{pmatrix} 1 & 1 & 3 \\ 1 & -1 & -1 \\ 0 & 0 & 1 \end{pmatrix}$$

用配方法求二次型标准形的步骤:

（1）若二次型中含有某个变量的平方项，把所有含有此变量的项集中起来进行该项的配方，再对剩下的变量的平方项依次类推，全部配成平方项后，写出所做的线性替换即可.

（2）如果二次型中不含有变量的平方项（即 $a_{ii} = 0, i = 1, \cdots, n$），则必有某个 x_ix_j 项的系数不为零，比如 $a_{12} \neq 0$，那么先做线性替换

$$\begin{cases} x_1 = y_1 - y_2 \\ x_2 = y_1 + y_2 \\ x_3 = y_3 \\ \cdots \\ x_n = y_n \end{cases}$$

化为含有平方项的二次型，而后利用步骤（1）的方法进行配方.

三、用正交线性替换法化二次型为标准形

由于二次型的矩阵为实对称矩阵，根据5.4节的定理11可知，存在正交矩阵$\boldsymbol{U}$，使得$\boldsymbol{U}^{-1}\boldsymbol{AU}$为对角矩阵．由于$\boldsymbol{U}$为正交矩阵，所以$\boldsymbol{U}^{-1}=\boldsymbol{U}^{\mathrm{T}}$．因此$\boldsymbol{U}^{-1}\boldsymbol{AU}=\boldsymbol{U}^{\mathrm{T}}\boldsymbol{AU}=\boldsymbol{D}$（$\boldsymbol{D}$为对角矩阵）.

定理4　对于二次型$f(x_1,x_2,\cdots,x_n)=\boldsymbol{X}^{\mathrm{T}}\boldsymbol{AX}$，其中$\boldsymbol{A}^{\mathrm{T}}=\boldsymbol{A}$，则存在$n$阶正交矩阵$\boldsymbol{U}$，经过线性替换

$$\boldsymbol{X}=\boldsymbol{UY} \tag{6.6}$$

把$\boldsymbol{X}^{\mathrm{T}}\boldsymbol{AX}$化为标准形.

证明：因为$\boldsymbol{A}$是二次型$f(x_1,x_2,\cdots,x_n)$的矩阵，有$\boldsymbol{A}^{\mathrm{T}}=\boldsymbol{A}$．则必存在正交矩阵$\boldsymbol{U}$，使得

$$\boldsymbol{U}^{\mathrm{T}}\boldsymbol{AU}=\begin{pmatrix} \lambda_1 & 0 & \cdots & 0 \\ 0 & \lambda_2 & \cdots & 0 \\ \vdots & \vdots & \ddots & \vdots \\ 0 & 0 & \cdots & \lambda_n \end{pmatrix}$$

其中$\lambda_1,\lambda_2,\cdots\lambda_n$是矩阵$\boldsymbol{A}$的全部特征值．令

$$\boldsymbol{X}=\boldsymbol{UY}$$

则

$$\boldsymbol{X}^{\mathrm{T}}\boldsymbol{AX}=(\boldsymbol{UY})^{\mathrm{T}}\boldsymbol{A}(\boldsymbol{UY})=\boldsymbol{Y}^{\mathrm{T}}(\boldsymbol{U}^{\mathrm{T}}\boldsymbol{AU})\boldsymbol{Y}=\lambda_1y_1^2+\lambda_2y_2^2+\cdots+\lambda_ny_n^2$$

在线性替换（6.6）中，矩阵$\boldsymbol{U}$为正交矩阵．这样的线性替换称为正交线性替换．定理4也可以叙述为：任一（实）二次型一定可以通过正交线性替换化为标准形.

例6　设$f(x_1,x_2,x_3)=2x_1^2+5x_2^2+5x_3^2+4x_1x_2-4x_1x_3-8x_2x_3$，求一个正交替换化$f(x_1,x_2,x_3)$为标准形.

解：$f(x_1,x_2,x_3)$的矩阵为$\boldsymbol{A}=\begin{pmatrix} 2 & 2 & -2 \\ 2 & 5 & -4 \\ -2 & -4 & 5 \end{pmatrix}$.

$\boldsymbol{A}$的特征多项式$f(\lambda)=(\lambda-1)^2(\lambda-10)$解得特征值为$\lambda_1=\lambda_2=1$，$\lambda_3=10$.

求得属于 $\lambda_1=\lambda_2=1$ 的两个正交的特征向量 $\boldsymbol{\alpha}_1=\begin{pmatrix}0\\1\\1\end{pmatrix}$，$\boldsymbol{\alpha}_2=\begin{pmatrix}4\\-1\\1\end{pmatrix}$.

属于 $\lambda_3=10$ 的特征向量 $\boldsymbol{\alpha}_3=\begin{pmatrix}1\\2\\-2\end{pmatrix}$.

从而将以上每个向量正交单位化得

$$\boldsymbol{\xi}_1=\begin{pmatrix}0\\1/\sqrt{2}\\1/\sqrt{2}\end{pmatrix},\quad \boldsymbol{\xi}_2=\begin{pmatrix}4/3\sqrt{2}\\-1/3\sqrt{2}\\1/3\sqrt{2}\end{pmatrix},\quad \boldsymbol{\xi}_3=\begin{pmatrix}1/3\\2/3\\-2/3\end{pmatrix}$$

再将这三个向量组成一个正交矩阵

$$\boldsymbol{U}=(\boldsymbol{\xi}_1,\boldsymbol{\xi}_2,\boldsymbol{\xi}_3)=\begin{pmatrix}0 & 4/3\sqrt{2} & 1/3\\1/\sqrt{2} & -1/3\sqrt{2} & 2/3\\1/\sqrt{2} & 1/3\sqrt{2} & -2/3\end{pmatrix}$$

令正交变换 $\boldsymbol{X}=\boldsymbol{U}\boldsymbol{Y}$ 得标准形 $f=y_1^2+y_2^2+10y_3^2$.

一般地，用正交线性替换将二次型 $f(x_1,x_2,\cdots,x_n)=\boldsymbol{X}^{\mathrm{T}}\boldsymbol{A}\boldsymbol{X}$（其中 $\boldsymbol{A}^{\mathrm{T}}=\boldsymbol{A}$）化为标准形的步骤如下：

（1）求出二次型矩阵 $\boldsymbol{A}$ 的全部特征值 $\lambda_1,\lambda_2,\cdots,\lambda_n$

（2）求出正交矩阵 $\boldsymbol{U}$，使 $\boldsymbol{U}^{\mathrm{T}}\boldsymbol{A}\boldsymbol{U}=diag(\lambda_1,\lambda_2,\cdots,\lambda_n)$.

（3）做出交线性替换 $\boldsymbol{X}=\boldsymbol{U}\boldsymbol{Y}$，其中 $Y=(y_1,y_2,\cdots,y_n)^{\mathrm{T}}$，则二次型 $f(x_1,x_2,\cdots,x_n)$ 化为标准形

$$\lambda_1y_1^2+\lambda_2y_2^2+\cdots+\lambda_ny_n^2$$

四、用初等变换法化二次型为标准形

根据定理3，任意 $f(x_1,x_2,\cdots,x_n)=\boldsymbol{X}^{\mathrm{T}}\boldsymbol{A}\boldsymbol{X}$，其中 $\boldsymbol{A}^{\mathrm{T}}=\boldsymbol{A}$，一定存在可逆线性替换 $\boldsymbol{X}=\boldsymbol{C}\boldsymbol{Y}$ 将其化为标准形．即存在可逆矩阵$\boldsymbol{C}$，使 $\boldsymbol{C}^{\mathrm{T}}\boldsymbol{A}\boldsymbol{C}$ 为对角矩阵．在第2章中，我们知道：可逆矩阵可表示成若干个初等矩阵的乘积．所以，存在初等矩阵 $\boldsymbol{P}_1,\boldsymbol{P}_2,\cdots,\boldsymbol{P}_s$，有

$$\boldsymbol{C}=\boldsymbol{P}_1\boldsymbol{P}_2\cdots\boldsymbol{P}_s$$

从而

$$\boldsymbol{C}^{\mathrm{T}}\boldsymbol{A}\boldsymbol{C}=\boldsymbol{P}_s^{\mathrm{T}}\cdots\boldsymbol{P}_2^{\mathrm{T}}\boldsymbol{P}_1^{\mathrm{T}}\boldsymbol{A}\boldsymbol{P}_1\boldsymbol{P}_2\cdots\boldsymbol{P}_s$$

为对角矩阵．$\boldsymbol{P}_i^{\mathrm{T}}$ 仍为同类型矩阵．

上式说明：对于实对称矩阵 $\boldsymbol{A}$ 相继施以初等列变换，同时施以同样的初等行变换，矩阵 $\boldsymbol{A}$ 就化为一个对角矩阵 $\boldsymbol{C}^{\mathrm{T}}\boldsymbol{A}\boldsymbol{C}$．并且由 $\boldsymbol{C}=\boldsymbol{E}\boldsymbol{P}_1\boldsymbol{P}_2\cdots\boldsymbol{P}_s$ 说明对$\boldsymbol{E}$施以同样的初等列变换，

将$\boldsymbol{E}$化成了$\boldsymbol{C}$.

由此得到将二次型标准形的初等变换法：

首先构造$2n\times n$矩阵$\begin{pmatrix}\boldsymbol{A}\\ \boldsymbol{E}\end{pmatrix}$，对$\boldsymbol{A}$每施以一次初等行变换，就对$\begin{pmatrix}\boldsymbol{A}\\ \boldsymbol{E}\end{pmatrix}$施以一次同样的初等列变换. 当矩阵$\boldsymbol{A}$化为对角矩阵时，矩阵$\boldsymbol{E}$将化为可逆矩阵$\boldsymbol{C}$. 即

$$\begin{pmatrix}\boldsymbol{A}\\ \boldsymbol{E}\end{pmatrix}\xrightarrow[\text{施以一系列同样的初等列变换}]{\text{对}\boldsymbol{A}\text{施以一系列的初等行变换}}\begin{pmatrix}\boldsymbol{P}_s^{\mathrm{T}}\cdots\boldsymbol{P}_2^{\mathrm{T}}\boldsymbol{P}_1^{\mathrm{T}}\boldsymbol{A}\boldsymbol{P}_1\boldsymbol{P}_2\cdots\boldsymbol{P}_s\\ \boldsymbol{P}_1\boldsymbol{P}_2\cdots\boldsymbol{P}_s\end{pmatrix}=\begin{pmatrix}\boldsymbol{C}^{\mathrm{T}}\boldsymbol{A}\boldsymbol{C}\\ \boldsymbol{C}\end{pmatrix}$$

由此得到对应的可逆线性替换$\boldsymbol{X}=\boldsymbol{C}\boldsymbol{Y}$，将二次型$f(x_1,x_2,\cdots,x_n)=\boldsymbol{X}^{\mathrm{T}}\boldsymbol{A}\boldsymbol{X}$化为标准形.

例7 用初等变换法化$f(x_1,x_2,x_3)=2x_1x_2+2x_1x_3-6x_2x_3$为标准形.

解：
$$\begin{pmatrix}\boldsymbol{A}\\ \hline \boldsymbol{E}\end{pmatrix}=\begin{pmatrix}0&1&1\\1&0&-3\\1&-3&0\\ \hdashline 1&0&0\\0&1&0\\0&0&1\end{pmatrix}\xrightarrow[c_1+c_2]{r_1+r_2}\begin{pmatrix}2&1&-2\\1&0&-3\\-2&-3&0\\ \hdashline 1&0&0\\1&1&0\\0&0&1\end{pmatrix}\xrightarrow[\substack{c_2+(-\frac{1}{2})c_1\\ c_3+c_1}]{\substack{r_2+(-\frac{1}{2})r_1\\ r_3+r_1}}\begin{pmatrix}2&1&-2\\0&-1/2&-2\\0&-2&-2\\ \hdashline 1&-1/2&1\\1&1/2&1\\0&0&1\end{pmatrix}\xrightarrow[c_3+(-4)c_2]{r_3+(-4)r_2}\begin{pmatrix}2&0&0\\0&-1/2&0\\0&0&6\\ \hdashline 1&-1/2&3\\1&1/2&-1\\0&0&-2\end{pmatrix}$$

得可逆变换$\boldsymbol{X}=\boldsymbol{C}\boldsymbol{Y}$，$\boldsymbol{C}=\begin{pmatrix}1&-1/2&3\\1&1/2&-1\\0&0&1\end{pmatrix}$.

所求的标准形为$f=2y_1^2-\dfrac{1}{2}y_2^2+6y_3^2$.

（1）求出二次型的矩阵.

（2）构造矩阵$\begin{pmatrix}\boldsymbol{A}\\ \boldsymbol{E}\end{pmatrix}$.

（3）对$\begin{pmatrix}\boldsymbol{A}\\ \boldsymbol{E}\end{pmatrix}$进行一系列的初等行变换和初等列变换，将$\boldsymbol{A}$化为对角矩阵$\boldsymbol{D}=\begin{pmatrix}d_1&&\\&\ddots&\\&&d_n\end{pmatrix}$，同时将$\boldsymbol{E}$化为所做线性替换的矩阵$\boldsymbol{C}$.

（4）令$\boldsymbol{X}=\boldsymbol{C}\boldsymbol{Y}$，得到二次型的标准形$d_1y_1^2+d_2y_2^2+\cdots+d_ny_n^2$.

五、二次型的规范形

由本节的例5和例7可以看出，一个二次型的标准形未必相同，这与所做的可逆线性替换有关. 即二次型的标准形不是唯一的. 但是，同一个二次型化为标准形后，标准形中所含的正、负平方项的个数却是相同的. 为了深入地讨论这一问题，需引入二次型的规范形的概念.

如果二次型$f(x_1,x_2,\cdots,x_n)=\boldsymbol{X}^{\mathrm{T}}\boldsymbol{A}\boldsymbol{X}$，其中$\boldsymbol{A}^{\mathrm{T}}=\boldsymbol{A}$通过可逆线性替换可以化为

$$y_1^2+\cdots+y_p^2-y_{p+1}^2-\cdots-y_r^2.\ \text{其中}r\text{为二次型的秩，}p\leqslant r\leqslant n \tag{6.7}$$

则（6.7）称为该二次型的规范形.

定理5　（惯性定理）任一二次型 $f(x_1,x_2,\cdots,x_n)=\boldsymbol{X}^{\mathrm{T}}\boldsymbol{AX}$，其中 $\boldsymbol{A}^{\mathrm{T}}=\boldsymbol{A}$，都可以通过可逆线性替换化为规范形，且规范形是唯一的.

证明：根据定理3，任一二次型都可通过可逆线性替换 $\boldsymbol{X}=\boldsymbol{CY}$ 可化为标准形

$$g(y_1,y_2,\cdots,y_n)=d_1y_1^2+d_2y_2^2+\cdots+d_ny_n^2$$

如果二次型 $f(x_1,x_2,\cdots,x_n)$ 的秩为 r，那么 $g(y_1,y_2,\cdots,y_n)$ 的秩也为 r．所以

$$g(y_1,y_2,\cdots,y_n)=d_1y_1^2+d_2y_2^2+\cdots+d_ry_r^2$$

其中 $d_1,\cdots d_p>0.\ d_{p+1},\cdots d_r<0$.

再令 $c_1=d_1,\cdots c_p=d_p,c_{p+1}=-d_{p+1},\cdots,c_r=-d_r$，则

$$g(y_1,y_2,\cdots,y_n)=c_1y_1^2+\cdots+c_py_p^2-c_{p+1}y_{p+1}^2-\cdots-c_ry_r^2$$

其中 $c_i>0\,(i=1,2,\cdots,r)$.

做可逆线性替换

$$\begin{cases} y_1=\dfrac{1}{\sqrt{c_1}}z_1 \\ \quad\vdots \\ y_r=\dfrac{1}{\sqrt{c_r}}z_r \\ y_{r+1}=z_{r+1} \\ \quad\vdots \\ y_n=z_n \end{cases}$$

则二次型化为规范形

$$z_1^2+\cdots+z_p^2-z_{p+1}^2-\cdots-z_r^2$$

可以证明此规范形是唯一的（证明略）.

定义4　在二次型的规范形（6.7）中，正平方项的个数p称为二次型的正惯性指数；负平方项的个数 $r-p$ 称为二次型的负惯性指数；它们的差，即 $p-(r-p)=2p-r$ 称为二次型的符号差.

推论1　任意实对称矩阵 $\boldsymbol{A}$ 合同于对角矩阵

$$\begin{pmatrix} \boldsymbol{E}_p & & \\ & -\boldsymbol{E}_{r-p} & \\ & & \boldsymbol{O} \end{pmatrix}，其中\ r=r(\boldsymbol{A})$$

推论2　两个实对称矩阵合同的充分必要条件是它们具有相同的正惯性指数和秩.

在例5.6中得到标准形 $f=2y_1^2-\dfrac{1}{2}y_2^2+6y_3^2$.

再令
$$\begin{cases} y_1 = \sqrt{2} z_1 \\ y_2 = \dfrac{\sqrt{2}}{2} z_3 \\ y_3 = \sqrt{6} z_2 \end{cases}$$

得到规范形 $f = z_1^2 + z_2^2 - z_3^2$，正惯性指数为2，负惯性指数为1，符号差为 $2-1=1$.

6.3　二次型和对称矩阵的正定性

根据二次型的标准形和规范形，将二次型进行分类在理论和应用上具有重要意义. 本节将讨论正定二次型及其有关性质.

一、正定二次型和正定矩阵

定义5　设实二次型

$$f(x_1, x_2, \cdots, x_n) = \boldsymbol{X}^{\mathrm{T}} \boldsymbol{A} \boldsymbol{X}\text{，其中 } \boldsymbol{A}^{\mathrm{T}} = \boldsymbol{A}$$

如果对于任意的 $\boldsymbol{X} = (x_1, x_2, \cdots x_n)^{\mathrm{T}} \neq \boldsymbol{0}$，有

$$f(x_1, x_2, \cdots, x_n) = \boldsymbol{X}^{\mathrm{T}} \boldsymbol{A} \boldsymbol{X} > 0$$

则称该二次型为正定二次型. 如果一个对称矩阵 $\boldsymbol{A}$ 所对应的二次型为正定二次型，则称此矩阵为正定矩阵.

例8　二次型 $f(x_1, x_2, \cdots, x_n) = x_1^2 + x_2^2 + \cdots + x_n^2$ 是正定二次型.

因为对任意的 $\boldsymbol{X} = (x_1, x_2, \cdots x_n)^{\mathrm{T}} \neq \boldsymbol{0}$，有

$$f(x_1, x_2, \cdots, x_n) = x_1^2 + x_2^2 + \cdots + x_n^2 > 0$$

而二次型 $f(x_1, x_2, \cdots, x_n) = x_1^2 + x_2^2 + \cdots + x_r^2\ (r < n)$ 不是正定二次型.

因为对于 $\boldsymbol{X} = (0, \cdots 0,\ x_{r+1}, \cdots x_n) \neq \boldsymbol{0}$ 有

$$f(x_1, x_2, \cdots, x_n) = 0$$

定理6　可逆线性替换不改变二次型的正定性.

证明： 设二次型 $f(x_1, x_2, \cdots, x_n) = \boldsymbol{X}^{\mathrm{T}} \boldsymbol{A} \boldsymbol{X}$ 为正定二次型. 经可逆线性替换 $\boldsymbol{X} = \boldsymbol{C} \boldsymbol{Y}$，有

$$f(x_1, x_2, \cdots, x_n) = \boldsymbol{X}^{\mathrm{T}} \boldsymbol{A} \boldsymbol{X} = (\boldsymbol{C}\boldsymbol{Y})^{\mathrm{T}} \boldsymbol{A} (\boldsymbol{C}\boldsymbol{Y}) = \boldsymbol{Y}^{\mathrm{T}} (\boldsymbol{C}^{\mathrm{T}} \boldsymbol{A} \boldsymbol{C}) \boldsymbol{Y} = \boldsymbol{Y}^{\mathrm{T}} \boldsymbol{B} \boldsymbol{Y}$$

对任意的 $\boldsymbol{Y} = (y_1, y_2, \cdots y_n)^{\mathrm{T}} \neq \boldsymbol{0}$，由 $\boldsymbol{C}$ 可逆可得 $\boldsymbol{X} = \boldsymbol{C}\boldsymbol{Y} \neq \boldsymbol{0}$，因此可得

$$\boldsymbol{Y}^{\mathrm{T}} \boldsymbol{B} \boldsymbol{Y} = \boldsymbol{Y}^{\mathrm{T}} (\boldsymbol{C}^{\mathrm{T}} \boldsymbol{A} \boldsymbol{C}) \boldsymbol{Y} = (\boldsymbol{C}\boldsymbol{Y})^{\mathrm{T}} \boldsymbol{A} (\boldsymbol{C}\boldsymbol{Y}) = \boldsymbol{X}^{\mathrm{T}} \boldsymbol{A} \boldsymbol{X} > 0$$

即二次型 $\boldsymbol{Y}^{\mathrm{T}} \boldsymbol{B} \boldsymbol{Y}$ 仍为正定二次型.

由定理3可知，任一实二次型都可以通过可逆线性替换化为标准形，由此可得

定理7　二次型 $f(x_1, x_2, \cdots, x_n) = \boldsymbol{X}^{\mathrm{T}} \boldsymbol{A} \boldsymbol{X}$ 的标准形为

$$d_1 y_1^2 + d_2 y_2^2 + \cdots + d_n y_n^2$$

则此二次型为正定二次型的充分必要条件是 $d_i>0(i=1,2,\cdots,n)$.

利用定理7可得到以下推论.

推论 对角矩阵 $diag(d_1,d_2,\cdots,d_n)$ 为正定矩阵的充分必要条件 $d_i>0(i=1,2,\cdots,n)$.

定理8 二次型 $f(x_1,x_2,\cdots,x_n)=\boldsymbol{X}^{\mathrm{T}}\boldsymbol{AX}$ 为正定二次型的充分必要条件是它的正惯性指数等于n.

证明:(必要性)设二次型 $f(x_1,x_2,\cdots,x_n)=\boldsymbol{X}^{\mathrm{T}}\boldsymbol{AX}$,($\boldsymbol{A}^{\mathrm{T}}=\boldsymbol{A}$)正定,则通过可逆线性替换$\boldsymbol{X}=\boldsymbol{CY}$化成的标准形

$$d_1y_1^2+d_2y_2^2+\cdots+d_ny_n^2$$

也正定. 根据定理7必有$d_i>0(i=1,2,\cdots,n)$. 由此可知二次型的正惯性指数$p=n$.

(充分性)设二次型 $f(x_1,x_2,\cdots,x_n)$ 的定惯性指数为n. 则此二次型通过可逆线性替换可化为规范形

$$z_1^2+z_2^2+\cdots+z_n^2$$

显然这是一个正定二次型. 根据定理7可得原二次型 $f(x_1,x_2,\cdots,x_n)=\boldsymbol{X}^{\mathrm{T}}\boldsymbol{AX}$ 也是正定二次型.

推论1 实对称矩阵 $\boldsymbol{A}$ 为正定矩阵的充分必要条件是 $\boldsymbol{A}$ 合同于单位矩阵$\boldsymbol{E}$. 即存在可逆矩阵$\boldsymbol{C}$,使 $\boldsymbol{A}=\boldsymbol{C}^{\mathrm{T}}\boldsymbol{EC}=\boldsymbol{C}^{\mathrm{T}}\boldsymbol{C}$.

推论2 如果实对称矩阵 $\boldsymbol{A}$ 为正定矩阵,则 $\boldsymbol{A}$ 的行列式大于零.

实际上,由 $\boldsymbol{A}$ 为正定矩阵,则存在可逆矩阵$\boldsymbol{C}$,有

$$\boldsymbol{A}=\boldsymbol{C}^{\mathrm{T}}\boldsymbol{C}$$

所以, $\det\boldsymbol{A}=\det(\boldsymbol{C}^{\mathrm{T}}\boldsymbol{C})=\det\boldsymbol{C}^{\mathrm{T}}\det\boldsymbol{C}=(\det\boldsymbol{C})^2>0$.

定理9 实对称矩阵 $\boldsymbol{A}$ 为正定矩阵的充分必要条件是 $\boldsymbol{A}$ 的所有特征值均为正数.

证明:对于实对称矩阵 $\boldsymbol{A}$,必存在正交矩阵$\boldsymbol{P}$,使得

$$\boldsymbol{P}^{\mathrm{T}}\boldsymbol{AP}=diag(\lambda_1,\lambda_2,\cdots,\lambda_n)$$

其中 $\lambda_1,\lambda_2,\cdots,\lambda_n$ 为 $\boldsymbol{A}$ 的n个特征值,由定理7知,$\boldsymbol{A}$与 $diag(\lambda_1,\lambda_2,\cdots,\lambda_n)$ 有相同的正定性. 若$\boldsymbol{A}$为正定矩阵,那么对角矩阵 $diag(\lambda_1,\lambda_2,\cdots,\lambda_n)$ 也为正定矩阵,因此 $\lambda_i>0(i=1,2,\cdots,n)$. 反之,$\boldsymbol{A}$ 的所有特征值均为正数,则 $diag(\lambda_1,\lambda_2,\cdots,\lambda_n)$ 为正定矩阵,从而$\boldsymbol{A}$为正定矩阵.

例9 如果实对称矩阵 $\boldsymbol{A}$ 为正定矩阵,则 $\boldsymbol{A}^{-1}$ 也是正定矩阵.

证明一:由 $\boldsymbol{A}^{\mathrm{T}}=\boldsymbol{A}$,有 $(\boldsymbol{A}^{-1})^{\mathrm{T}}=(\boldsymbol{A}^{\mathrm{T}})^{-1}=\boldsymbol{A}^{-1}$ 即 $\boldsymbol{A}^{-1}$ 也是对称矩阵.

又因 A 为正定矩阵,所以存在可逆矩阵 $\boldsymbol{C}$,有 $\boldsymbol{A}=\boldsymbol{C}^{\mathrm{T}}\boldsymbol{C}$.

于是

$$\boldsymbol{A}^{-1}=(\boldsymbol{C}^{\mathrm{T}}\boldsymbol{C})^{-1}=\boldsymbol{C}^{-1}(\boldsymbol{C}^{-1})^{\mathrm{T}}$$

记 $\boldsymbol{B}=\boldsymbol{C}^{-1}$,则 $\boldsymbol{A}^{-1}=\boldsymbol{C}^{-1}(\boldsymbol{C}^{-1})^{\mathrm{T}}=\boldsymbol{BB}^{\mathrm{T}}$. 所以 $\boldsymbol{A}^{-1}$ 也是正定矩阵.

证明二:如果 $\boldsymbol{A}$ 为正定矩阵,其所有特征值为 $\lambda_1,\lambda_2,\cdots,\lambda_n$,则 $\lambda_i>0(i=1,2,\cdots,n)$. 而矩

阵 A^{-1} 的所有特征值为 λ_i^{-1}，所以 $\lambda_i^{-1}>0\,(i=1,2,\cdots,n)$. 所以 A^{-1} 为正定矩阵.

定理8的推论2给出了实对称矩阵 A 为正定矩阵的必要条件：$\det A>0$. 为了利用行列式给出 A 为正定矩阵的充分必要条件，先引入下面定义.

定义6 设n阶矩阵 $A=(a_{ij})$，A 的前k行k列元素组成的子式

$$\begin{vmatrix} a_{11} & a_{12} & \cdots & a_{1k} \\ a_{21} & a_{22} & \cdots & a_{2k} \\ \vdots & \vdots & & \vdots \\ a_{k1} & a_{k2} & \cdots & a_{kk} \end{vmatrix}, k=1,\cdots,n$$

称为矩阵 A 的k阶顺序主子式. 记作 A_k.

定理10 实对称矩阵 A 为正定矩阵的充分必要条件是 A 的所有顺序主子式都大于零. 即

$$A_1=|a_{11}|>0\text{，}\ A_2=\begin{vmatrix} a_{11} & a_{12} \\ a_{21} & a_{22} \end{vmatrix}>0\text{，}\ \cdots\text{，}\ A_n=A>0$$

例10 判断二次型

$$f=6x_1^{\ 2}+x_2^{\ 2}+5x_3^{\ 2}+4x_1x_2-8x_1x_3-4x_2x_3$$

的正定性.

解： f 的矩阵为

$$A=\begin{pmatrix} 6 & 2 & -4 \\ 2 & 1 & -2 \\ -4 & -2 & 5 \end{pmatrix}$$

各阶顺序主子式为

$$A_1=|6|=6>0\text{，}\ A_2=\begin{vmatrix} 6 & 2 \\ 2 & 1 \end{vmatrix}=2>0\text{，}\ A_3=\begin{vmatrix} 6 & 2 & -4 \\ 2 & 1 & -2 \\ -4 & -2 & 5 \end{vmatrix}=2>0$$

所以，f 为正定二次型.

二、二次型的定性

对于不是正定的二次型，还可以进一步分类.

定义7 设二次型 $f(x_1,x_2,\cdots,x_n)=X^{\mathrm{T}}AX$，其中 $A^{\mathrm{T}}=A$.

（1）如果对任意的 $X=(x_1,x_2,\cdots x_n)^{\mathrm{T}}\neq \mathbf{0}$，有 $X^{\mathrm{T}}AX<0$，则称该称二次型为负定的，实对称矩阵A称为负定矩阵.

（2）如果对任意的 $X=(x_1,x_2,\cdots x_n)^{\mathrm{T}}$，有 $X^{\mathrm{T}}AX\geqslant 0(\leqslant 0)$ 则称该二次型为半正定（半负定）的，实对称矩阵 A 称为半正定（半负定）矩阵.

（3）如果对某些 $\boldsymbol{X}=(x_1,x_2,\cdots x_n)^{\mathrm{T}}$，有 $\boldsymbol{X}^{\mathrm{T}}\boldsymbol{A}\boldsymbol{X}>0$；而对另一些 $\boldsymbol{X}=(x_1,x_2,\cdots x_n)^{\mathrm{T}}$，又有 $\boldsymbol{X}^{\mathrm{T}}\boldsymbol{A}\boldsymbol{X}<0$，则该二次型称为不定的，其矩阵 A 也称为不定的.

根据定义7，二次型 $f(x_1,x_2,\cdots,x_n)=\boldsymbol{X}^{\mathrm{T}}\boldsymbol{A}\boldsymbol{X}$ 为负定二次型，当且仅当 $-\boldsymbol{X}^{\mathrm{T}}\boldsymbol{A}\boldsymbol{X}=\boldsymbol{X}^{\mathrm{T}}(-\boldsymbol{A})\boldsymbol{X}$ 时为正定二次型．因此对于负定二次型的讨论，可类似于正定性进行．此处直接列出有关结论.

定理11 设二次型 $f(x_1,x_2,\cdots,x_n)=\boldsymbol{X}^{\mathrm{T}}\boldsymbol{A}\boldsymbol{X}$，其中 $\boldsymbol{A}^{\mathrm{T}}=\boldsymbol{A}$，则下列各条件等价：

（1）$f(x_1,x_2,\cdots,x_n)$ 为负定二次型.

（2）$f(x_1,x_2,\cdots,x_n)$ 的负惯性指数为 n.

（3）实对称矩阵 $\boldsymbol{A}$ 合同于 $-\boldsymbol{E}$.

（4）实对称矩阵 $\boldsymbol{A}$ 的特征值均小于零.

（5）实对称矩阵 A 的奇数阶顺序主子式小于零，偶数阶顺序主子式大于零.

定理12 设二次型 $f(x_1,x_2,\cdots,x_n)=\boldsymbol{X}^{\mathrm{T}}\boldsymbol{A}\boldsymbol{X}$，其中 $\boldsymbol{A}^{\mathrm{T}}=\boldsymbol{A}$，则下列各条件等价：

（1）$f(x_1,x_2,\cdots,x_n)$ 为半正定二次型；

（2）$f(x_1,x_2,\cdots,x_n)$ 的标准形为 $d_1y_1^2+d_2y_2^2+\cdots+d_ry_r^2$，$d_i>0$，$i=1,\cdots r\,(r<n)$.

（3）$f(x_1,x_2,\cdots,x_n)$ 为正惯性指数 $p=r<n$.

（4）实对称矩阵 $\boldsymbol{A}$ 合同于 $\begin{pmatrix}\boldsymbol{E}_r & \boldsymbol{O}\\ \boldsymbol{O} & \boldsymbol{O}\end{pmatrix}$，且 $r<n$.

（5）实对称矩阵 $\boldsymbol{A}$ 的所有特征值大于或等于零，且至少存在一个特征值等于零.

应注意，当实对称矩阵 A 的顺序主子式大于或等于零时，$\boldsymbol{A}$ 不一定是半正定矩阵．如下面的例子.

例如，矩阵

$$\boldsymbol{A}=\begin{pmatrix}1 & 1 & 0\\ 1 & 1 & 0\\ 0 & 0 & -1\end{pmatrix}$$

虽然，$\boldsymbol{A}$ 的顺序主子式

$$A_1=1>0\,,\quad A_2=\begin{vmatrix}1 & 1\\ 1 & 1\end{vmatrix}=0\,,\quad A_3=\det\boldsymbol{A}=0$$

但 $\boldsymbol{A}$ 并不是半正定矩阵，实际上，矩阵 $\boldsymbol{A}$ 对应的二次型

$$\begin{aligned}f(x_1,x_2,x_3)&=x_1^2+x_2^2-x_3^2+2x_1x_2\\&=(x_1+x_2)^2-x_3^2\end{aligned}$$

当 $x_1=1,x_2=1,x_3=1$ 时，$f(1,1,1)=3>0$.

当 $x_1=1,x_2=-1,x_3=1$ 时，$f(1,-1,1)=-1<0$.

由此看出：二次型 $f(x_1,x_2,x_3)$ 是不定的，$\boldsymbol{A}$ 也是不定的.

习 题 六

1．写出下列二次型的矩阵．

（1）$f(x_1,x_2,x_3)=2x_1^2-x_2^2+4x_1x_3-2x_2x_3$

（2）$f(x_1,x_2,x_3,x_4)=2x_1x_2+2x_1x_3+2x_1x_4+2x_3x_4$

2．写出下列对称矩阵所对应的二次型．

（1）$\begin{pmatrix} 1 & -\frac{1}{2} & \frac{1}{2} \\ -\frac{1}{2} & 0 & -2 \\ \frac{1}{2} & -2 & 2 \end{pmatrix}$　　（2）$\begin{pmatrix} 0 & \frac{1}{2} & -1 & 0 \\ \frac{1}{2} & -1 & \frac{1}{2} & \frac{1}{2} \\ -1 & \frac{1}{2} & 0 & \frac{1}{2} \\ 0 & \frac{1}{2} & \frac{1}{2} & 1 \end{pmatrix}$

3．用正交替换法将下列二次型化为标准形，并写出所做的线性替换．

（1）$f(x_1,x_2,x_3)=2x_1^2+x_2^2-4x_1x_2-4x_2x_3$

（2）$f(x_1,x_2,x_3)=2x_1x_2-2x_2x_3$

（3）$f(x_1,x_2,x_3)=x_1^2+2x_2^2+3x_3^2-4x_1x_2-4x_2x_3$

4．用配方法将下列二次型化为标准形．

（1）$f(x_1,x_2,x_3)=x_1^2+2x_2^2+5x_3^2+2x_1x_2+2x_1x_3+6x_2x_3$

（2）$f(x_1,x_2,x_3)=2x_1x_2+4x_1x_3$

（3）$f(x_1,x_2,x_3)=-4x_1x_2+2x_1x_3+2x_2x_3$

5．用初等变换法将下列二次型化为标准形．

（1）$f(x_1,x_2,x_3)=x_1^2+2x_2^2+4x_3^2+2x_1x_2+4x_2x_3$

（2）$f(x_1,x_2,x_3)=x_1^2-3x_2^2+x_3^2-2x_1x_2+2x_1x_3+6x_2x_3$

（3）$f(x_1,x_2,x_3)=4x_1x_2+2x_1x_3+6x_2x_3$

6．已知二次型

$$f(x_1,x_2,x_3)=5x_1^2+5x_2^2+cx_3^2-2x_1x_2+6x_1x_3-6x_2x_3$$

的秩为2．求参数c的值，并将此二次型化为标准形．

7．设$2n$元二次型

$$f(x_1,x_2,\cdots,x_{2n})=x_1x_{2n}+x_2x_{2n-1}+\cdots+x_nx_{n+1}$$

试用可逆线性替换法将其化为标准形．

8．已知二次型 $f(x_1,x_2,x_3)=2x_1^2+3x_2^2+3x_3^2+2ax_2x_3$ $(a>0)$通过正交变换化为标准形 $f=y_1^2+2y_2^2+5y_3^2$，求 a 的值及所做的正交替换矩阵．

9．判别下列二次型是否为正定二次型．

（1）$f(x_1,x_2,x_3)=5x_1^2+6x_2^2+4x_3^2-4x_1x_2-4x_2x_3$

（2）$f(x_1,x_2,x_3)=10x_1^2+2x_2^2+x_3^2+8x_1x_2+24x_1x_3-28x_2x_3$

（3）$f(x_1,x_2,x_3,x_4)=x_1^2+x_2^2+4x_3^2+7x_4^2+6x_1x_3+4x_1x_4-4x_2x_3+2x_2x_4+4x_3x_4$

10．当t为何值时，下列二次型为正定二次型．

（1）$f(x_1,x_2,x_3)=x_1^2+4x_2^2+x_3^2+2tx_1x_2+10x_1x_3+6x_2x_3$

（2）$f(x_1,x_2,x_3)=x_1^2+x_2^2+5x_3^2+2tx_1x_2-2x_1x_3+4x_2x_3$

（3）$f(x_1,x_2,x_3)=2x_1^2+x_2^2+x_3^2+2x_1x_2+tx_2x_3$

11．设$\boldsymbol{A}$、$\boldsymbol{B}$为n阶正定矩阵，证明$\boldsymbol{BAB}$也是正定矩阵．

12．设$\boldsymbol{A}$是可逆矩阵，证明$\boldsymbol{A}^{\mathrm{T}}\boldsymbol{A}$为正定矩阵．

13．如果$\boldsymbol{A}$、$\boldsymbol{B}$为n阶正定矩阵，则$\boldsymbol{A}+\boldsymbol{B}$也为正定矩阵．

14．设$\boldsymbol{A}$为正定矩阵，则$\boldsymbol{A}^{-1}$和$\boldsymbol{A}^*$也是正定矩阵．其中$\boldsymbol{A}^*$为$\boldsymbol{A}$的伴随矩阵．

15．证明：正定矩阵主对角线上的元素都是正的．

16．设$\boldsymbol{A}$为n阶正定矩阵，证明$\boldsymbol{A}+\boldsymbol{E}$的行列式的值大于1．

自 测 题 六

一、填空题．

1．$f=x_1^2-2x_2^2+3x_3^2-4x_1x_2-x_1x_3+4x_2x_3$ 的矩阵为________．

2．线性变换$\begin{cases}x_1=y_1+y_2-2y_3\\x_2=y_1-y_2\\x_3=y_3\end{cases}$ 可用矩阵形式表示为________．

3．$f=x_1x_2+x_1x_3+x_2x_3$ 的秩等于________．

4．若对称矩阵 $\boldsymbol{A}$ 与矩阵$\begin{pmatrix}-1&0\\0&2\end{pmatrix}$合同，则二次型 $\boldsymbol{x}^{\mathrm{T}}\boldsymbol{Ax}$ 的标准形是________．

5．$\boldsymbol{A}=\begin{bmatrix}1&1&0\\1&k&0\\0&0&k-2\end{bmatrix}$是正定矩阵，则 k 满足条件________．

6．设 n 阶实对称矩阵 $\boldsymbol{A}$ 的特征值中有 r 个为正值，有 $n-r$ 个为负值，则 $\boldsymbol{A}$ 的正惯性指数是________．

二、单项选择题．

1．若矩阵 $\boldsymbol{C}$ 可逆，使 $\boldsymbol{C}^{\mathrm{T}}\boldsymbol{AC}=\boldsymbol{B}$，则必成立（　　）．

A．$\boldsymbol{A}$ 与 $\boldsymbol{B}$ 有相同特征值

B．$\boldsymbol{A}$ 与 $\boldsymbol{B}$ 相似

C．当 $\boldsymbol{B}^{\mathrm{T}}=\boldsymbol{B}$ 时，二次型 $\boldsymbol{x}^{\mathrm{T}}\boldsymbol{Ax}$ 与 $\boldsymbol{x}^{\mathrm{T}}\boldsymbol{Bx}$ 有相同的规范形

D．当 $\boldsymbol{B}^{\mathrm{T}}=\boldsymbol{B}$ 时，有 $\boldsymbol{A}^{\mathrm{T}}=\boldsymbol{A}^{-1}$

2．二次型 $f=\boldsymbol{x}^{\mathrm{T}}\boldsymbol{Ax}$（$\boldsymbol{A}$ 为实对称矩阵）正定的一个充分必要条件是（　　）．

A. $\det \boldsymbol{A}=0$

B. 存在可逆矩阵 $\boldsymbol{C}$，使得 $\boldsymbol{C}^{\mathrm{T}}\boldsymbol{A}\boldsymbol{C}$ 成为对角矩阵

C. $\boldsymbol{A}$ 可逆

D. 存在可逆矩阵 $\boldsymbol{M}$，使得 $\boldsymbol{A}=\boldsymbol{M}^{\mathrm{T}}\boldsymbol{M}$

3. 二次型 $f\left(x_1,x_2,x_3\right)=x_1^2+x_2^2+x_3^2+2x_1x_2+2x_1x_3+2x_2x_3$（　　）.

A. 是正定的　　B. 是负定的　　C. 其秩等于 1　　D. 其秩等于 2

4. 二次型 $f\left(x_1,x_2,x_3\right)=2x_1^2+x_2^2-4x_3^2-4x_1x_2-2x_2x_3$ 的标准形是（　　）.

A. $2y_1^2-y_2^2-3y_3^2$　　B. $-2y_1^2$

C. $2y_1^2-y_2^2$　　D. $2y_1^2+y_2^2+3y_3^2$

5. 任何一个n阶可逆矩阵必定与n阶单位矩阵 $\boldsymbol{E}$（　　）.

A. 合同　　B. 相似

C. 等价　　D. 以上都不对

三、计算题.

1. 设二次型 $f\left(x_1,x_2,x_3\right)=x_1^2+x_2^2+2x_3^2+4x_1x_2+2x_1x_3+2x_2x_3$.

（1）求一个正交变换将二次型化为标准形.

（2）用配方法将二次型化成标准形，并写出所用的可逆的线性变换.

（3）用初等变换的方法将二次型化成标准形，并写出所用的可逆的线性变换.

2. 已知二次型 $f\left(x_1,x_2,x_3\right)=2x_1^2+3x_2^2+3x_3^2+2\lambda x_2x_3(\lambda>0)$ 通过正交变换化为标准形 $y_1^2+2y_2^2+5y_3^2$，求参数 λ 及所用的正交变换.

3. 设矩阵 $\boldsymbol{A}=\begin{pmatrix}1&-10&10\\0&-2&8\\0&0&3\end{pmatrix}$，试判别二次型 $f=\boldsymbol{x}^{\mathrm{T}}\left(\boldsymbol{A}^{\mathrm{T}}\boldsymbol{A}\right)\boldsymbol{x}$ 是否正定?

四、证明题.

1. 证明平面曲线 $-\dfrac{5}{2}x^2-13xy-\dfrac{5}{2}y^2=36$ 是一双曲线.

2. 设 $\boldsymbol{A}$ 是正定矩阵，证明 $\boldsymbol{A}^2$ 也是正定矩阵.

习题一

1.（1）1　（2）−4　（3）$3abc-a^3-b^3-c^3$　（4）$(a-b)(b-c)(c-a)$

2.（1）−2,1　（2）2，1

3.（1）2　（2）8　（3）$\frac{n(n-1)}{2}$　（4）$n(n-1)$

4．i=6，j=2

5．$-a_{11}a_{23}a_{32}a_{44}$，$a_{11}a_{23}a_{34}a_{42}$

6.（1）256　（2）$acfh-adeh+b\deg-bcfg$　（3）10!　（4）1

7．2，−1

8.（1）−200　（2）−312　（3）$4abcdef$　（4）48

9.（略）

10.（1）$[x+(n-2)a](x-2a)^{n-1}$（2）$(a_0-\sum_{i=1}^{n}\frac{1}{a_i})a_1a_2\cdots a_n$（3）$(-1)^{n-1}na_1a_2\cdots a_{n-1}$

（4）$(-1)^n\bullet\frac{n(n+1)}{2}(n-1)!$

11.（1）$\frac{a^{n+1}-b^{n+1}}{a-b}$　（2）$\prod_{i=1}^{n}(a_id_i-b_ic_i)$　（3）$a_1a_2\cdots a_n(\sum_{i=1}^{n}\frac{1}{a_i}+1)$

12．0

13.（1）$x_1=\frac{1}{2},x_2=-\frac{1}{12},x_3=\frac{1}{12}$　（2）$x_1=x_2=x_3=\frac{1}{2a+b}$

自测题一

一、填空题.

1．4　2．负　3．1，−1　4．$a+b+c=0$　5．$6k$

二、选择题.

1．C　2．C　3．D　4．D　5．B　6．D　7．A　8．B

三、解答题.

（1）$b_1a_2a_3a_4+b_2a_1a_3a_4+b_3a_2a_1a_4+b_4a_2a_3a_1$

（2）$1-x^2-y^2-z^2$

（3）a^n-a^{n-2}

（4）$(-1)^{n-1}a_1\cdots a_{n-1}n$

四、(略)

五、$\lambda\neq0,-3$

习题二

1. $\begin{pmatrix}1&1&1\\1&2&3\end{pmatrix}$，$\begin{pmatrix}3&-1&-3\\5&0&-7\end{pmatrix}$，$\begin{pmatrix}7&-3&-8\\12&-1&-19\end{pmatrix}$

2. $\boldsymbol{X}=\begin{pmatrix}2&-2\\-2&2\end{pmatrix}$

3.（1）$\begin{pmatrix}4&6\\7&-1\end{pmatrix}$ （2）$\begin{pmatrix}0&5\\0&0\end{pmatrix}$，$\begin{pmatrix}0&0\\0&0\end{pmatrix}$ （3）$\begin{pmatrix}1&2&3\\2&4&6\\3&6&9\end{pmatrix}$，14

4. $\begin{cases}x_1=-6z_1+z_2+3z_3\\x_2=12z_1-4z_2+9z_3\\x_3=-10z_1-z_2+16z_3\end{cases}$

7.（1）$\begin{pmatrix}0&0\\0&0\end{pmatrix}$ （2）$\begin{pmatrix}1&3n\\0&1\end{pmatrix}$（3）$\begin{pmatrix}1&3&6&10\\0&1&3&6\\0&0&1&3\\0&0&0&1\end{pmatrix}$ （4）$\begin{pmatrix}a^n&0&0\\0&b^n&0\\0&0&c^n\end{pmatrix}$

8. $3^{n-1}\begin{pmatrix}1&\frac{1}{2}&\frac{1}{3}\\2&1&\frac{2}{3}\\3&\frac{3}{2}&1\end{pmatrix}$

9. $\sum\limits_{j=1}^{n}a_{kj}a_{jl}$，$\sum\limits_{j=1}^{n}a_{kj}a_{lj}$，$\sum\limits_{i=1}^{n}a_{ik}a_{il}$

10.（1）$\begin{pmatrix}0&0\\0&0\end{pmatrix}$ （2）$\begin{pmatrix}1&-3&-1\\-4&0&-5\\-6&5&2\end{pmatrix}$

11～13（略）

14. $\boldsymbol{A}^{-1}=\frac{1}{2}(\boldsymbol{A}-3\boldsymbol{E})$

15～16（略）

17.（1）可逆，$\begin{pmatrix}-1&2\\\frac{3}{2}&-\frac{5}{2}\end{pmatrix}$ （2）不可逆

（3）不可逆　　（4）可逆，$\begin{pmatrix} 1 & 0 & 0 \\ -\frac{1}{2} & \frac{1}{2} & 0 \\ 0 & -\frac{1}{3} & \frac{1}{3} \end{pmatrix}$

18．$-\frac{16}{27}$

19.（略）

20.（1）$\begin{pmatrix} -2 & 2 & 1 \\ -1 & -1 & 2 \\ 0 & 4 & 3 \end{pmatrix}$　（2）$\begin{pmatrix} 12 & -15 & 21 & 0 & 0 \\ -3 & 6 & 18 & 0 & 0 \\ -9 & 3 & 24 & 0 & 0 \\ 0 & 0 & 0 & -2 & 6 \\ 0 & 0 & 0 & 18 & 6 \end{pmatrix}$

21.（1）$\begin{pmatrix} 1 & -1 & 0 & 0 \\ -1 & 2 & 0 & 0 \\ 0 & 0 & 3 & -5 \\ 0 & 0 & -1 & 2 \end{pmatrix}$　（2）$\begin{pmatrix} \frac{1}{4} & 0 & 0 & 0 & 0 \\ 0 & -1 & 2 & 0 & 0 \\ 0 & 1 & -1 & 0 & 0 \\ 0 & 0 & 0 & 2 & -1 \\ 0 & 0 & 0 & -5 & 3 \end{pmatrix}$

22.（1）4　（2）6

23.（1）$\begin{pmatrix} 1 & 0 & 0 \\ -\frac{1}{2} & \frac{1}{2} & 0 \\ 0 & -\frac{1}{3} & \frac{1}{3} \end{pmatrix}$　（2）$\begin{pmatrix} 1 & -4 & -3 \\ 1 & -5 & -3 \\ -1 & 6 & 4 \end{pmatrix}$

24.（1）$\begin{pmatrix} -7 & -2 & 9 \\ 5 & 1 & -5 \end{pmatrix}$　（2）$\begin{pmatrix} 0 & 1 & 0 \\ -1 & 2 & -1 \end{pmatrix}$　（3）$\begin{pmatrix} 3 & -1 \\ 2 & 0 \\ 1 & -1 \end{pmatrix}$

25.（1）3　（2）3

26．2

自测题二

一、填空题.

1．$\begin{pmatrix} 1 & 14 & 12 \\ 3 & 10 & -1 \\ -14 & 27 & 4 \end{pmatrix}$　2．$\begin{pmatrix} 4a_2+5a_3 & 2a_1-2a_3 & 3a_1-a_2 \\ 4b_2+5b_3 & 2b_1-2b_3 & 3b_1-b_2 \end{pmatrix}$

3. $\begin{pmatrix} 0 & 0 & \frac{1}{4} \\ \frac{1}{2} & 0 & 0 \\ 0 & \frac{1}{3} & 0 \end{pmatrix}$　　4. $\frac{1}{3}$，9，3^{n-1}

5. n

二、选择题.

1. B　2. A　3. C　4. C　5. C　6. A　7. A　8. D

三、计算题.

1. $\begin{pmatrix} 2 & 0 & 3 \\ 5 & 0 & 4 \end{pmatrix}$　2. 72　3. $\begin{pmatrix} -2 & 3 & 1 \\ 0 & 3 & -1 \end{pmatrix}$　4. 4　5. $\boldsymbol{X}=\frac{1}{4}\begin{pmatrix} 1 & 1 & 0 \\ 0 & 1 & 1 \\ 1 & 0 & 1 \end{pmatrix}$

四、（略）

习题三

1.（1）$x_1=\frac{10}{7}, x_1=-\frac{1}{7}, x_1=-\frac{2}{7}$

（2）方程组无解

（3）$\begin{cases} x_1=1-\frac{1}{2}x_2+\frac{1}{2}x_3 \\ x_4=0 \end{cases}$　x_2, x_3为自由未知量

2.（1）$\begin{cases} x_1=4x_4 \\ x_2=-5x_4 \\ x_3=0 \\ x_4=x_4 \end{cases}$　x_4为自由未知量

（2）$\begin{cases} x_1=0 \\ x_2=0 \\ x_3=0 \end{cases}$

3. 当$k=-3$时，方程组有非零解，解为$\begin{cases} x_1=-c \\ x_2=c \\ x_3=c \end{cases}$（$c$为任意常数）.

4. $\lambda=1$，$\mu=2$

5. 当$a=-3$时，方程组无解.

当$a\neq-3$且$a\neq2$时，方程组有唯一解．解为$\begin{cases}x_1=1\\x_2=\dfrac{1}{3+a}\\x_3=\dfrac{1}{3+a}\end{cases}$．

当$a=2$时，方程组有无穷多个解．

通解为$\begin{cases}x_1=5c\\x_2=1-4c\\x_3=c\end{cases}$（$c$为任意常数）．

6．当$\lambda=1$时有无数个解，通解为$x_1=1-2x_2+2x_3$，x_2,x_3为自由未知量；

当$\lambda=10$时无解；

当$\lambda\neq1,\lambda\neq10$时有唯一解．

自测题三

一、填空题．

1．系数行列式值等于0

2．$|\boldsymbol{A}|\neq0$或者$r(\boldsymbol{A})=n$

3．$\lambda=-1$

4．$a_1+a_2+a_3=0$

5．2

二、选择题．

1．D　　2．D　　3．D　　4．C　　5．D

三、解答题．

1．$\begin{cases}x_1=5+3x_3\\x_2=-1-x_3\end{cases}$，其中$x_3$为自由未知量．

2．当$\lambda=1$时有无数个解，通解为$x_1=1-x_2+x_3$，其中x_2,x_3为自由未知量；

当$\lambda=2$时无解；

当$\lambda\neq1,\lambda\neq2$时有唯一解．

3．$\lambda=1,3$

四、（略）

习题四

1．$\begin{pmatrix}1\\-1\\-3\end{pmatrix},\begin{pmatrix}0\\2\\7\end{pmatrix}$

2. $\alpha=\begin{pmatrix}10\\-5\\-9\\2\end{pmatrix},\beta=\begin{pmatrix}-7\\4\\7\\-1\end{pmatrix}$

3.（1）$\beta=2\alpha_1+3\alpha_2+4\alpha_3$（2）$\beta$ 不能表示为 α_1，α_2，α_3 的线性组合

（3）$\beta=\frac{1}{2}\alpha_1+\left(\frac{1}{2}+c\right)\alpha_2+c\alpha_3$（$c$ 为任意常数）.

4.（1）当 $\lambda=-3$ 时，β 不能由 α_1，α_2，α_3 的线性表出.

（2）当 $\lambda\neq0$ 且 $\lambda\neq-3$ 时，β 可由 α_1，α_2，α_3 的线性表出，并且表示方法唯一.

（3）当 $\lambda=0$ 时，β 可由 α_1，α_2，α_3 的线性表出，并且表示方法不唯一.

5.（1）α_1，α_2 线性无关（2）α_1，α_2，α_3 线性相关（3）α_1，α_2，α_3 线性无关

6. $a=-2$ 或3

7～10（略）

11.（1）两个向量组等价（2）两个向量组不等价

12～17（略）

18. 2

19.（1）α_1，α_2 是该向量组的一个极大无关向量组，且 $\alpha_3=-3\alpha_1+2\alpha_2$.

（2）α_1，α_2，α_3 是该向量组的一个极大无关向量组，且 $\alpha_4=2\alpha_1+\alpha_2-\alpha_3$.

（3）α_1，α_2，α_3 本身线性无关，α_1，α_2，α_3 即为一个极大线性无关组.

20.（1）$\eta_1=(-3,2,1,0)^{\mathrm{T}}$，$\eta_2=(5,-3,0,1)^{\mathrm{T}}$，通解为 $\eta=c_1\eta_1+c_2\eta_2$（c_1，$c_2\in R$）.

（2）$\eta_1=(-1,1,0,0,0)^{\mathrm{T}}$，$\eta_2=(-2,0,2,1,0)^{\mathrm{T}}$，$\eta_3=(1,0,1,0,1)^{\mathrm{T}}$，通解为 $c_1\eta_1+c_2\eta_2+c_3\eta_3$.

21.（1）方程组无解.

（2）方程组的全部解为 $\gamma=\begin{pmatrix}3\\-8\\0\\6\end{pmatrix}+c\begin{pmatrix}-1\\2\\1\\0\end{pmatrix}$（$c$ 为任意常数）.

（3）方程组的全部解为 $\gamma=\begin{pmatrix}-3\\2\\0\\0\\0\end{pmatrix}+c_1\begin{pmatrix}1\\-2\\1\\0\\0\end{pmatrix}+c_2\begin{pmatrix}1\\-2\\0\\1\\0\end{pmatrix}+c_3\begin{pmatrix}5\\-6\\0\\0\\1\end{pmatrix}$（$c_1,c_2,c_3$ 为任意常数）.

（4）$\begin{cases}x_1=-3\\x_2=3\\x_3=5\\x_4=0\end{cases}$

22．方程组的通解：$\boldsymbol{\eta}_1 + k\begin{pmatrix}3\\4\\5\\6\end{pmatrix}$

23．（略）

自测题四

一、判断题．

1．√ 2．× 3．√ 4．× 5．×

二、填空题．

1．$\boldsymbol{\alpha}\neq 0$ 2．2 3．≤ 4．3 5．1 6．$\boldsymbol{\alpha}_1,2\boldsymbol{\alpha}_2$ 7．0 8．n_2-n_3

三、单项选择题．

1．A 2．A 3．B 4．A 5．D 6．C 7．A 8．C 9．D 10．A

四、计算题．

1．$\begin{cases}k_1=-k_3\\k_2=-2k_3\end{cases}$（$k_3$为任意数）

2． $\boldsymbol{\eta}_1=(0,1,1,0,0)^{\mathrm T}$, $\boldsymbol{\eta}_2=(0,1,0,1,0)^{\mathrm T}$, $\boldsymbol{\eta}_3=(1,-5,0,0,3)^{\mathrm T}$ ，通解为 $\boldsymbol{\eta}=k_1\boldsymbol{\eta}_1+k_2\boldsymbol{\eta}_2+k_3\boldsymbol{\eta}_3$ $(k_1,k_2,k_3\in R)$

3．极大线性无关组：$\boldsymbol{\alpha}_1$，$\boldsymbol{\alpha}_2$，$\boldsymbol{\alpha}_3$（不唯一） $\boldsymbol{\alpha}_4=\frac{1}{2}\boldsymbol{\alpha}_1+\frac{1}{2}\boldsymbol{\alpha}_2+0\boldsymbol{\alpha}_3$

4． $\lambda=1$；1个解向量

5．当$a=0,b\neq 0$时无解；

当$a\neq 0,b\neq 0$时有唯一解；

当$a=0,b=0$时有无数个解，通解为

$\boldsymbol{\xi}=\boldsymbol{\eta}_0+k\boldsymbol{\gamma}$（$k$为任意的数），其中$\boldsymbol{\gamma}_0=\begin{pmatrix}-1\\-1\\1\end{pmatrix}$， $\boldsymbol{\eta}_0=\begin{pmatrix}2\\-1\\0\end{pmatrix}$.

五、（略）

习题 5

1．（1） $\lambda_1=\lambda_2=2,\lambda_3=1$； $\boldsymbol{\alpha}_1=(1,0,0)^{\mathrm T}$， $\boldsymbol{\alpha}_2=(0,-1,1)^{\mathrm T}$； $\boldsymbol{\alpha}_3=(-1,0,1)^{\mathrm T}$

（2） $\lambda_1=\lambda_2=-2,\lambda_3=4$； $\boldsymbol{\alpha}_1=(1,1,0)^{\mathrm T}$， $\boldsymbol{\alpha}_2=(0,1,1)^{\mathrm T}$； $\boldsymbol{\alpha}_3=(1,1,2)^{\mathrm T}$

2．（1） $\lambda_1=\lambda_2=\cdots\lambda_n=0$； $\boldsymbol{\varepsilon}_1=(1,0,\cdots,0)^{\mathrm T}$， $\boldsymbol{\varepsilon}_2=(0,1,0,\cdots 0)^{\mathrm T}\cdots$， $\boldsymbol{\varepsilon}_n==(0,0,\cdots,1)^{\mathrm T}$

（2） $\lambda_1=\lambda_2=\cdots\lambda_n=k$； $\boldsymbol{\varepsilon}_1=(1,0,\cdots,0)^{\mathrm T}$， $\boldsymbol{\varepsilon}_2=(0,1,0,\cdots 0)^{\mathrm T}\cdots$， $\boldsymbol{\varepsilon}_n==(0,0,\cdots,1)^{\mathrm T}$

3． $\det\boldsymbol{A}=\lambda_1\lambda_1\lambda_2=4$ $\quad$ $\mathrm{tr}\boldsymbol{A}=2\lambda_1+\lambda_2=2$

4． $k=1$或-5

5 ~ 6（略）

7．39

8 ~ 9（略）

10．（1）$\boldsymbol{A}$不可对角化；

（2）$\boldsymbol{A}$可对角化．$\boldsymbol{P}=(\boldsymbol{\alpha}_1,\boldsymbol{\alpha}_2,\boldsymbol{\alpha}_3)=\begin{pmatrix}1&1&1\\-1&0&-2\\0&1&3\end{pmatrix}$，则 $\boldsymbol{P}^{-1}\boldsymbol{AP}=\begin{pmatrix}2&0&0\\0&2&0\\0&0&6\end{pmatrix}$.

11．3、$\lambda=-1,a=-3,b=0$；$\boldsymbol{A}$不能对角化

12．（1）$x=0$，$y=1$　（2）$\boldsymbol{P}=(\boldsymbol{\alpha}_1,\boldsymbol{\alpha}_2,\boldsymbol{\alpha}_3)=\begin{pmatrix}1&0&0\\0&1&1\\0&1&-1\end{pmatrix}$

13．$$\boldsymbol{A}^n=\boldsymbol{P}\begin{pmatrix}2^n&0&0\\0&2^n&0\\0&0&1\end{pmatrix}\boldsymbol{P}^{-1}=\begin{pmatrix}1&0&-1\\0&-1&0\\0&0&1\end{pmatrix}\begin{pmatrix}2^n&0&0\\0&2^n&0\\0&0&1\end{pmatrix}\begin{pmatrix}1&1&1\\0&-1&0\\0&1&-1\end{pmatrix}^{-1}$$

$$==\begin{pmatrix}2^n&2^n-1&2^n-1\\0&2^n&0\\0&1-2^n&1\end{pmatrix}$$

14．$$\boldsymbol{A}=\begin{pmatrix}1&1&0\\1&0&1\\1&1&1\end{pmatrix}\begin{pmatrix}1&0&0\\0&2&0\\0&0&3\end{pmatrix}\begin{pmatrix}1&1&0\\1&0&1\\1&1&1\end{pmatrix}^{-1}=\begin{pmatrix}1&-1&1\\-2&1&2\\-2&-1&4\end{pmatrix}$$

$$\boldsymbol{A}^3=\begin{pmatrix}1&1&0\\1&0&1\\1&1&1\end{pmatrix}\begin{pmatrix}1&0&0\\0&2&0\\0&0&3\end{pmatrix}^3\begin{pmatrix}1&1&0\\1&0&1\\1&1&1\end{pmatrix}^{-1}=\begin{pmatrix}1&-7&7\\-26&1&26\\-26&-7&34\end{pmatrix}$$

15．（1）$\boldsymbol{\alpha}$与$\boldsymbol{\beta}$不正交.（2）$\boldsymbol{\alpha}$与$\boldsymbol{\beta}$正交.

16．（1）$\boldsymbol{\alpha}'=\frac{1}{2}(1,-1,-1,1)^{\mathrm{T}}$；（2）$\boldsymbol{\beta}'=\frac{2}{\sqrt{21}}(\frac{1}{2},-2,0,1)^{\mathrm{T}}$

17．（略）

18．（1）$\boldsymbol{\gamma}_1=(0,\frac{\sqrt{2}}{2},\frac{\sqrt{2}}{2})^{\mathrm{T}},\boldsymbol{\gamma}_2=(\frac{\sqrt{6}}{3},\frac{\sqrt{6}}{6},-\frac{\sqrt{6}}{6})^{\mathrm{T}},\boldsymbol{\gamma}_3=(\frac{\sqrt{3}}{3},-\frac{\sqrt{3}}{3},\frac{\sqrt{3}}{3})^{\mathrm{T}}$

（2）$\boldsymbol{\gamma}_1=(\frac{1}{3},-\frac{2}{3},\frac{2}{3})^{\mathrm{T}},\boldsymbol{\gamma}_2=(-\frac{2}{3},-\frac{2}{3},-\frac{1}{3})^{\mathrm{T}},\boldsymbol{\gamma}_3=(\frac{2}{3},-\frac{1}{3},-\frac{2}{3})^{\mathrm{T}}$

（3）$\boldsymbol{\gamma}_1=(\frac{1}{2},\frac{1}{2},\frac{1}{2},\frac{1}{2})^{\mathrm{T}},\boldsymbol{\gamma}_2=(\frac{1}{2},\frac{1}{2},-\frac{1}{2},-\frac{1}{2})^{\mathrm{T}},\boldsymbol{\gamma}_3=(-\frac{1}{2},\frac{1}{2},-\frac{1}{2},\frac{1}{2})^{\mathrm{T}}$

19-21（略）

22.（1）$\boldsymbol{Q}=(\gamma_1,\gamma_2,\gamma_3)=\begin{pmatrix} \frac{1}{\sqrt{2}} & \frac{1}{\sqrt{6}} & \frac{1}{\sqrt{3}} \\ -\frac{1}{\sqrt{2}} & \frac{1}{\sqrt{6}} & \frac{1}{\sqrt{3}} \\ 0 & -\frac{2}{\sqrt{6}} & \frac{1}{\sqrt{3}} \end{pmatrix}$，则$\boldsymbol{Q}^{-1}\boldsymbol{AQ}=\begin{pmatrix} 0 & 0 & 0 \\ 0 & 0 & 0 \\ 0 & 0 & 3 \end{pmatrix}$.

（2）$\boldsymbol{Q}=(\gamma_1,\gamma_2,\gamma_3)=\begin{pmatrix} \frac{2}{3} & \frac{2}{3} & \frac{1}{3} \\ \frac{2}{3} & -\frac{1}{3} & -\frac{2}{3} \\ \frac{1}{3} & \frac{2}{3} & \frac{2}{3} \end{pmatrix}$，则$\boldsymbol{Q}^{-1}\boldsymbol{AQ}=\begin{pmatrix} -1 & 0 & 0 \\ 0 & 2 & 0 \\ 0 & 0 & 5 \end{pmatrix}$.

23.（1）$\boldsymbol{A}$的对应于$\lambda_2=1$（二重）的特征向量应有两个为$\boldsymbol{\alpha}_2=(1,0,0)^{\mathrm{T}}$，$\boldsymbol{\alpha}_3=(0,1,-1)^{\mathrm{T}}$.

（2）$\boldsymbol{A}=\begin{pmatrix} 0 & 1 & 0 \\ 1 & 0 & 1 \\ 1 & 0 & -1 \end{pmatrix}\begin{pmatrix} -1 & 0 & 0 \\ 0 & 1 & 0 \\ 0 & 0 & 1 \end{pmatrix}\begin{pmatrix} 0 & 1 & 0 \\ 1 & 0 & 1 \\ 1 & 0 & -1 \end{pmatrix}^{-1}=\begin{pmatrix} 1 & 0 & 0 \\ 0 & 0 & -1 \\ 0 & -1 & 0 \end{pmatrix}$.

24. $2\begin{pmatrix} 1 & 1 & -2 \\ 1 & 1 & -2 \\ -2 & -2 & 4 \end{pmatrix}$

自测题五

一、填空题.

1. 0　2. $\frac{1}{2}$　3. 4　4. −1　5. 0，1　6. −3

二、单项选择题.

1. C　2. C　3. D　4. A　5. D　6. B　7. A　8. D

三、计算题.

1. $\lambda=-1$（三重）；特征向量：$k\begin{pmatrix} -1 \\ -1 \\ 1 \end{pmatrix}$（$k$为任意的数）；不能与一个对角矩阵相似.

2. $b=1$，$\lambda=4$ 或 $b=-2$，$\lambda=1$

3. $\boldsymbol{U}=\begin{pmatrix} \frac{2}{\sqrt{13}} & 0 & -\frac{\sqrt{2}}{2} \\ 0 & 1 & 0 \\ \frac{3}{\sqrt{13}} & 0 & \frac{\sqrt{2}}{2} \end{pmatrix}$；$\begin{pmatrix} 4 & & \\ & -1 & \\ & & -1 \end{pmatrix}$

4. $\begin{pmatrix} -13 & 6 \\ -30 & 14 \end{pmatrix}$

四、(略)

习题六

1. (1) $\begin{pmatrix} 2 & 0 & 2 \\ 0 & -1 & -1 \\ 2 & -1 & 0 \end{pmatrix}$ (2) $\begin{pmatrix} 0 & 1 & 1 & 1 \\ 1 & 0 & 0 & 0 \\ 1 & 0 & 0 & 1 \\ 1 & 0 & 1 & 0 \end{pmatrix}$

2. (1) $x_1^2 + 2x_3^2 - x_1x_2 + x_1x_3 - 4x_2x_3$

(2) $-x_2^2 + x_4^2 + x_1x_2 - 2x_1x_3 + x_2x_3 + x_2x_4 + x_3x_4$

3. (1) $\boldsymbol{P}=\begin{pmatrix} \frac{1}{3} & \frac{2}{3} & \frac{2}{3} \\ \frac{2}{3} & \frac{1}{3} & -\frac{2}{3} \\ \frac{2}{3} & -\frac{2}{3} & \frac{1}{3} \end{pmatrix}$, $-2y_1^2 + y_2^2 + 4y_3^2$

(2) $\boldsymbol{P}=\begin{pmatrix} \frac{1}{\sqrt{2}} & -\frac{1}{2} & -\frac{1}{2} \\ 0 & -\frac{1}{\sqrt{2}} & \frac{1}{\sqrt{2}} \\ \frac{1}{\sqrt{2}} & \frac{1}{2} & \frac{1}{2} \end{pmatrix}$, $\sqrt{2}y_2^2 - \sqrt{2}y_3^2$

(3) $\boldsymbol{P}=\begin{pmatrix} \frac{2}{3} & \frac{1}{3} & \frac{2}{3} \\ -\frac{1}{3} & -\frac{2}{3} & \frac{2}{3} \\ -\frac{2}{3} & \frac{2}{3} & \frac{1}{3} \end{pmatrix}$, $2y_1^2 + 5y_2^2 - y_3^2$

4. (1) $y_1^2 + y_2^2$ (2) $2z_1^2 - 2z_2^2$. (3) $-4z_1^2 + 4z_2^2 + z_3^2$

5. (1) $y_1^2 + y_2^2$ (2) $y_1^2 - 4y_2^2 + y_3^2$. $2y_1^2 - \frac{1}{2}y_2^2 - 6y_3^2$.

6. $c=3$. $4y_2^2 + 9y_3^2$.

7. $y_1^2 + \cdots + y_n^2 - y_{n+1}^2 - \cdots - y_{2n}^2$.

8．$a=2$．$\boldsymbol{P}=\begin{pmatrix} 0 & 1 & 0 \\ \frac{1}{\sqrt{2}} & 0 & \frac{1}{\sqrt{2}} \\ \frac{1}{\sqrt{2}} & 0 & -\frac{1}{\sqrt{2}} \end{pmatrix}$．

9．（1）正定．（2）不正定．（3）不正定．

10．（1）不论t取何值，此二次型都不是正定的．

（2）$-\frac{4}{5}<t<0$．

（3）$-\sqrt{2}<t<\sqrt{2}$．

11～16（略）

自测题六

一、填空题．

1．$\begin{pmatrix} 1 & -2 & -\frac{1}{2} \\ -2 & -2 & 2 \\ -\frac{1}{2} & 2 & 3 \end{pmatrix}$

2．$\begin{pmatrix} x_1 \\ x_2 \\ x_3 \end{pmatrix}=\begin{pmatrix} 1 & 1 & -2 \\ 1 & -1 & 0 \\ 0 & 0 & 1 \end{pmatrix}\begin{pmatrix} y_1 \\ y_2 \\ y_3 \end{pmatrix}$

3．3

4．$f=-y_1+2y_2$

5．$k>2$

6．r

二、单项选择题．

1．C　2．D　3．C　4．A　5．C

三、计算题．

1．略

2．$\lambda=2$，$\boldsymbol{U}=\begin{pmatrix} 1 & 0 & 0 \\ 0 & -\frac{\sqrt{2}}{2} & \frac{\sqrt{2}}{2} \\ 0 & \frac{\sqrt{2}}{2} & \frac{\sqrt{2}}{2} \end{pmatrix}$

3．正定

四、（略）

反侵权盗版声明

举报电话：（010）88254396；（010）88258888

传　　真：（010）88254397

E-mail：　dbqq@phei.com.cn

通信地址：北京市万寿路南口金家村288号华信大厦

电子工业出版社总编办公室

邮　　编：100036